BIM软件系列教程

节能设计与日照分析软件
高级实例教程

（第二版）

中 国 建 设 教 育 协 会　组织编写
深圳市斯维尔科技有限公司　编　　著

中国建筑工业出版社

图书在版编目（CIP）数据

节能设计与日照分析软件高级实例教程/深圳市斯维尔科技有限公司编著．—2版．—北京：中国建筑工业出版社，2012.5
（BIM软件系列教程）
ISBN 978-7-112-14075-6

Ⅰ.①节…　Ⅱ.①深…　Ⅲ.①节能-建筑设计-应用软件-教材②日照-建筑设计-应用软件-教材　Ⅳ.①TU201.5-39 ②TU113.3-39

中国版本图书馆CIP数据核字（2012）第042026号

责任编辑：郑淮兵
责任设计：陈　旭
责任校对：姜小莲　赵　颖

BIM软件系列教程
节能设计与日照分析软件高级实例教程
（第二版）
中国建设教育协会　组织编写
深圳市斯维尔科技有限公司　编　著

*

中国建筑工业出版社出版、发行（北京西郊百万庄）
各地新华书店、建筑书店经销
北京天成排版公司制版
北京凌奇印刷有限责任公司印刷

*

开本：787×1092毫米　1/16　印张：12¼　字数：302千字
2012年6月第二版　2012年6月第三次印刷
定价：**40.00**元（含光盘）
ISBN 978-7-112-14075-6
（22157）

系列教程编审委员会

总　序

BIM(Building Information Modeling)也即建筑信息模型，概念产生于二十世纪七十年代，当时的计算机技术还不发达，普及程度还非常低，应用于建筑业还很少。随着计算机技术的迅猛发展，BIM 技术在这几年已经由理论研究进入实际应用阶段，并且成为当前建设行业十分时髦和热门的词汇，在搜索引擎上搜索“BIM”这个词汇，有数以千万条的搜索结果，这从一个重要的方面反映了人们对这一技术的关注程度。

中国是世界上最大的发展中国家，在国家城镇化的发展过程中，伴随着大规模的城市建设，并且这种快速发展与建设的趋势将持续较长的时间。

信息技术对于支撑与服务建筑业的发展，具有十分重要的作用。BIM 技术是信息技术应用于建筑业实践的最为重要的技术之一，它的出现和应用将为建筑业的发展带来革命性的变化，BIM 技术的全面应用将大大提高建筑业的生产效率，提升建筑工程的集成化程度，使决策、设计、施工到运营等整个全生命周期的质量和效率显著提高、成本降低，给建筑业的发展带来巨大的效益。

这几年，国内关注 BIM 技术的人员越来越多，有不少企业认识到 BIM 对建筑业的巨大价值，开始投入 BIM 技术的研究、实践和推广。国内外一些著名软件厂商都在不遗余力地推出基于 BIM 技术应用的新产品，国际上的著名企业如 Autodesk、Bentley 等公司都将他们的 BIM 技术和产品方案引入中国，并展开了人员培养、技术和市场推广等工作。深圳市斯维尔科技有限公司是国内较早开展 BIM 技术研究，并按 BIM 思想建立其产品线的软件公司，是国内 BIM 技术的重要推动力量之一，其影响力已引起各方广泛关注。

我高兴地看到中国建设教育协会与深圳市斯维尔科技有限公司连续成功举办了三届“全国高等院校学生斯维尔杯 BIM 系列软件建筑信息模型大赛”，并在此基础上组织编写了该系列教程，其中包括十大分册，分别为《BIM 概论》、《建设项目 VR 虚拟现实高级实例教程》、《建筑设计软件高级实例教程》、《节能设计与日照分析软件高级实例教程》、《设备设计与负荷计算软件高级实例教程》、《三维算量软件高级实例教程》、《安装算量软件高级实例教程》、《清单计价软件高级实例教程》、《项目管理与投标工具箱软件高级实例教程》。该系列教程作为“全国高等院校学生斯维尔杯 BIM 系列软件建筑信息模型大赛”软件操作部分的重要参考指导教材，可以很好地帮助参赛师生理解 BIM 技术，掌握软件实际操作方法。教程配有学习版软件光盘及教学案例工程，读者可以边阅读，边练习体验，学练结合，有利于读者快速掌握BIM建模相关知识和软件操作方法。

该系列教程的出版，对高校开展BIM技术教学工作有重要意义。我国大学教育在立足专业基础知识教学的同时强调学生综合素质和实践能力的培养，高校教育改革要求进一步提高学生实践能力、就业能力、创新能力、创业能力。BIM技术还是个快速发展中的新技术，实践性强，知识更新速度快，在高等院校开展BIM知识的教学对高校教师具有挑战性。BIM教学所需要的教材编写、案例更新工作对高校教师而言是件相当耗时耗力的工作，很难在短时间内形成系统性的系列教材。该系列教程主要编写人员为长期从事BIM技术研究的行业专家、高校教师以及斯维尔公司BIM系列软件的研发、服务以及培训的专业人员。这样的组织形式既保障了教程的专业水平，又保障了教程内容和案例与软件更新相匹配。该系列教程图文并茂，案例详实，配有视频讲解资料，可作为高校老师的BIM技术教学用书，辅助开展BIM技术教学工作。

该系列教程的出版，对BIM技术在中国的传播有着重要的意义。目前在国内关于BIM技术的书籍还比较少。本系列教程系统化地介绍了BIM系列软件在设计、造价、施工等工作中的应用。本系列教程以行业从业人员日常工作使用的商品化专业软件作为依据，选择了一个常见实际工程作为案例，采用案例法讲解，引导读者通过一步步软件操作完成该项工程，实用性强。十本BIM软件系列教程之间既具有独立性，又具有相关性，读者可以根据自己需要选择阅读。

东北大学 丁烈云

2012年4月

前　言

节能是我国经济和社会发展的一项长远战略方针，也是当前一项极为紧迫的任务。为推动全社会开展节能降耗，缓解能源瓶颈制约，建设节能型社会，促进经济社会可持续发展，国家发改委发布了《节能中长期专项规划》，建筑节能作为三大重点领域中的一项，受到高度重视。在这样的背景下，住房和城乡建设部相继发布了一系列建筑节能标准，其中包括若干强制性条文，正在建设领域逐步实施。

我国地域辽阔，不同地区的气候条件相差很大，人们改善室内热环境的方式也不尽相同。因此，“住房和城乡建设部”以及各地主管部门颁布了一系列的节能标准和细则，包括国标的公共建筑节能标准和部标的居住建筑节能标准，以及地方的建筑节能细则，这些标准和细则几乎涵盖了我国所有地区。

斯维尔节能设计软件 BECS 运行于 AutoCAD 平台，它针对建筑节能系列标准对建筑工程进行节能分析，通过规定性指标检查或性能性权衡评估给出分析结论，输出节能分析报告和报审表。软件使用三维建模技术，真实反映工程实际；通过识别转换和便捷的建模功能，使建模过程并不比二维绘图更复杂。建筑数据提取详细准确，计算结果快速可信，并依靠强大的检查机制，能够切实为您带来工作效率的提高。

应用范围

可以用于设计单位、审图机构和咨询机构对新建建筑和改建建筑的节能审查和分析，以及对不同节能措施的节能效果进行比较。

软件特点

权威认证：获住房和城乡建设部科技项目成果验收认证，计算结果可靠权威。

实践面广：软件使用者遍及夏热冬暖、夏热冬冷、寒冷和严寒四个建筑热工设计气候分区。

功能齐全：居住建筑和公共建筑的节能分析合二为一，软件使用者投入成本最低。

易学易用：以 AutoCAD 为平台，易学易用，操作简便。

兼容性强：直接利用不同来源的电子图档，避免重复建模。

气象数据：内含全国 600 余个城市的气象数据，其中有全年数据的有 300 多个，居同类软件之首。

适用面广：紧扣各地节能细则，并提供地方构造库。

功能强大：支持复杂建筑形态，如天井、凸窗、坡屋顶、老虎窗等。

结果多样：各种报告、计算书、备案表，直接以 Word 或 Excel 输出。

随着我国经济的迅猛发展，居民的生活质量大大提高，人们的居住环境受到了前所未有的重视，建筑物的日照和采光已经成为建筑布局和规划中的一个重要内容。目前全国很多城市和地区颁布了关于建筑规划日照的地方法规和审查方法，要求新开发的项目在规划的初期阶段，建筑物的布局必须考虑日照问题。

建筑日照分析综合了气候区域、有效时间、建筑形态、日照法规等多种复杂因素，手工几乎无法计算，因此实践中常常采用简单的估算法，造成了要么建筑物间距过大浪费土地资源，要么间距过小违反日照法规导致赔偿。

斯维尔日照分析软件 Sun 为建筑规划布局提供高效率的日照分析工具。软件既有丰富的定量分析手段，也有可视化的日照仿真，能够轻松应付大规模建筑群的日照分析。

应用范围

适用于规划设计单位、建筑设计单位、审图机构以及相应的管理部门作为分析工具和审核工具。

软件特点

软件通过了住房和城乡建设部科技项目验收和认证。

支持日照标准的定制，适用于全国各地的需求。

既可作为审查工具也可作为设计工具使用。

支持米制和毫米制两种基本单位。

建模工具丰富，支持复杂建筑形态的日照分析。

支持建筑物命名和编组，便于理清遮挡关系和责任。

提供多种定量分析手段，满足常规分析需求。

提供优化分析手段，获取最经济建筑形态方案。

建筑体量模型可导入建筑软件中继续设计。

采用优化算法，轻松完成大规模建筑群日照分析。

提供日照仿真，模拟真实日照状况。

结果表格可导入 Word 或 Excel 中，方便整理打印。

提供日照分析报告。

我们真诚地期待您提出宝贵意见和建议，欢迎登录到 ABBS 的“清华斯维尔论坛”，我们将认真答复您所提出的问题。如果对我公司产品有兴趣或希望了解公司情况，可以登录我公司的网站 http://www.thsware.com 和 http://i.thsware.com，那里有公司及公司产品的详细介绍。

目　录

第一部分　节能设计 BECS

第二部分　日照分析 Sun

第一部分　节能设计 BECS

第1章 概 述

本章详尽阐述斯维尔节能设计 BECS(以下简称 BECS)的相关理念和软件约定，这些知识对于您学习和掌握 BECS 不可缺少，请仔细阅读。

本章内容

- **文档自述**
- **入门知识**
- **工作流程**
- **软件使用者界面**

1.1 文档自述

本书是斯维尔节能设计软件 BECS 配套的使用教程，BECS 以居住建筑和公共建筑的节能设计评估为主体，用于建筑设计、审图、咨询等相关机构对新建建筑和改建建筑进行节能审查和分析，以及对不同节能措施的效果比较。

BECS 在发行时有多种不同的授权版本，不同授权版本的功能会有一定的差异。本帮助文件描述 BECS 最完整的版本，即 BECS 专业版的使用说明，如果软件使用者手头是其他的授权版本，那么可能本帮助文件叙述的部分内容将在软件中找不到或不可用，软件使用者应当查看软件发行光盘的说明文档了解这些差异。

尽管本书力图尽可能完整地描述 BECS 软件的功能，但由于软件的发展日新月异，最后发行和升级中可能有内容变更，您得到的软件的功能可能和本书的叙述未必完全一致，若有疑问，请不要忘记参考软件的联机帮助文档，即本书最新的电子文档。

1.1.1 本书内容

本书按照软件的功能模块进行叙述，这和软件的屏幕菜单的组织基本一致，但本书并不是按照菜单命令逐条解释，如果那样的话，只能叫作命令参考手册了，那不是本书的意图。本书力图系统性地全面讲解 BECS，不仅讲解单个的菜单命令，还讲解这些菜单命令之间的联系、完成一项任务需要的多个命令的配合，让软件使用者用好软件，把软件的功能最大限度地发挥出来。

本书第一部分的内容安排如下(第二部分在以后章节讲解)：

第1章　介绍BECS的入门知识和综合必备知识，为软件使用者必读的内容；

第2章　介绍建筑模型的建立，包括识别转换已有图档或新建建筑模型；

第3章　介绍节能设计的相关设置和构造库的管理，为节能评估做好准备；

第4章　介绍节能评估的方法，包括规定性指标检查和性能权衡评估；

第5章　介绍辅助功能和工具的使用；

第6章　介绍节能工程实例高级教程。

1.1.2　术语解释

这里介绍一些容易混淆的术语，以便软件使用者更好地理解本书的内容和本软件的使用。

拖放(Drag-Drop)**和拖动**(Dragging)

前者是按住鼠标左键不放，移动到目标位置时再松开左键，松开时操作才生效。这是Windows常用的操作；

后者是不按鼠标键，在AutoCAD绘图区移动光标，系统给出图形的动态反馈，在绘图区左键点取位置，结束拖动。夹点编辑和动态创建使用的是拖动操作。

窗口(Window)**和视口**(Viewport)

前者是Windows操作系统的界面元素，后者是AutoCAD文档客户区用于显示AutoCAD某个视图的区域，客户区上可以开辟多个视口，不同的视口显示不同的视图。

浮动对话框

程序员的术语叫无模式(Modeless)对话框，由于本书的目标软件使用者并非程序员，我们采用更容易理解的称呼，称为浮动对话框。这种对话框没有确定(OK)按钮和取消(Cancel)按钮，在BECS中通常用来创建图形对象，对话框列出对象的当前数据或有关设置，在视图上动态观察或操作，操作结束时，系统自动关闭对话框窗口。

1.2　入门知识

尽管本书尽量使用浅显的语言来叙述BECS的功能，软件本身也使用了很多方法以便更容易地使用，但这里还是要指出，本书不是一本计算机应用的入门书籍，软件使用者需要一定的计算机常识，同时对AutoCAD也要有一定的了解。

1.2.1 必备知识

BECS 构筑在 AutoCAD 平台上，而 AutoCAD 又构筑在 Windows 平台上，因此软件使用者是使用 Windows + AutoCAD + BECS 来解决问题。对于 Windows 和 AutoCAD 的基本操作，本书一般不进行讲解，如果您还没有使用过 AutoCAD，请寻找其他资料解决 AutoCAD 的入门操作。除此之外，办公软件(主要指 Word 和 Excel)也是需要的，规范验证的输出格式就是 Word 和 Excel 文件，毕竟有些任务更适合用办公软件。

1.2.2 软硬件环境

BECS 对硬件并没有特别的要求，只要能满足 AutoCAD 的使用要求即可。推荐的硬件为 Pentium 3 + 256M 内存或更高档次的机器，特别是动态分析程序计算量很大，更好的 CPU 可以节省您的等待时间。除了 CPU 和内存，其他硬件的作用也很重要，请留意一下，您的鼠标是否带滚轮，并且有三个或更多的按钮(许多鼠标的第三个按钮就是滚轮，即可以按又可以滚)。如果您用的是老掉牙的双键鼠标，立即去更换吧，落后的配置将严重阻碍软件的使用。作为 CAD 应用软件，屏幕的大小是非常关键的，软件使用者至少应当在 1024 × 768 的分辨率下工作，如果达不到这个条件，您用来操作图形的区域很小，很难想象您会工作得很如意。

1.2.3 安装和启动

不同的发行版本的 BECS 安装过程的提示可能会有所区别，不过都很直观，如果有注意事项，请查看安装盘上的说明文件。

程序安装后，将在桌面上建立启动快捷图标“节能设计 BECS”(不同的发行版本名称可能会有所不同)。运行该快捷方式即可启动 BECS。

如果您的机器安装了多个符合 BECS 要求的 AutoCAD 平台，那么首次启动时将提示您选择 AutoCAD 平台。如果不喜欢每次都询问 AutoCAD 平台，可以选择“下次不再提问”，这样下次启动时，就直接进入 BECS 了。不过您也可能后悔，例如您安装了更合适的 AutoCAD 平台，或由于工作的需要，要变更 AutoCAD 平台。您只要更改 BECS 目录下的 startup. ini，SelectAutoCAD = 1，即可恢复到可以选择 AutoCAD 平台的状态。

1.3 工作流程

BECS 是用来作节能评估的工具，要作节能评估，首先就需要一个可以认知的建筑模型(图 1-1)。节能评估所关注的建筑模型是墙体、门窗和

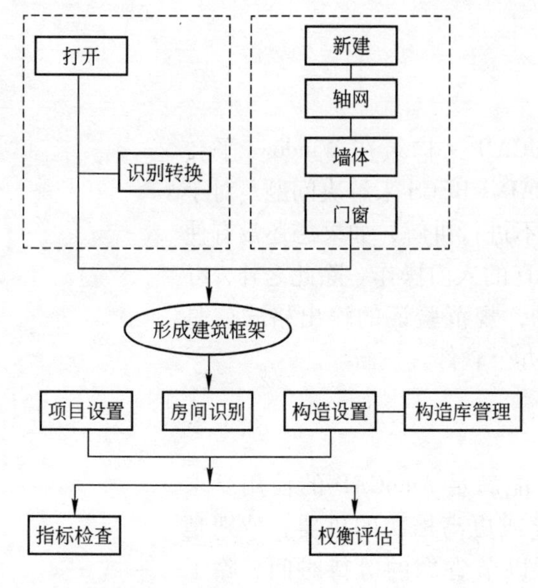

图 1-1　BECS 工作流程

屋顶等围护结构构成的建筑框架以及由此产生的空间划分。BECS 所用的建筑模型与斯维尔建筑 Arch 兼容通用，这意味着 Arch(或兼容的其他系统)提供的建筑图纸可以避免重新建模，从而节省节能评估所需要的建模时间。

需要指出，BECS 的建筑模型是基于标准层的模型，这和设计图纸是一致的，有了各个标准层，通过楼层表就可以获得整个建筑的数字模型。全部的标准层可以集成在一个 DWG 文件，也可以把不同的标准层单独放入不同的文件，这两种方式都可以通过楼层表指定。

有了建筑模型，接着就应当设置围护结构的构造和房间的属性，以及有关的气象参数。然后就可以作【节能检查】，即节能标准的规定性指标检查，如果得出的结论达标合格就可以输出节能报告和节能审查等表格，完成建筑节能设计。如果规定性指标不满足要求的话，要么调整围护结构热工性能使其达标，要么走另一条节能判定途径——性能性权衡评估法，对建筑物的整体进行节能计算，直至达到节能标准的规定和要求。

需要强调的是，一个工程的各种文件都要放到一个磁盘目录(文件夹)下，切记不要把不同项目的文件存在同一目录下，这样会引起极大的混乱。

1.4　软件使用者界面

BECS 对 AutoCAD 的界面进行了必要的扩充，这里作综合的介绍(图 1-2)。

1.4.1　屏幕菜单

BECS 的主要功能都列在屏幕菜单上，屏幕菜单采用“开合式”两级结构，第一级菜单可以单击展开第二级菜单，任何时候最多只能展开一个一级菜单，展开另外一个一级菜单时，原来展开的菜单自动并拢。二级菜单是真正可以执行任务的菜单，大部分菜单项都有图标，以方便软件使用者更快地确定菜单项的位置。当光标移到菜单项上时，AutoCAD 的状态行会出现该菜单项功能的简短提示。

1.4.2　右键菜单

这里介绍的是绘图区的右键菜单，其他界面上的右键菜单见相应的章

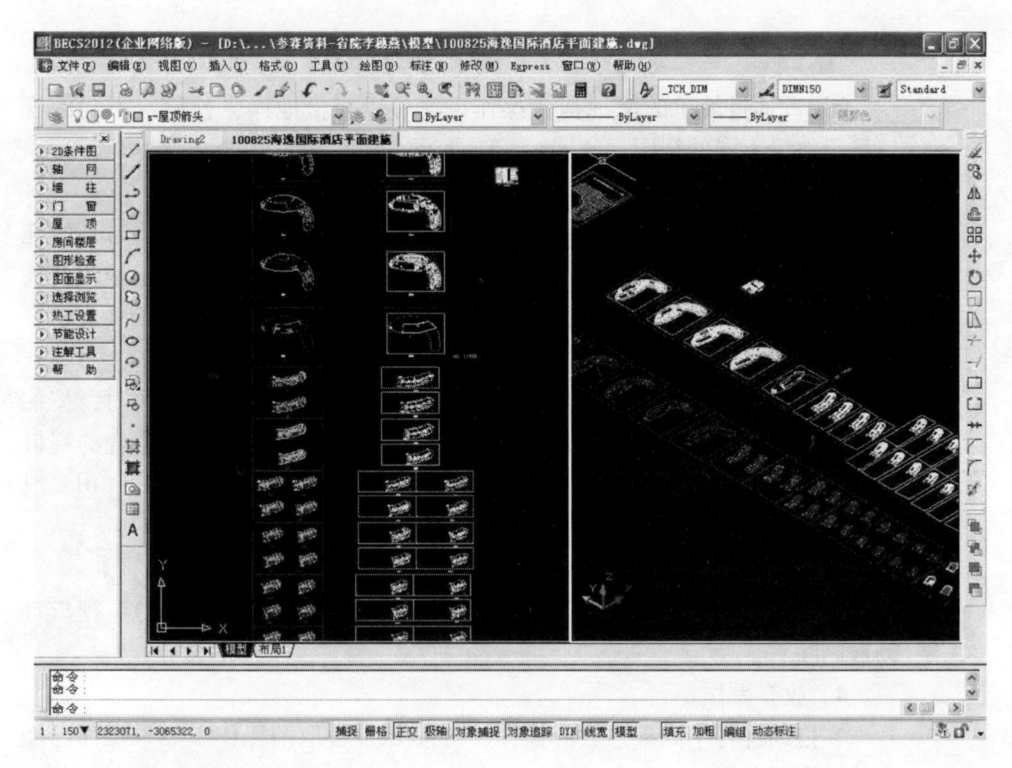

图 1-2　BECS 软件使用者界面

节，过于明显的菜单功能不进行介绍。BECS 的功能不是都列在屏幕菜单上，有些编辑功能只在右键菜单上列出。右键菜单有两类：模型空间空选右键菜单，列出节能设计最常用的功能；选中特定对象的右键菜单，列出该对象相关的操作。

1.4.3　工具条

工具条是另一种工作菜单，为了节省屏幕空间，工具条默认情况下不开启，软件使用者可以右击 AutoCAD 工具条的空白处，选择 toolbar 工具条。

1.4.4　命令栏按钮

在命令栏的交互提示中，有分支选择的提示，都变成局部按钮，可以单击该按钮或单击键盘上对应的快捷键，即进入分支选择。注意！不要再加一个回车了。软件使用者可以通过设置，关闭命令栏按钮和单键转换的特性。

1.4.5　文档标签

AutoCAD 平台是多文档的平台，可以同时打开多个 DWG 文档，当有多个文档打开时，文档标签出现在绘图区上方，可以点取文档标签快速地切换当前文档。软件使用者可以配置关闭文档标签，把屏幕空间还给绘图区。

1.4.6 模型视口

BECS 通过简单的鼠标拖放操作，就可以轻松地操纵视口，不同的视口可以放置不同的视图。

1）新建视口

当光标移到当前视口的 4 个边界时，光标形状发生变化，此时开始拖放，就可以新建视口。注意光标稍微位于图形区一侧，否则可能是改变其他界面，如屏幕菜单和图形区的分隔条和文档窗口的边界。

2）改视口大小

当光标移到视口边界或角点时，光标的形状会发生变化，此时，按住鼠标左键进行拖放，可以更改视口的尺寸，通常与边界延长线重合的视口也随同改变，如不需改变延长线重合的视口，可在拖动时按住〈Ctrl〉或〈Shift〉键。

3）删除视口

更改视口的大小，使它某个方向的边发生重合(或接近重合)，视口自动被删除。

4）放弃操作

在拖动过程中如果想放弃操作，可按 ESC 键取消操作。如果操作已经生效，则可以用 AutoCAD 的放弃(UNDO)命令处理。

1.5 本章小结

本章介绍了关于 BECS 的综合知识，通过本章的学习，您应当了解：

- BECS 基本原理
- BECS 软件使用者界面的使用
- 用 BECS 进行节能设计的一般流程

下面您就可以开始大胆地使用 BECS 的各项功能了。

第2章 建筑模型

建筑模型是节能评估的基础，建筑模型来源于建筑师的设计图纸。如果有原始设计图纸的电子文档，就可以大大减少重新建模的工作量。BECS可以打开、导入或转换主流建筑设计软件的图纸。然后根据建筑的框架就可以搜索出建筑的空间划分，为后续的节能评估奠定基础。

本章内容

- **识别转换**
- **轴柱绘制**
- **创建墙体**
- **门窗插入**
- **创建屋顶**
- **空间划分**
- **楼层组合**

建筑设计图纸是节能评估的基础条件，从建筑模型上讲，节能分析只关心围护结构，也就是墙体、梁、柱子、楼板、地面、门窗和屋顶，这些构部件在BECS都能方便地创建或从二维建筑图中转换获取。

2.1 2D条件图

节能设计所需要的图档不同于普通线条绘制的图形，而是由含有建筑特征和数据的围护结构构成，实际上是一个虚拟的建筑模型。纯AutoCAD和天正3格式的图是不能直接用于节能设计的，但我们可以通过转换和描图等手段获取符合要求的建筑图形。需要指出，建筑设计软件和节能设计软件对建筑模型的要求是不同的，建筑设计软件更多的是注重图纸的表达，而节能设计软件注重围护结构的构造和建筑形体参数。节能设计中应充分利用已有的建筑电子图档。

常见的建筑设计电子图档是DWG格式的，如果您获得的是斯维尔建筑Arch绘制的电子图档，那么恭喜您，您可以用最短的时间建立建筑框架，直接打开即可；如果您获得的是天正建筑5.0或天正建筑6.0、7.0绘制的电子图档，那么您也可以用很短的时间建立建筑框架；如果您获得的是天正建筑 3.0 或理正建筑绘制的电子图档，那么就需花点时间来进行转换处理，所花费的时间根据绘图的规范程度和图纸的复杂程度而定；如果转换效果不理想，也可以把它作为底图，花点时间重新描绘建筑框架。

模型处理是一个技巧性很强的过程，好的方法和合理的操作将事半功倍。建议软件使用者在处理过程中充分利用好第 5 章中介绍的辅助功能和 AutoCAD 的编辑命令。

2.1.1 图形转换

屏幕菜单命令：【2D 条件图】→【转条件图】(ZTJT)
→**【柱子转换】**(ZZZH)
→**【墙窗转换】**(QCZH)
→**【门窗转换】**(MCZH)

对于天正建筑 3.0、理正建筑和 AutoCAD 绘制的建筑图，可以根据原图的规范和繁简程度，通过本组命令进行识别转换变为 BECS 的建筑模型。

1)［转条件图］

用于识别转换天正 3 或理正建筑图，按墙线、门窗、轴线和柱子所在的不同图层进行过滤识别。由于本功能是整图转换，因此对原图的质量要求较高，对于绘制比较规范和柱子分布不复杂的情况，本功能成功率较高。

操作步骤：

(1) 按命令栏提示(图 2-1)，分别用光标在图中选取墙线、门窗(包括门窗号)、轴线和柱子，选取结束后，它们所在的图层名将被自动提取到对话框，也可以手工输入图层名。需要指出，每种构件可以有多个图层，但不能彼此共用图层。

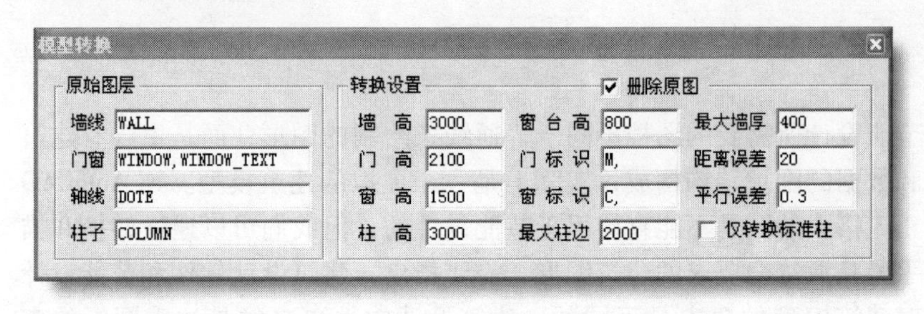

图 2-1 转条件图的对话框

(2) 设置转换后的竖向尺寸和容许误差。这些尺寸可以按占比例最多的数值设置，因为后期批量修改十分方便。

(3) 对于被炸成散线的门窗，要想让系统能够识别需要设置门窗标识，也就是说，大致在门窗编号的位置输入一个或多个符号，系统将根据这些符号代表的标识，判定这些散线转成门或窗。如下的情况不予转换：标识同时包含门和窗两个标识，无门窗编号，包含 MC 两个字母的门窗。总之，标识的目的是告诉系统转成什么。

(4) 框选准备转换的图形。一套工程图有很多个标准层图形，一次转多少取决于图形的复杂度和绘制得是否规范，最少一次要转换一层标准图，最多支持全图一次转换。

2)［柱子转换］

用于单独转换柱子。对于一张二维建筑图如果想柱子和墙、窗分开转换，最好先转柱子，再进行墙、窗的转换，这会大大降低图纸复杂度和增加转换成功率(图 2-2)。

图 2-2 柱子转换的对话框

3)［墙窗转换］

用于单独转换墙、窗，原理和操作与【转条件图】相同(图 2-3)。

图 2-3 墙窗转换的对话框

4)［门窗转换］

用于单独转换天正 3 或理正建筑的门窗。对话框右侧选项的意义是，勾选项的数据取自本对话框的设置，不勾选项的数据取自图中测量距离(图 2-4)。分别设置好门窗的转换尺寸后，框出墙体后用本命令转换门窗最恰当。天正 3 和理正建筑的门窗是特定的图块，如果被炸成散线本命令就无能为力，可考虑用【墙窗转换】的门窗标识方法或者利用原图中的门窗线用【两点插窗】快速插入。

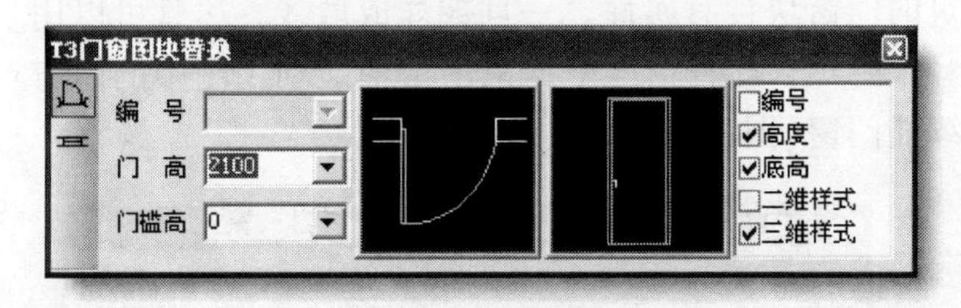

图 2-4 门窗替换的对话框

需要指出，对于绘制不规范的原始图，转换前应适当作一下处理，比如【消除重线】和整理图层等等，将大大增加转换成功率。

2.1.2 描图工具

屏幕菜单命令：【2D条件图】→【背景褪色】(BJTS)
【辅助轴线】(FZZX)
【墙柱】→【创建墙体】(CJQT)
【2D条件图】→【门窗转换】(MCZH)
【门窗】→【两点门窗】(LDMC)

面对来源复杂的建筑图，往往描图更为可靠。尽管BECS提供的建模工具游刃有余，但描图确是有一定的技巧性，处理好了就会省时省力。这里我们把描图的功能列出来，以启发软件使用者怎么去描图。

1)【背景褪色】

描图前对天正建筑3.0或理正建筑的图档作褪色处理，使得它们当作参考底图与描出来的围护结构看上去泾渭分明。另一方面，建筑设计的工程图纸，对于节能设计而言，最关心的是墙体和门窗。可以把不关心的其他图形褪色处理，这样既不影响对图纸的阅读，又突出重点。分支命令选项：

[背景褪色]：将整个图形按50%褪色度进行处理；

[删除褪色]：删除经褪色处理的图元；

[背景恢复]：恢复经褪色处理的图纸回到原来的色彩。

2)【辅助轴线】

本命令主要作为描图的辅助手段，对缺少轴网的图档在两根墙线之间居中生成临时轴线和表示墙宽的数字，以便沿辅助轴线绘制墙体。

3)【门窗转换】

本命令在后面的墙体章节中有详细介绍，在这里提出来为的是提醒软件使用者【创建墙体】中有三种定位方式，其中左边和右边定位用于沿墙边线描图是一个很理想的方法。

4)【门窗转换】

描出墙体后，可以批量转换天正3或理正建筑的门窗。然后用对象编辑修改同编号的门窗尺寸，也可以用特性表修改。

5)【两点门窗】

天正3或理正建筑的门窗块含有属性，一旦被炸成散线，尽管可以用门窗标识的方式转换却很麻烦。此种情况下，采用本功能利用图中的门窗线作捕捉点可快速连续插门窗(图2-5)。

图2-5　两点门窗的对话框

2.1.3 墙体整理

屏幕菜单命令：【2D 条件图】→【倒墙角】(DQJ)

【修墙角】(XQJ)

1)【倒墙角】

本功能与 AutoCAD 的倒角(Fillet)命令相似，专门用于处理两段不平行的墙体的端头交角问题。有两种情况：

当倒角半径不为0，两段墙体的类型、总宽和左右宽必须相同，否则无法进行；

当倒角半径为0时，用于不平行且未相交的两段墙体的连接，此时两墙段的厚度和材料可以不同。

2)【修墙角】

本命令提供对两端墙体相交处的清理功能，当软件使用者使用 AutoCAD 的某些编辑命令对墙体进行操作后，墙体相交处有时会出现未按要求打断的情况，采用本命令框选墙角可以轻松处理。

2.2 轴网

轴网在节能设计中没有实质用处，仅反映建筑物的布局和围护结构的定位。轴网由轴线、轴号和尺寸标注三个相对独立的系统构成。

绘制轴网通常分三个步骤：

(1) 创建轴网，即绘制构成轴网的轴线；

(2) 对轴网进行标注，即生成轴号和尺寸标注；

(3) 编辑修改轴号。

2.2.1 创建轴网

屏幕菜单命令：【轴网】→【直线轴网】(ZXZW)

【弧线轴网】(HXZW)

【墙生轴网】(QSZW)

1)【直线轴网】

创建直线正交轴网或非正交轴网的单向轴线，可以同时完成开间和进深尺寸数据设置。对话框如图2-6所示。

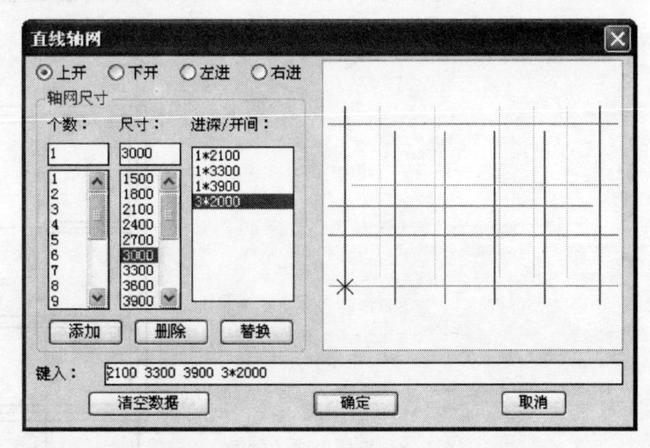

图2-6 直线轴网对话框

输入轴网数据方法有两种：

(1) 直接在［键入］栏内键入，每个数据之间用空格或逗号隔开，输入完毕回车生效。

(2) 在［个数］和［尺寸］中键入，或光标点击从下方数据栏获得待选数据，双击或点击［添加］按钮后生效。

2)【弧形轴网】

创建一组同心圆弧线和过圆心的辐射线组成弧线形轴网。开间的总和为360°时，生成弧线轴网的特例，即圆轴网。对话框如图2-7所示。

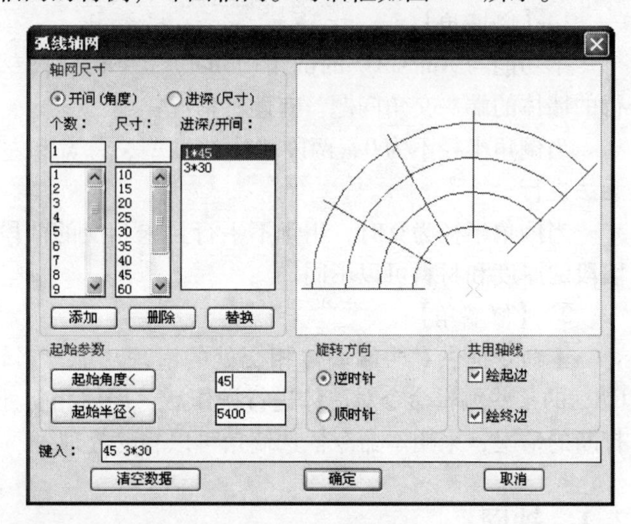

图2-7　弧线轴网实例

对话框选项和操作解释：

［开间］：由旋转方向决定的房间开间划分序列，用角度表示，以度为单位。

［进深］：半径方向上由内到外的房间划分尺寸。

［起始半径］：最内侧环向轴线的半径，最小值为零。可在图中点取半径长度。

［起始角度］：起始边与X轴正方向的夹角。可在图中点取弧线轴网的起始方向。

［绘起边/绘终边］：当弧线轴网与直线轴网相连时，应不画起边或终边以免轴线重合。

3)【墙生轴网】

此功能用于在已有墙体上批量快速生成轴网，很像先布置轴网后画墙体的逆向过程。在墙体的基线位置上自动生成轴网(图2-8)。注意！生成的轴线均按墙中心线生成。

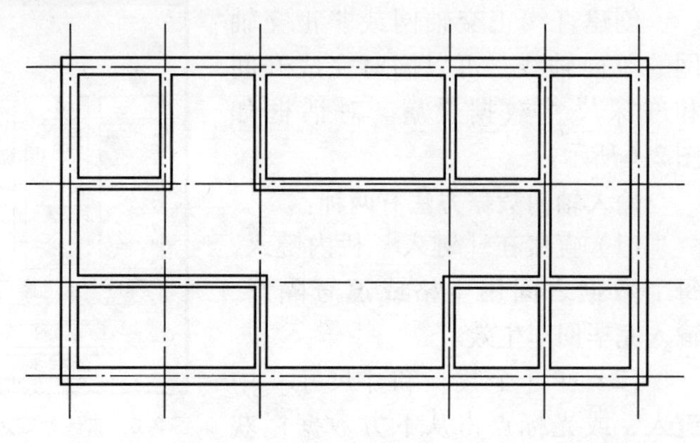

图2-8　墙体生成的轴网

2.2.2 轴网标注

轴网的标注有轴号标注和尺寸标注两项，软件自动一次性智能完成，但两者属不同的自定义对象，在图中是分开独立存在的。

1）整体标注

屏幕菜单命令：【轴网】→【轴网标注】(ZWBZ)

右键菜单命令：〈选中轴线〉→【轴网标注】(ZWBZ)

本命令对起止轴线之间的一组平行轴线进行标注。能够自动完成矩形、弧形、圆形轴网以及单向轴网和复合轴网的轴号和尺寸标注。

操作步骤：

(1) 如果需要的话，更改对话框(图2-9)列出的参数和选项；

(2) 选择第一根轴线；

(3) 选择最后一根轴线。

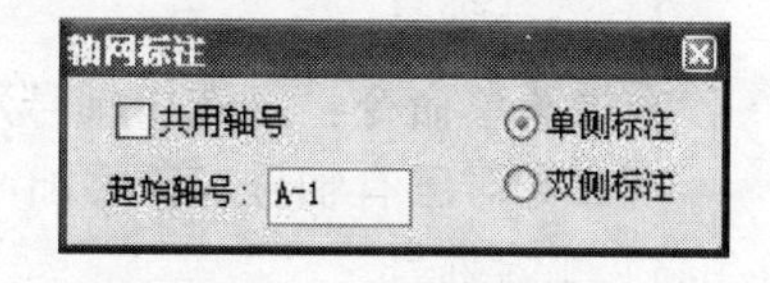

图2-9　轴网标注对话框

对话框选项和操作解释：

[单侧标注]：只在轴网点取的那一侧标注轴号和尺寸，另一侧不标。

[双侧标注]：轴网的两侧都标注。

[共用轴号]：选取本选项后，标注的起始轴线选择前段已经标好的最末轴线，则轴号承接前段轴号继续编号。并且前一个轴号系统编号重排后，后一个轴号系统也自动相应地重排编号。

[起始轴号]：选取的第一根轴线的编号，可按规范要求用数字、大小写字母、双字母、双字母间隔连字符等方式标注，如8、A-1，1/B等。

实例一　组合轴网的标注：

选取［共用轴号］后的标注操作示意如图2-10所示。

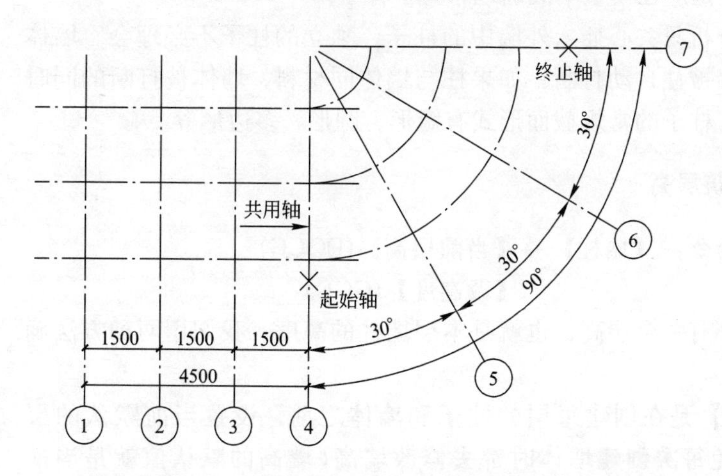

图2-10　组合轴网的标注

2）轴号标注

屏幕菜单命令：【轴网】→【轴号标注】(ZHBZ)

右键菜单命令：〈选中轴线〉→【轴号标注】(ZHBZ)

本命令只对单个轴线标注轴号，标注出的轴号独立存在，不与已经存在的轴号系统和尺寸系统发生关联。

2.2.3 轴号编辑

轴号常用的编辑是夹点编辑和在位编辑，专用的编辑命令都在右键菜单中。

1）修改编号

使用在位编辑来修改编号。选中轴号对象，然后单击圆圈，即进入在位编辑状态。如果要关联修改后续的多个编号，按回车键；否则只修改当前编号。

2）添补轴号

右键菜单命令：〈选中轴号〉→【添补轴号】(TBZH)

本命令对已有轴号对象添加一个新轴号。

3）删除轴号

右键菜单命令：〈选中轴号〉→【删除轴号】(SCZH)

本命令用于删除轴号系统中某个轴号，后面相关联的所有轴号自动更新。

2.3 柱子

从热工学上来说，位于外墙中的钢筋混凝土柱子由于热工性能差会引起围护结构的热桥效应，影响建筑物的保温效果甚至在墙体内表面结露。因此，节能设计中必须重视热桥带来的不利影响。BECS 支持标准柱、角柱和异型柱，并且可以自动计算热桥影响下的外墙平均传热系数 K 和热惰性指标 D，前提是应在模型中准确地布置了柱子。

建筑节能分析只关心插入外墙中的柱子，独立的柱子不必理会。墙体与柱相交时，墙被柱自动打断；如果柱与墙体同材料，墙体被打断的同时与柱连成一体。柱子的常规截面形式有矩形、圆形、多边形等。

2.3.1 建筑层高

屏幕菜单命令：【墙柱】→【当前层高】(DQCG)

【改高度】(GGD)

每层建筑都有一个层高，也就是本层墙柱的高度。我们用两种方法确定层高：

【当前层高】是在创建每层的柱子和墙体之前，设置当前默认的层高，这可以避免每次创建墙体时都去修改墙高（墙高的默认值就是当前层高）。

【改高度】则是创建时接受默认层高，完成一层标准图后一次性修改所有墙体和柱子的高度，对 BECS 熟练的软件使用者，推荐用这个方法。

2.3.2 标准柱

屏幕菜单命令：【墙柱】→【标准柱】(BZZ)

标准柱的截面形式为矩形、圆形或正多边形。通常柱子的创建以轴网为参照，创建标准柱的步骤如下：

(1) 设置柱的参数，包括截面类型、截面尺寸和材料等(图 2-11)；

(2) 选择柱子的定位方式；

(3) 根据不同的定位方式回应相应的命令栏输入；

(4) 重复(1)~(3)，或回车结束。

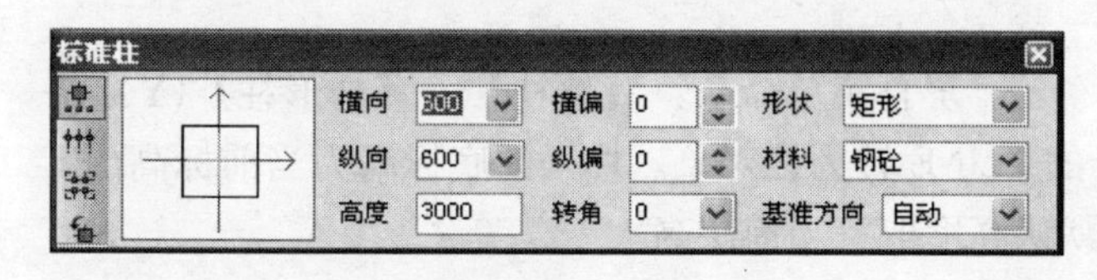

图 2-11 标准柱对话框

对话框选项和操作解释：

在上述对话框中，首先确定插入的柱子［形状］，有常见的矩形和圆形，还有正三角形、正五边形、正六边形、正八边形和正十二边形等。

确定柱子的尺寸：

矩形柱子：［横向］代表 X 轴方向的尺寸，［纵向］代表 Y 轴方向的尺寸。

圆形柱子：给出［直径］大小。

正多边形：给出外圆［直径］和［边长］。

确定［基准方向］的参考原则：

自动：按照轴网的 X 轴(即接近 WCS-X 方向的轴线)为横向基准方向。

UCS-X：软件使用者自定义的坐标 UCS 的 X 轴为横向基准方向。

柱子的偏移量有［横偏］和［纵偏］，分别代表在 X 轴方向和 X 轴垂直方向的偏移量。

柱子的［转角］在矩形轴网中以 X 轴为基准线。在弧形、圆形轴网中以环向弧线为基准线，以逆时针为正，顺时针为负。

柱子的［材料］有混凝土、砖、钢筋混凝土和金属。

左侧图标表达的插入方式：

交点插柱：捕捉轴线交点插柱，如未捕捉到轴线交点，则在点取位置插柱。

轴线插柱：在选定的轴线与其他轴线的交点处插柱。

区域插柱：在指定的矩形区域内，所有的轴线交点处插柱。

替换柱子：在选定柱子的位置插入新柱子，并删除原来的柱子。

2.3.3 墙角柱

屏幕菜单命令：【墙柱】→【角柱】(JZ)

本命令在墙角(最多四道墙会交)处创建角柱。点取墙角后，弹出如

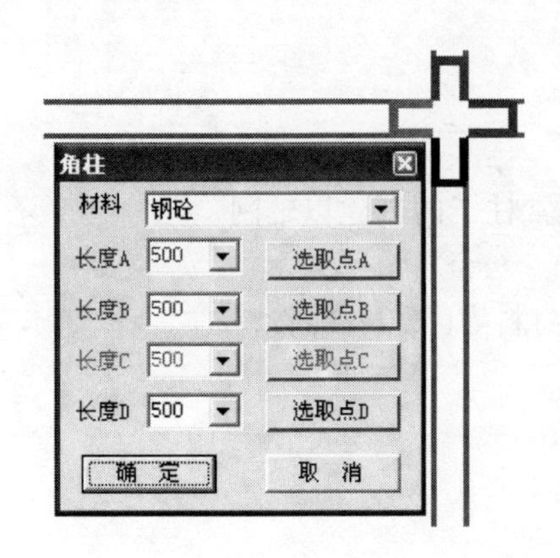

图 2-12　角柱创建对话框

图 2-12 所示对话框：

对话框选项和操作解释：

[材料]：确定角柱所使用的材质，有混凝土、砖、钢筋混凝土和金属。

[长度 A]/[长度 B]/[长度 C]/[长度 D]：分别与图中墙体上代表的位置与图中颜色一一对应，注意此值为墙体基线长度，直接键入或在图中点取控制点确定这些长度值。

2.3.4　异形柱

屏幕菜单命令：【墙柱】→【异形柱】(YXZ)

本命令可将闭合的 PLINE 转为柱对象。柱子的底标高为当前标高(ELEVATION)，柱子的默认高度取自当前层高。

2.3.5　转热桥柱

屏幕菜单命令：【墙柱】→【转热桥柱】(ZRQZ)

本命令把来自 Arch 和天正建筑 6 图中的柱转换成热桥柱。操作时可以框选整个图形，系统自动过滤选择出柱子并将其转换成同材料和同尺寸的热桥柱。

当图中存在复杂异形柱，例如剪力墙结构的建筑物，进行房间搜索的时候，经常会出现墙柱关系错误，而导致搜索房间失败，此时用本命令将柱子统一转换为热桥柱，提高搜索房间的成功率。

2.3.6　柱分墙段

屏幕菜单命令：【墙柱】→【柱分墙段】(ZFQD)

本命令主要是应用在不同朝向柱子构造做法不同，需要区分设置的情况下。执行本命令后，柱内墙处于选择状态，便于在属性表中快速地修改构造。

注意：执行【转热桥柱】、【柱分墙段】命令的前提条件是墙基线处于闭合状态。

2.3.7　编辑柱子

柱子编辑主要是修改柱子的高度、柱子截面尺寸和样式。

单柱改高：使用［对象编辑］修改单个柱子高度。

批量改高：用【改高度】和墙体一同修改高度，或【过滤选择】选出柱子然后在特性表中修改高度。

替换柱子：打开创建柱子的对话框，设计好新柱子，按下左侧的［替换］按钮，在图中批量选择原有柱子实现替换，只有标准柱子才有这样的替换功能。

2.4 墙体

墙体作为建筑物的主要围护结构在节能中起到至关重要的作用，同时它还是围成建筑物和房间的对象，又是门窗的载体。在进行模型处理过程中，与墙体打交道最多，节能计算无法正常进行下去往往与墙体处理不当有关。如果不能用墙体围成建筑物和有效的房间，节能设计将无法进行下去。

BECS 墙体的表面特性。选中墙体时可以看到墙体两侧有两个黄色箭头，它们表达了墙体两侧表面的朝向特性，箭头指向墙外表示该表面朝向室外与大气接触，箭头指向墙内表示该表面朝向室内。显然，外墙的两侧箭头一个指向墙内一个指向墙外，而内墙则都指向墙内(图 2-13)。

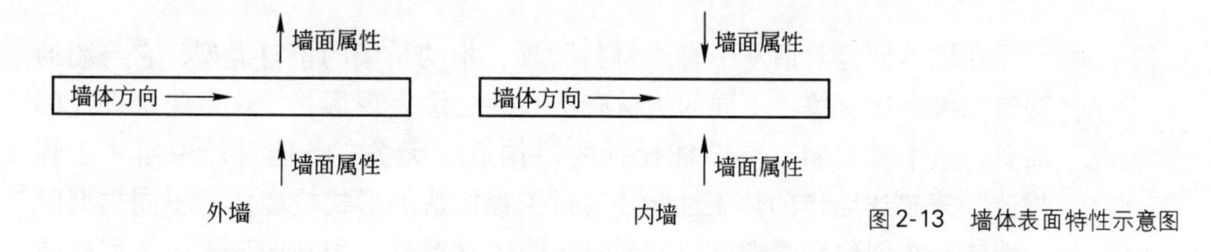

图 2-13 墙体表面特性示意图

2.4.1 墙体基线

墙体基线是墙体的代表“线”，也是墙体的定位线，通常和轴线对齐。墙体的相关判断都是依据于基线，比如墙体的连接相交、延伸和剪裁等，因此互相连接的墙体应当使得它们的基线准确的交接。BECS 规定墙基线不准许重合，也就是墙体不能重合，如果在绘制过程产生重合墙体，系统将弹出警告，并阻止这种情况的发生。如果用 AutoCAD 命令编辑墙体时产生了重合墙体，系统将给出警告，并要求软件使用者排除重合墙体。

建筑设计中通常不需要显示基线，但在节能设计中把墙基线打开有利于检查墙体的交接情况。【图面显示】菜单下有墙体的“单线/双线/单双线”开关。从图形表示来说，墙基线一般应当位于墙体内部，也可以在墙体外。选中墙对象后，表示墙位置的三个夹点，就是基线的点。

2.4.2 墙体类型

在建筑节能设计中，按照墙体两侧空间的性质不同，可将墙体分为四种类型：

外墙 与室外接触，并作为建筑物的外轮廓；

内墙 建筑物内部空间的分隔墙；

户墙 住宅建筑户与户之间的分隔墙，或户与公共区域的分隔墙；

虚墙 用于室内空间的逻辑分割(如居室中的餐厅和客厅分界)。

虽然在创建墙体时可以分类绘制，但软件使用者不必为此劳神，BECS 有更加便捷的自动分类方式。也就是说，创建模型时软件使用者不必关心墙体的类型，在随后的空间划分操作中系统将自动分类。

(1)【搜索房间】：自动识别指定内外墙。

(2)【搜索户型】：在搜索房间的基础上，将内墙转换为户墙。

(3)【天井设置】：在搜索房间的基础上，将天井空间的墙体转换为外墙。

上述三个功能将墙体分类后，如果又作了墙体的删除和补充，请重新进行搜索。对象特性表中也可以修改墙体的类型。需要指出，对于来自Arch2008或天正建筑5~7的建筑图如果含有装饰隔断、卫生隔段和女儿墙，BECS将不予理睬，如果需要这些墙体起分割房间作用，请将它们的类型改成内外墙都可以。可以用【对象查询】快速查看墙体的类型。

2.4.3 墙体材料

在墙体创建对话框中有"材料"项，指的是墙的主材类型，它与墙的建筑二维表达有关，不同的主材有不同的二维表现形式，这是建筑设计的需要，这个"材料"与节能设计的"构造"无关。节能设计中用"工程构造"来描述墙体的热工性能，通过工程构造的形式按墙体的不同类型赋给墙体。在创建和整理节能模型时，墙体材料可以用来区分不同工程构造的墙体，无需名称一一对应，比如钢筋混凝土的墙体不一定要用"钢筋混凝土墙"材料，用砖墙也没关系，只要在"工程构造"中设置钢筋混凝土的构造并赋给墙体就能进行正确的节能分析了。总之，建筑节能分析采用的墙体，其材料取决于工程构造赋予的构造形式，而与墙体的材料无关。关于工程构造的概念和应用将在第3章3.3.1节中详细介绍。

2.4.4 创建墙体

屏幕菜单命令：【墙柱】→【创建墙体】(CJQT)

【墙柱】→【单线变墙】(DXBQ)

墙体可以直接创建，也可以由单线转换而来，底标高为当前标高(ELEVATION)，墙体的所有参数都可以在创建后编辑修改。直接创建墙体有三种方式：连续布置、矩形布置和等分创建。单线转换有两种方式：轴网生墙和单线变墙。

1）直接创建墙体

直接创建墙体的对话框(图2-14)中左侧的图标为创建方式，可以创建单段墙体、矩形墙体和等分加墙，总宽/左宽/右宽用来指定墙的宽度和基线位置，三者互动，应当先输入总宽，然后输入左宽或右宽。高度参数，默认值取的是当前层高，而不是上次的值，若想改变这一项，设置【当前层高】即可。

对话框右侧是创建墙体时的三种定位方式：基线定位/左边定位/右边定位，表达的意义如图2-15所示，左边定位和右边定位特别适合描图时描墙边画墙的情况。

图 2-14　直接创建墙体

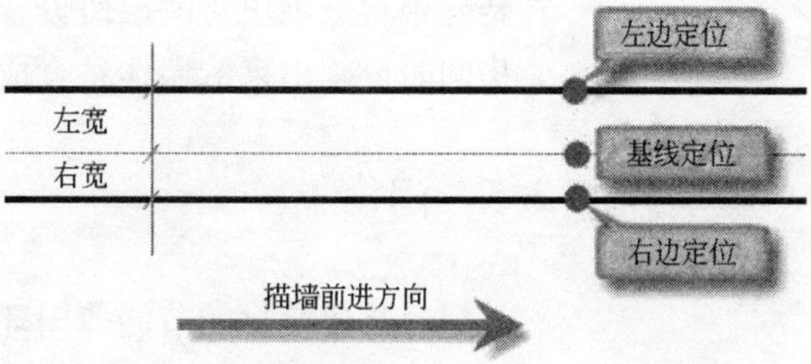

图 2-15　画墙定位示意图

创建墙体是一个浮动对话框，画墙过程中无需关闭，可连续绘制直墙、弧墙，墙线相交处自动处理。墙宽和墙高数值可随时改变，单元段创建有误可以回退。当绘制墙体的端点与已绘制的其他墙段相遇时，自动结束连续绘制，并开始下一连续绘制过程。

需要指出，在基线定位时，为了墙体与轴网的准确定位，系统提供了自动捕捉，即捕捉已有墙基线和轴线。如果有特殊需要，软件使用者可以按 F3 打开 AutoCAD 的捕捉，这样就自动关闭对墙基线和轴线的捕捉。换句话说，AutoCAD 的捕捉和系统捕捉是互斥的，并且采用同一个控制键。

2）单线变墙

本命令有两个功能：一是将 LINE、ARC 绘制的单线转为墙体对象，并删除选中单线，生成墙体的基线与对应的单线相重合。二是在设计好的轴网上成批生成墙体，然后再编辑(图 2-16)。

轴线生墙与单线变墙操作过程相似，差别在于轴线生墙不删除原来的轴线，而且被单独的轴线不生成墙体。本功能在圆弧轴网中特别有用，因为直接绘制弧墙比较麻烦，批量生成弧墙后再删除无用墙体更方便。

图 2-16　单线变墙对话框

2.4.5　墙体分段

屏幕菜单命令：【墙窗屋顶】→【墙体分段】(QTFD)

本功能将一段墙体分割为两段或三段，以便设置不同的材料或图层，进而赋给不同的墙体构造，常常用在剪力墙结构的建模中。

采用墙体分段的好处在于转换或创建外墙时不考虑多种构造，自始至终一种墙体画到底，然后分段处理。另一种能达到同样目的的方法是，创建时就按不同材料分开绘制，再设置不同的构造。很多情况下后者更方便，软件使用者应按自己习惯的方式选择操作。

操作步骤：

(1) 选择待分段的一段墙体。

(2) 选择第一个断点后回车结束，该段墙体被分割成两段。

(3) 选择第一个断点和第二个断点，该段墙体被分割成三段。

(4) 被分割的墙段仍然为在进行【搜索房间】前，用【对象编辑】或在特性中将分割出来的墙段设置成与相邻墙不同的材料或图层，否则，搜索房间时分割出来的墙体将合成原状。

2.5 门窗

门窗是建筑物的节能薄弱环节，也是节能审查的重点。建筑节能标准中对门和窗有不同的定义，强调透光的外门需当作窗考虑。在 BECS 中门窗属于两个不同类型的围护结构，二者与墙体之间有智能联动关系，门窗插入后在墙体上自动开洞，删除门窗则墙洞自动消除。

2.5.1 门窗种类

建筑专业以功能划分门窗，而节能设计则以是否透光来判定是门还是窗。节能标准中规定窗包含门的透光部分，因此模型处理过程中务必将门窗准确分清，尤其需要注意一些建筑条件图为满足图面表达而混淆了门窗的情况。BECS 支持下列类型的门窗。

■ 普通门

普通门的参数如图 2-17 的对话框所示，其中门槛高指门的下缘到所在的墙底标高的距离，通常就是离本层地面的距离，插入时可以选择按尺寸进行自动编号。

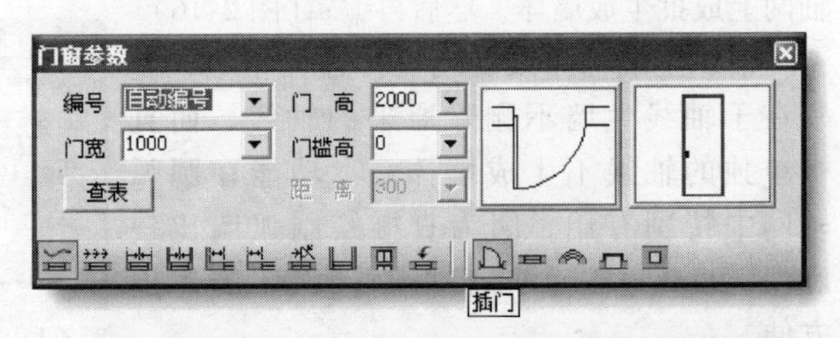

图 2-17 普通门和窗

■ **普通窗**

其参数与普通门类似，支持自动编号(图2-18)。

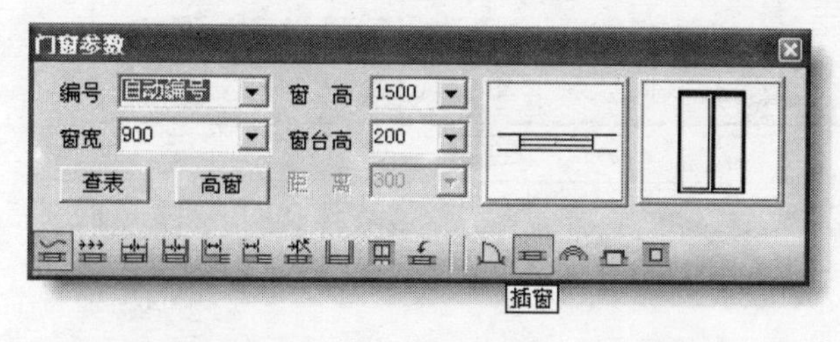

图2-18 普通窗的参数

■ **弧窗**

弧窗安装在弧墙上，并且和弧墙具有相同的曲率半径。弧窗的参数如图2-19对话框所示。需要注意的是，弧墙也可以插入普通门窗，但门窗的宽度不能很大，尤其在弧墙的曲率半径很小的情况下，门窗的中点可能超出墙体的范围而导致无法插入。

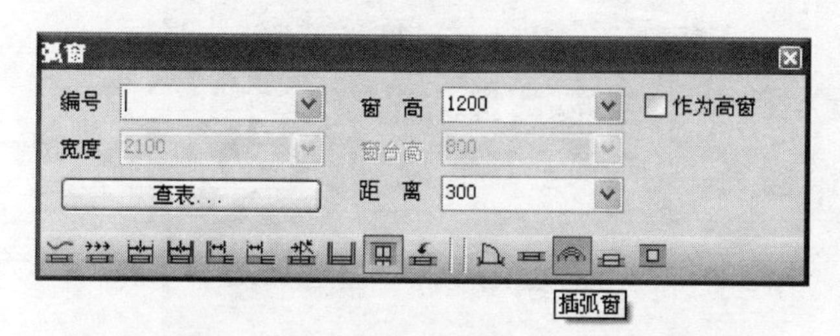

图2-19 弧墙上的弧窗

■ **凸窗**

即外飘窗，包括四种类型，其中矩形凸窗具有侧挡板特性(图2-20)。

■ **转角窗**

安装在墙体转角处，即跨越两段墙的窗户，可以外飘或骑在墙上。因两扇窗体的朝向不同节能分析中按两个窗处理。转角窗的参数如图2-21对话框所示。

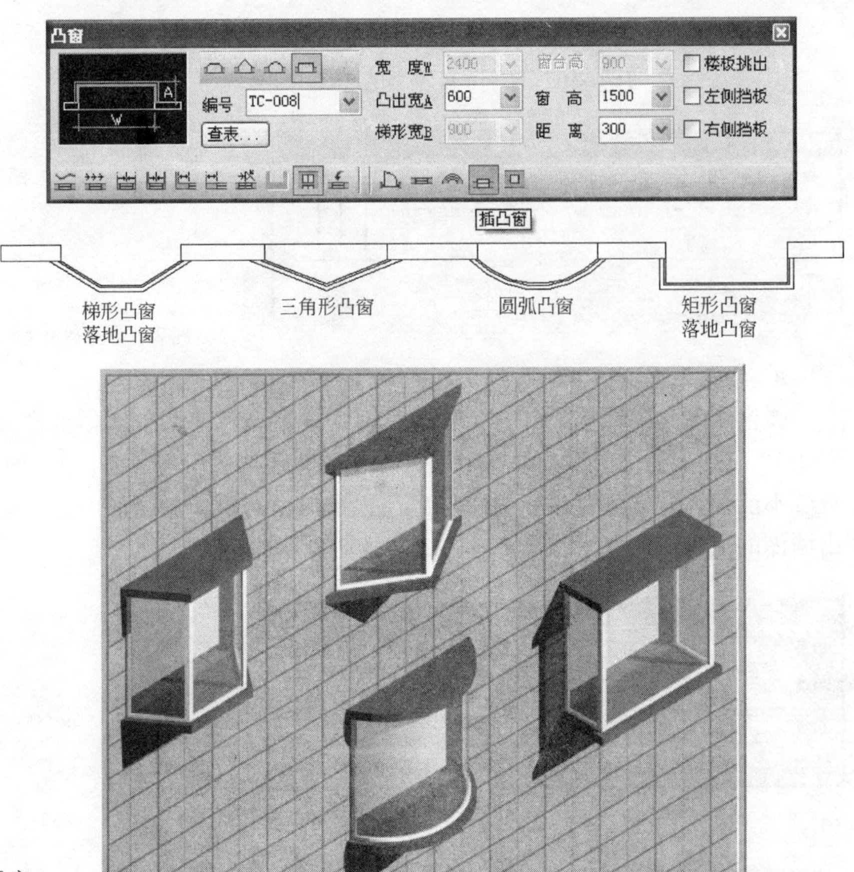

图 2-20 各种凸窗

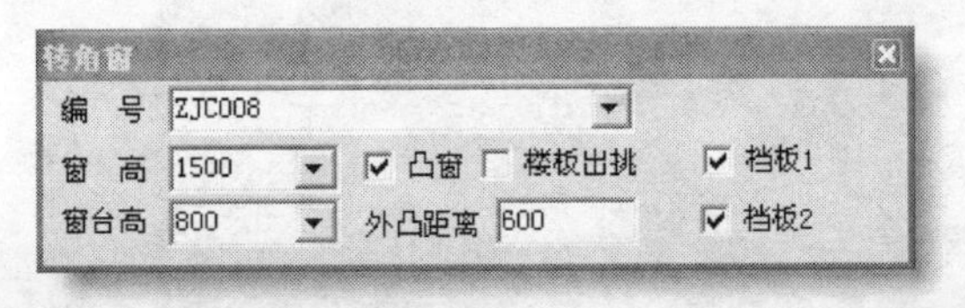

图 2-21 转角窗

■ 带形窗

不能外飘，可以跨越多段墙。节能分析中按多个窗处理(图 2-22)。

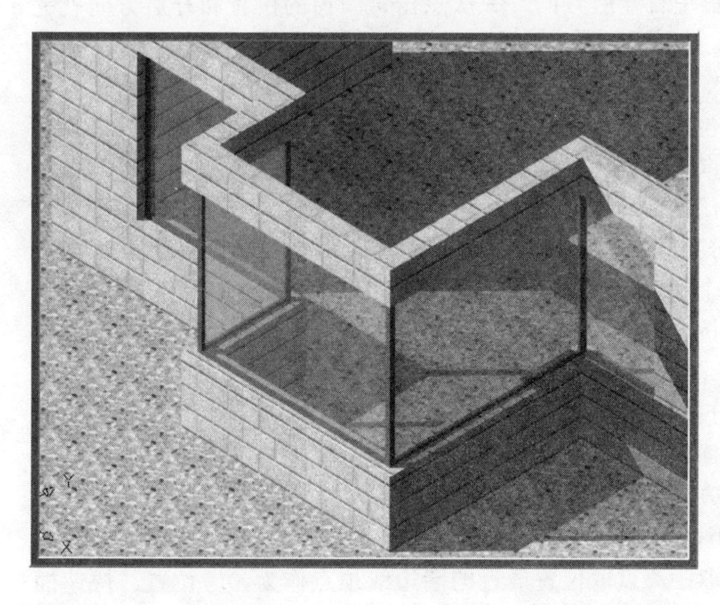

图 2-22 带形窗

2.5.2 门窗编号

屏幕菜单命令：【热工设置】→【门窗编号】(MCBH)

本命令给图中的门窗编号，可以单选编号也可以多选批量编号，分支命令［自动编号］与门窗插入对话框中的“自动编号”一样，按门窗的洞口尺寸自动组号，原则是由四位数组成，前两位为宽度后两位为高度，按四舍五入提取，比如 900×2150 的门编号为 M09×22。这种规则的编号可以直观地看到门窗规格，目前被广泛采用。

需要特别指出，应用 BECS 进行节能分析，门窗编号是一个重要的属性，用来标识同类制作工艺的门窗，即同编号的门窗，除了位置不同外，它们的材料、洞口尺寸和三维外观都应当相同。如果没有编号形成了空号门窗，这会给后期的节能检查和分析造成麻烦，因为无标识的门窗无法在【门窗类型】中确定其与节能相关的参数。补救的方法就是采用本命令给门窗进行统一的编号。

2.5.3 插入门窗

屏幕菜单命令：【门窗】→【插入门窗】(CRMC)

右键菜单命令：〈选中墙体〉→【插入门窗】(CRMC)

【插入门窗】汇集了普通门窗、凸窗和弧窗等多种门窗的插入功能，位于对话框下方还提供了定位方式按钮，这些插入方式将帮助设计者快速准确地确定门窗在墙体上的位置。虽然节能设计并不强调门窗精确定位，但从提高效率角度讲，还是有必要介绍一下各种定位的特点。

- 自由插入

可在墙段的任意位置插入，光标点到哪插到哪，这种方式快而随意，但不能准确定位。光标以墙中线为分界，内外移动控制开启方向，单击一次〈Shift〉键控制左右开启方向，一次点击，门窗的位置和开启方向就完全确定。

- 顺序插入

以距离点取位置较近的墙端点为起点，按给定距离插入选定的门窗。此后顺着前进方向连续插入，插入过程中可以改变门窗类型和参数。在弧墙顺序插入时，门窗按照墙基线弧长进行定位。

- 轴线等分插入

将一个或多个门窗等分插入到两根轴线之间的墙段上，如果墙段内缺少轴线，则该侧按墙段基线等分插入。门窗的开启方向控制参见自由插入中的介绍。

- 墙段等分插入

与轴线等分插入相似，本命令在一个墙段上按较短的边线等分插入若干个门窗，开启方向的确定同自由插入。

- 垛宽定距插入

系统自动选取距离点取位置最近的墙边线顶点作为参考位置，快速插入门窗，垛宽距离在对话框中预设。本命令特别适合插室内门，开启方向的确定同自由插入。

- 轴线定距插入

与垛宽定距插入相似，系统自动搜索距离点取位置最近的轴线与墙体的交点，将该点作为参考位置快速插入门窗。

- 角度定位插入

本命令专用于弧墙插入门窗，按给定角度在弧墙上插入直线形门窗。

- 满墙插入

门窗在门窗宽度方向上完全充满一段墙，使用这种方式时，门窗宽度由系统自动确定。

采用上述八种方式插入的门窗实例如图 2-23 所示。

- 上层插入

上层窗指的是在已有的门窗上方再加一个宽度相同、高度不同的窗，这种情况常常出现在厂房或大堂的墙体设计中。

在图 2-24 所示对话框下方选择［上层插入］方式，输入上层窗的编号、窗高和窗台到下层门窗顶的距离。使用本方式时，注意上层窗的顶标高不能超过墙顶高。

2.5.4 插转角窗

屏幕菜单命令：【门窗】→【转角窗】(ZJC)

右键菜单命令：〈选中墙体〉→【转角窗】(ZJC)

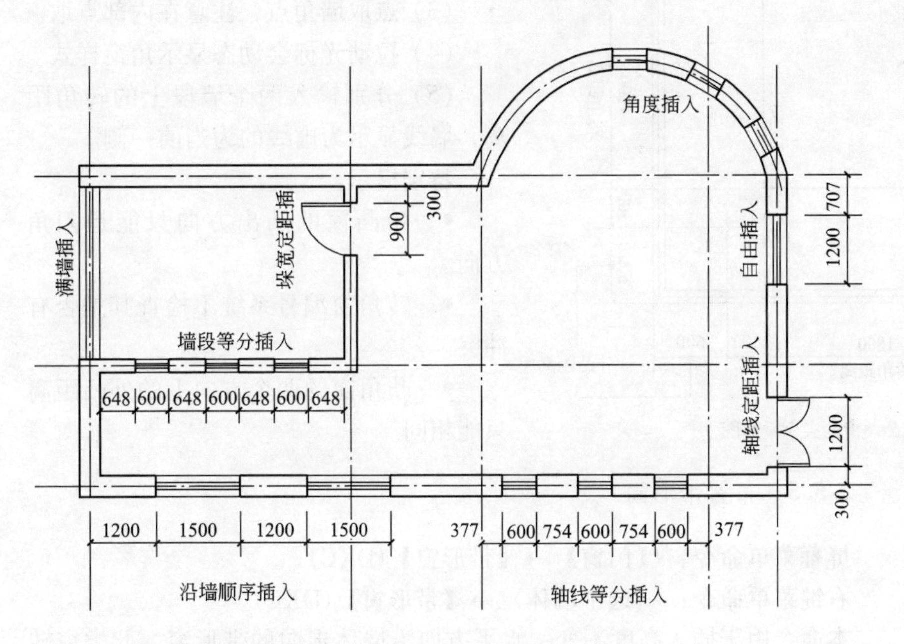

图 2-23　门窗插入方式的实例

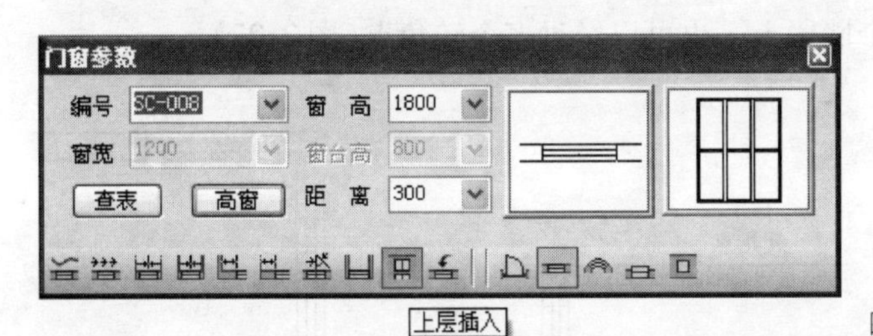

图 2-24　插入上层门窗的选项

在墙角的两侧插入等高角窗，有三种形式：随墙的非凸角窗(也可用带窗完成)、落地的凸角窗和未落地的凸角窗。转角窗的起始点和终止点在一个墙角的两个相邻墙段上，转角窗只能经过一个转角点。如果不是凸窗，最好用下面介绍的带形窗更方便。

操作步骤：

(1) 确定角窗类型：

不选取［凸窗］，就是普通角窗，窗随墙布置；选取［凸窗］，再选取［楼板出挑］，就是落地的凸角窗；只选取［凸窗］，不选取［楼板出挑］，就是未落地的凸角窗(图 2-25、图 2-26)。

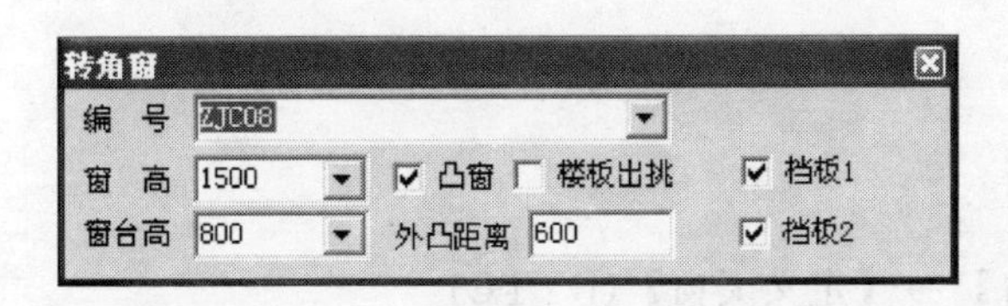

图 2-25　转角窗对话框

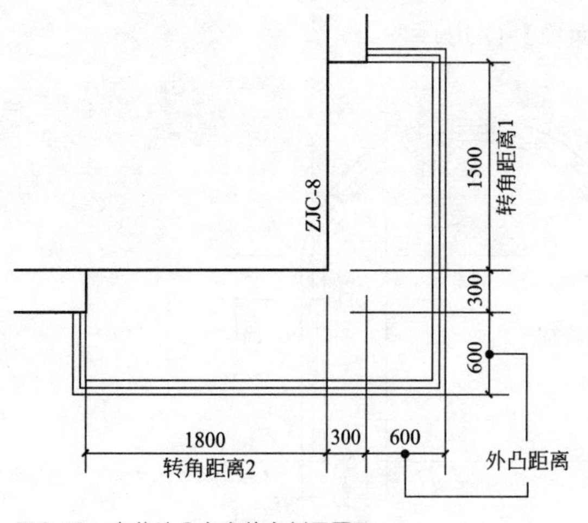

图 2-26　未落地凸角窗的实例平面图

(2) 输入窗编号和外凸尺寸。

(3) 点取墙角点，注意在内部点取。

(4) 拉动光标会动态显示角窗样式。

(5) 分别输入两个墙段上的转角距离，墙线显示为虚线的为当前一侧。

特别提示：

- 角凸窗的凸出方向只能是阳角方向。
- 转角窗编号系统不检查其是否有冲突。
- 凸角窗的两个方向上的外凸距离只能相同。

2.5.5　布置带形窗

屏幕菜单命令：【门窗】→【带形窗】(DXC)

右键菜单命令：〈选中墙体〉→【带形窗】(DXC)

本命令用于插入高度不变，水平方向沿墙体走向的带形窗，此类窗转角数不限。点取命令后命令栏提示输入带形窗的起点和终点。带形窗的起点和终点可以在一个墙段上，也可以经过多个转角点(图 2-27)。

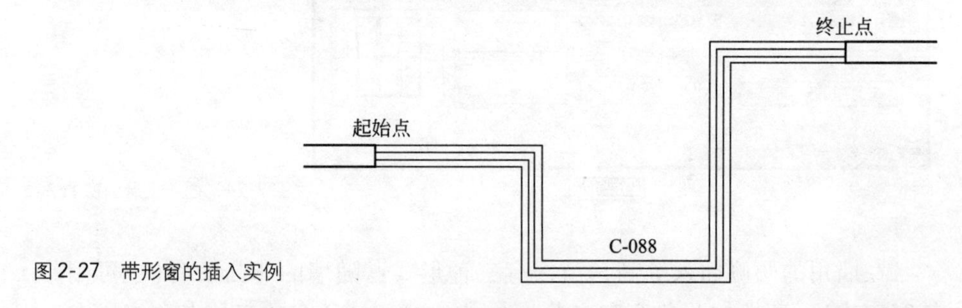

图 2-27　带形窗的插入实例

建筑中常见的封闭阳台用带形窗最为方便，先绘制封闭的墙体然后从起点到终点插入带形窗，就形成一个带阳台窗的封闭阳台。如图 2-28 所示。

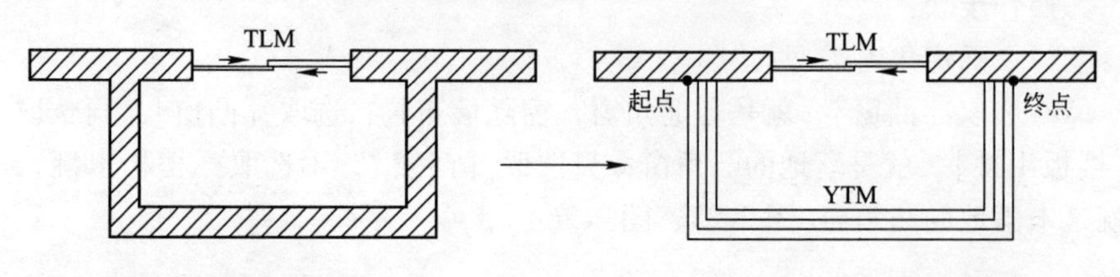

图 2-28　封闭阳台实例

2.5.6　定义天窗

屏幕菜单命令：【门窗】→【定义天窗】(DYTC)

定义天窗将封闭线条定义成天窗。封闭线条可以是多义线和圆。先将封闭线条布置在天窗下的房间所在楼层上，可以不必设置标高，系统提取模型时，会自动将其投影到屋顶上。

2.5.7 门转窗

屏幕菜单命令：【门窗】→【门转窗】(MZC)

建筑节能标准中规定，透光的外门需当作窗考虑。对于玻璃门需整个转为窗，部分透光的门(如阳台门)则把透光的部分当作窗，即门的上部分要转成窗。本命令可以完成门部分或全部转成窗。如果部分转换，则上部分转换为上层窗(图2-29)。

图2-29 门转窗对话框

需要指出，插入门时如果确定这个门是全玻璃门，可以直接插入同尺寸的窗代替门，免得再门转窗了。如果门的上部透光，分别插入门和窗比较麻烦，还是插门再部分转窗比较方便。

2.5.8 窗转门

屏幕菜单命令：【门窗】→【CZM】(CZM)

本命令用于将窗对象转换成门。一般用于以下两种情况：

(1) 在【转条件图】中无门窗标识时默认转换成窗的门对象；

(2) 还原【门转窗】中误转成窗的门对象。

2.5.9 门窗打断

屏幕菜单命令：【2D 条件图】→【门窗打断】(MCDD)

本命令将被内墙隔断本属于不同房间的跨房间门窗，分割成两个或多个独立的门窗。

2.5.10 门窗编辑

屏幕菜单命令：【门窗】→【插入门窗】(CRMC)

右键菜单命令：〈选中门窗〉→【对象编辑】(DXBJ)

屏幕菜单命令：【门窗】→【门窗整理】(MCZL)

批量修改门窗(只针对插入门窗所建立的普通门窗)在模型处理过程中非常有用。BECS有四种特点不同的解决方法，一种是利用插门窗对话框中的［替换］按钮；其二是对门窗进行［对象编辑］；其三是在特性表中进行修改；其四就是［门窗整理］，可以对门窗进行编辑和整理。第一种方法最强，不仅可以改编号、尺寸，还能门窗类型互换；第二种、第三种和第四种方法只能改尺寸和编号。

1) 门窗替换

打开【插入门窗】对话框并按下［替换］按钮，在右侧勾选准备替换的参数项，然后设置新门窗的参数，最后在图中批量选择准备替换的门窗，系统将用新门窗在原位置替换掉原门窗(图2-30)。对于不变的参数去掉勾选项，替换后仍保留原门窗的参数，例如，将门改为窗，宽度不变，应将宽度选项置空。事实上，替换和插入的界面完全一样，只是把“替换”作为一种定位方式。

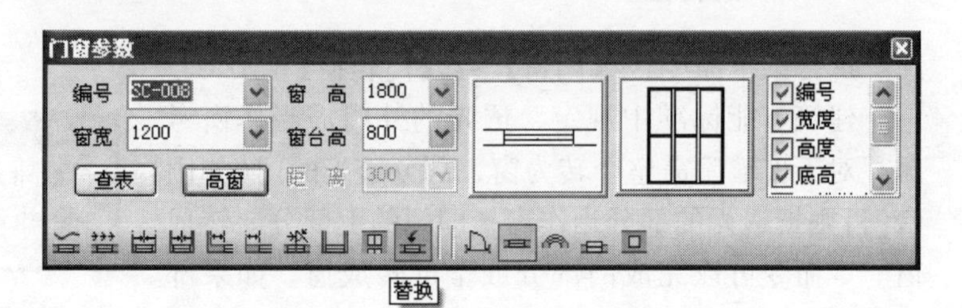

图2-30 门窗替换对话框

注意：建筑专业提交的图纸中，门窗类型有时并不正确，可以用门窗替换(清空全部过滤参数)来完成门窗类型的替换。

2）对象编辑

利用【对象编辑】可以批量修改同编号的门窗，首先对一个门窗进行修改，当命令栏提示相同编号门窗是否一起修改时，回答“Y”一起修改，回答“N”只修改这一个门窗。

3）过滤选择+特性表

打开对象特性表(Ctrl+1)，然后用“过滤选择”功能选中多个门窗，在“特性表”中修改门窗的尺寸等属性，达到批量修改的目的。

4）门窗整理

【门窗整理】从图中提取全部门窗类对象的信息，并列出编号和尺寸参数表格，用光标点取某个门窗信息，视口自动对准到该门窗并将其选中，软件使用者可以在图中采用前面介绍的方式修改图形对象，然后按［提取］按钮将图中参数更新到表中，也可以在表中输入新参数后再按［应用］按钮将数据写入到图中。在某个编号行修改参数，该编号的全部门窗一起修改(图2-31)。

门窗整理

窗 | 电梯门 | 隔断门 | 门 | 全部

编号	新编号	宽度	高度	窗台高
C2 (6)	C2	1200	1500	800
C2〈1〉	C2	1200	1500	800
C2〈2〉	C2	1200	1500	800
C2〈3〉	C2	1200	1500	800
C2〈4〉	C2	1200	1500	800
C2〈5〉	C2	1200	1500	800
C2〈6〉	C2	1200	1500	800
C3 (1)	C3	2400	1500	800
C3〈1〉	C3	2400	1500	800
C5 (2)	C5	4000	1500	800
C5〈1〉	C5	4000	1500	800
C5〈2〉	C5	4000	1500	800
C6′ (2)	C6′	1400	2100	800
C6′〈1〉	C6′	1400	2100	800
C6′〈2〉	C6′	1400	2100	800
C6 (4)	C6	1500	2100	
C7 (1)	C7	3620	1500	800

应 用　　提 取

图2-31 门窗整理列表

2.6 屋顶

屋顶是建筑物的重要围护结构，对于节能计算而言屋顶的数据和形态具有复杂多变的特点。值得欣慰的是，在BECS中屋顶的数据和工程量都是自动提取而无需人工计算。BECS除了提供常规屋顶——平屋顶、多坡屋顶、人字屋顶和老虎窗，还提供了用二维线转屋顶的工具来构建复杂的屋顶。

特别指出，BECS 中约定屋顶对象要放置到屋顶所覆盖的房间上层楼层框内，并且数据提取中的屋顶数据也是统计在上层。

2.6.1 生成屋顶线

屏幕菜单命令：【屋顶】→【搜屋顶线】(SWDX)

本命令是一个创建屋顶的辅助工具，搜索整栋建筑物的所有墙体，按外墙的外皮边界生成屋顶平面轮廓线。该轮廓线为一个闭合 PLINE，用于构建屋顶的边界线。节能标准中规定，屋顶挑出墙体之外的部分对温差传热没有贡献，因此屋顶轮廓线应当与墙外皮平齐，也就是外挑距离等于零。

操作步骤：

(1) 在命令栏提示“请选择互相联系墙体(或门窗)和柱子”时，选取组成建筑物的所有外围护结构，如果有多个封闭区域要多次操作本命令，形成多个轮廓线。

(2) 偏移建筑轮廓的距离请输入“0”。

2.6.2 人字坡顶

屏幕菜单命令：【屋顶】→【人字坡顶】(RZPD)

以闭合的 PLINE 为屋顶边界，按给定的坡度和指定的屋脊线位置，生成标准人字坡屋顶。屋脊的标高值默认为 0，如果已知屋顶的标高可以直接输入，也可以生成后编辑抬高。由于人字屋顶的檐口标高不一定平齐，因此使用屋脊的标高作为屋顶竖向定位标志(图 2-32)。

图 2-32 人字屋顶的创建对话框

操作步骤：

(1) 准备一封闭的 PLINE，或利用【搜屋顶线】生成的屋顶线作为人字屋顶的边界；

(2) 执行命令，在对话框中输入屋顶参数，图中点取 PLINE；

(3) 分别点取屋脊线起点和终点，生成人字屋顶。也可以把屋脊线定在轮廓边线上生成单坡屋顶。

理论上讲，只要是闭合的 PLINE 就可以生成人字坡屋顶，具体的边界形状依据设计而定。也可以生成屋顶后与闭合 PLINE 进行［布尔编辑］运算，切割出形状复杂的坡顶。图 2-33 是几个多边形人字坡屋顶的实例。

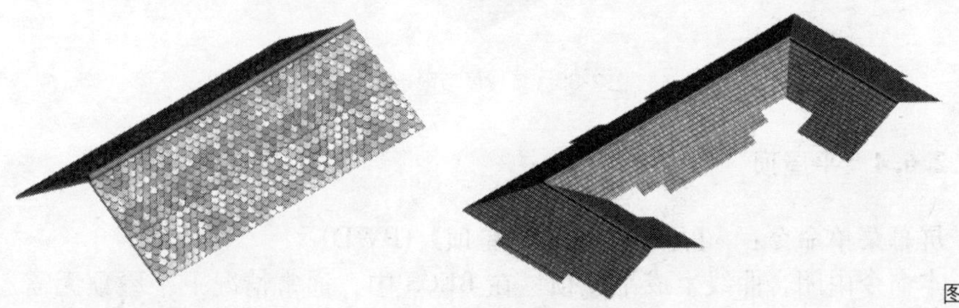

图 2-33 人字屋顶的实例

2.6.3　多坡屋顶

屏幕菜单命令：　【屋顶】→【多坡屋顶】(DPWD)

由封闭的任意形状 PLINE 线生成指定坡度的坡形屋顶，可采用对象编辑单独修改每个边坡的坡度，以及用限制高度切割顶部为平顶形式。

操作步骤：

(1) 准备一封闭的 PLINE，或利用【搜屋顶线】生成的屋顶线作为屋顶的边线；

(2) 执行命令，图中点取 PLINE；

(3) 给出屋顶每个坡面的等坡坡度或接受默认坡度；

(4) 回车生成；

(5) 选中“多坡屋顶”通过右键对象编辑命令进入坡屋顶编辑对话框，进一步编辑坡屋顶的每个坡面，还可以通过屋顶的夹点修改边界。

在坡屋顶编辑对话框中(图 2-34)，列出了屋顶边界编号和对应坡面的几何参数。单击栏目中某边号一行时，图中对应的边界用一个红圈实时响应，表示当前处理对象是这个坡面。软件使用者可以逐个修改坡面的坡角或坡度，修改完后请点取［应用］使其生效。［全部等坡］能够将所有坡面的坡度统一为当前的坡面。坡屋顶的某些边可以指定坡角为 90°，对于矩形屋顶，表示双坡屋面的情况(图 2-35)。

对话框中的［限定高度］可以将屋顶在该高度上切割成平顶，效果如图 2-36 所示。

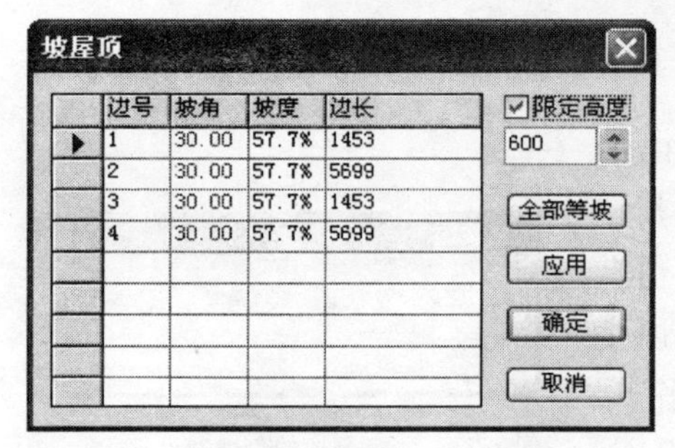

图 2-34　多坡屋顶编辑对话框

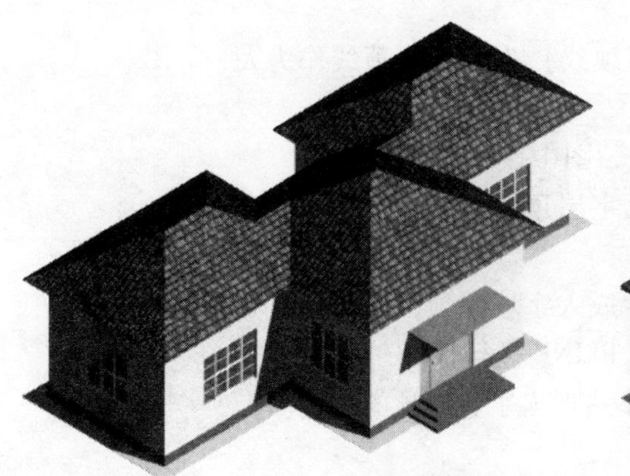
图 2-35　标准多坡屋顶

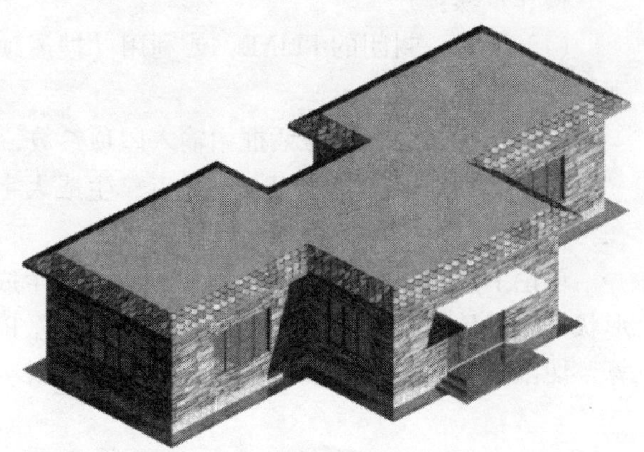
图 2-36　多坡屋顶限定高度后成为平屋顶

2.6.4　平屋顶

屏幕菜单命令：　【屋顶】→【平屋顶】(PWD)

本命令由闭合曲线生成平屋顶。在 BECS 中，通常情况下平屋顶无需建模，系统自动处理，只有一些特殊情况需要建平屋顶。

1）多种构造的屋顶

创建多个平屋顶，默认屋顶仍无需建模。在工程构造的［屋顶］项中设置相应的构造，系统默认把位居第一位的构造赋给默认屋顶，其他构造的屋顶用【局部设置】分别赋给。

2）公共建筑与居住建筑混建

当上部为居住建筑下部为公共建筑，且公共建筑的平屋顶比居住建筑的首层地面大的情况下，与居住建筑地面重合的这部分公共建筑屋顶，需要建平屋顶，并在特性表中将这个屋顶的边界条件设置为“绝热”。

3）地下室与室外大气相接触的顶板

当地下室的某部分顶板暴露在大气中，这部分顶板的构造不同于与地上首层连接的顶板，需要建平屋顶来解决。

2.6.5 线转屋顶

屏幕菜单命令：【屋顶】→【线转屋顶】(XZWD)

本命令将由一系列直线段构成的二维屋顶转成三维屋顶模型(PFACE)。

交互操作：

(1) 选择二维的线条(LINE/PLINE)。

(2) 选择组成二维屋顶的线段，最好全选，以便一次完整生成。

(3) 设置基准面高度〈0〉。

(4) 输入屋顶檐口的标高，通常为0。

(5) 设置标记点高度(大于0)〈1000〉。

系统自动搜索除了周边之外的所有交点，用绿色X提示，给这些交点赋予一个高度。

(6) 继续赋予交点一个高度……

(7) 是否删除原始的边线？［是(Y)/否(N)］〈Y〉。

(8) 确定是否删除二维的线段。

命令结束后，二维屋顶转成了三维模型(图2-37)。

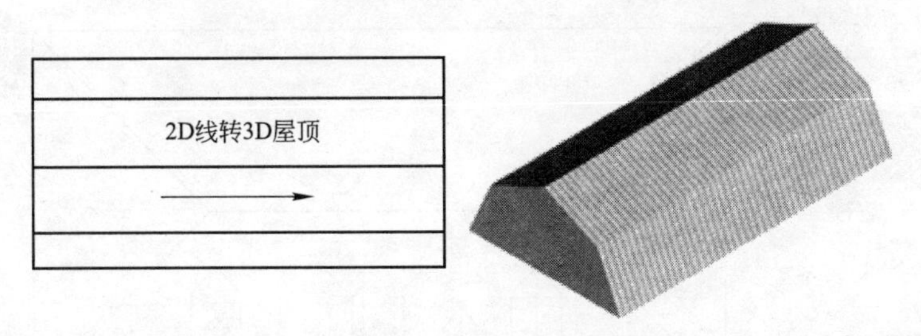

图2-37　二维屋顶转成三维屋顶

2.6.6 老虎窗

屏幕菜单命令：【屋顶】→【加老虎窗】(JLHC)

本命令在三维屋顶坡面上生成参数化的老虎窗对象，控制参数比较详细。老虎窗与屋顶属于父子逻辑关系，必须先创建屋顶才能够在其上正确加入老虎窗。

老虎窗创建对话框(图 2-38)

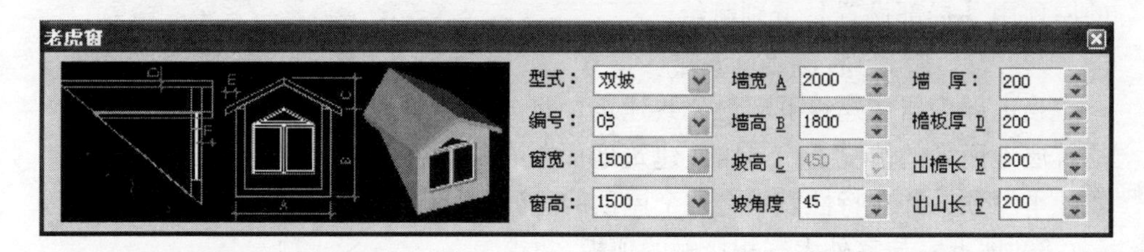

图 2-38 老虎窗的创建对话框

根据光标拖拽老虎窗的位置，系统自动确定老虎窗与屋顶的相互关系，包括方向和标高。在屋顶坡面点取放置位置后，系统插入老虎窗并自动求出与坡顶的相关线，切割掉相关线以下部分实体。

对话框选项和操作解释：

对话框左侧示意图的参数意义。

［形式］ 有双坡、三角坡、平顶坡、梯形坡和三坡共计五种类型(图 2-39)。

［编号］ 老虎窗编号。

［窗宽］ 老虎窗的小窗宽度。

［窗高］ 老虎窗的小窗高度。

［墙宽 A］ 老虎窗正面墙体的宽度。

［墙高 B］ 老虎窗侧面三角形墙体的最大高度。

［坡高 C］ 老虎窗屋顶高度。

［坡角度］ 坡面的倾斜坡度。

［墙厚］ 老虎窗墙体厚度。

［檐板厚 D］ 老虎窗屋顶檐板的厚度。

［出檐长 E］ 老虎窗侧面屋顶伸出墙外皮的水平投影长度。

［出山长 F］ 老虎窗正面屋顶伸出山墙外皮长度。

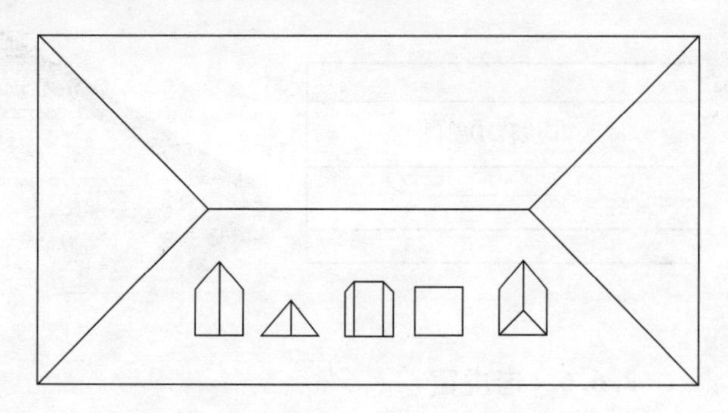

图 2-39 五种老虎窗的二维视图

上述个别参数对于某些形式的老虎窗来说没有意义，因此被置为灰色无效。老虎窗的三维表现如图 2-40 所示。

图 2-40　老虎窗的三维表现

2.6.7　屋顶加洞

右键菜单命令：〈选中屋顶〉→【屋顶加洞】(WDJD)

本命令用于电梯间、机房出多坡屋顶的情况。在生成的坡屋顶对象上扣减电梯间、机房轮廓。多坡屋顶人字屋顶和多坡屋顶都支持本功能(图 2-41)。

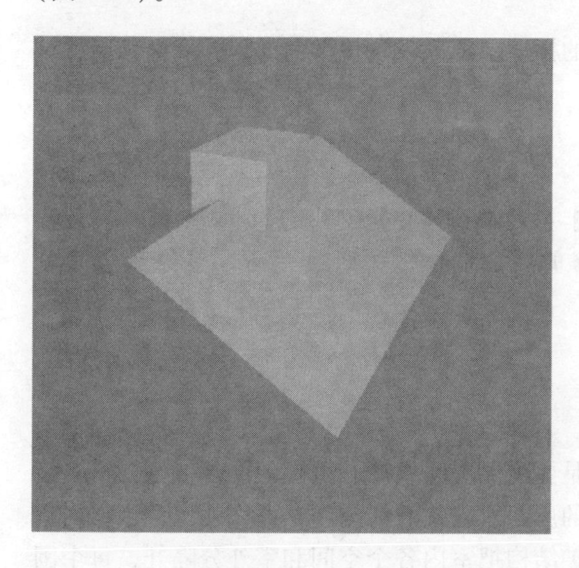

图 2-41　坡屋顶的三维表现

2.6.8　屋顶消洞

右键菜单命令：〈选中屋顶〉→【屋顶消洞】

本命令用于删除坡屋顶上的洞。

2.6.9　墙齐屋顶

屏幕菜单命令：【屋顶】→【墙齐屋顶】(QQWD)

本命令以坡形屋顶作参考，自动修剪屋顶下面的外墙，使这部分外墙与屋顶对齐。像人字屋顶、多坡屋顶和线转屋顶都支持本功能，人字屋顶的山墙由此命令生成(图2-42)。

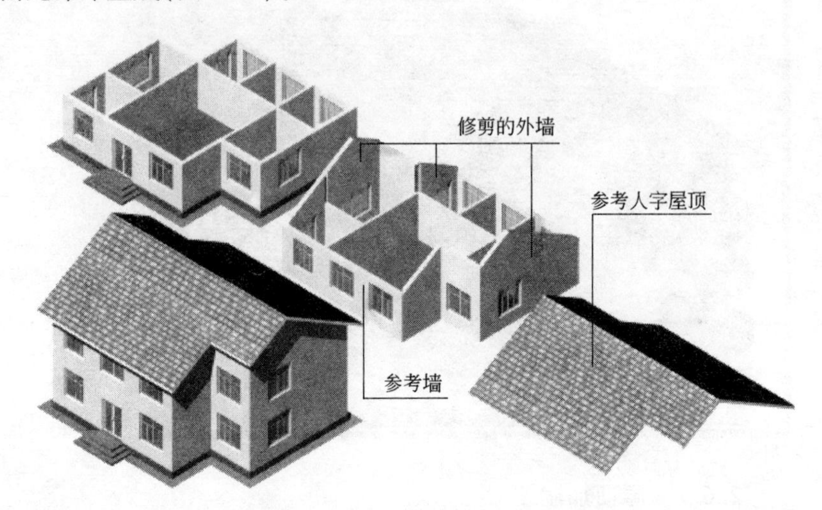

图2-42 墙齐屋顶的实例

操作步骤：

(1) 必须在完成［搜索房间］和［建楼层框］后进行，坡屋顶单独一层。

(2) 将坡屋顶移至其所在的标高或选择［参考墙］，由参考墙确定屋顶的实际标高。

(3) 选择准备进行修剪的标准层图形，屋顶下面的内外墙被修剪，其形状与屋顶吻合。

2.6.10 墙体恢复

屏幕菜单命令：【屋顶】→【墙体恢复】(QTFH)

对于被【墙齐屋顶】修剪后的墙体，可通过此命令复原到原来的矩形。

2.7 空间划分

建筑节能设计的目标就是要确保房间供冷和供热的能耗保持一个经济的目标，我们把常规意义上的房间概念扩展为空间，那么就包含了室内空间、室外空间和大地等，围护结构把室内各个空间和室外分隔开，每个围护结构通过其两个表面连接不同的空间，这就是BECS的建筑模型。

围合成建筑轮廓的墙就是外墙，它与室外接壤的表面就是外表面。室内用来分隔各个房间的墙，就是内墙。居住建筑中某些房间共同属于某个住户，这里称为户型或套房，围合成户型但又不与室外大气接触的墙，就是户墙。

在处理节能建筑模型时，应根据具体采用的节能标准规定的节能判定方法灵活地建模，对于不需要和可以简化掉的内围护结构可以不建，这样将大大节省建模时间。

2.7.1 模型简化

如前分析，节能模型的简化对分析结果和结论没有影响，而省去不必要的墙体将大大减少工作量，因此，有必要介绍一下模型简化的原则。

采暖区居住建筑

计算耗热量耗煤量指标时，创建出全部外围护结构。内部房间只需画出靠外墙的不采暖房间即可，比如不采暖楼梯间和户门，其余房间无需分割出来。图 2-43 为一个典型的标准层三维图。

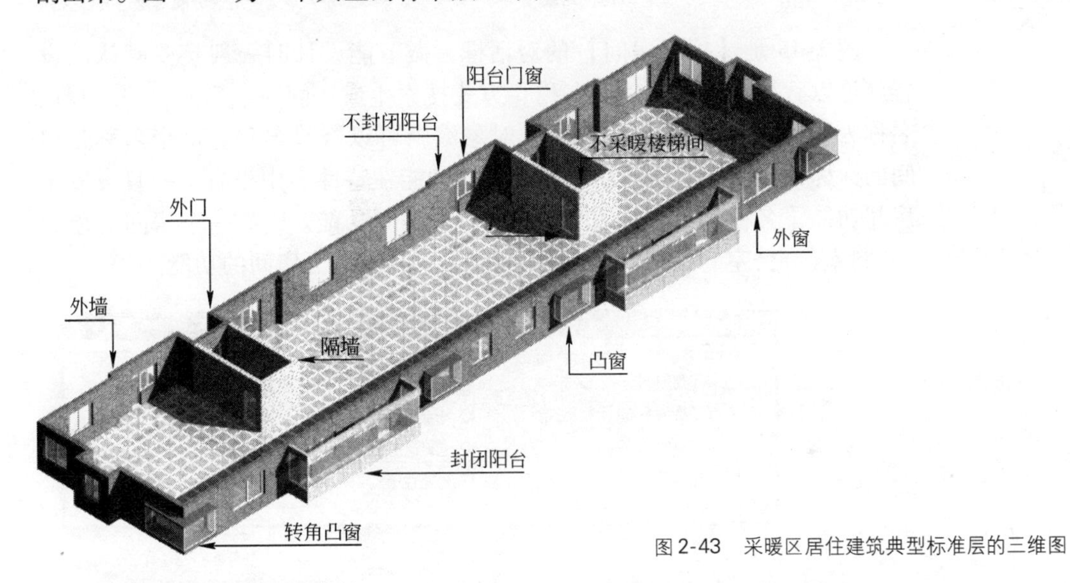

图 2-43 采暖区居住建筑典型标准层的三维图

夏热冬暖地区居住建筑

计算耗电指数时，可以不创建内墙，房间功能不影响结果。

2.7.2 搜索房间

屏幕菜单命令：【房间楼层】→【搜索房间】(SSFJ)

【搜索房间】是建筑模型处理中一个重要命令和步骤，能够快速地划分室内空间和室外空间，即创建或更新一系列房间对象和建筑轮廓，同时自动将墙体区分为内墙和外墙。需要注意的是建筑总图上如果有多个区域要分别搜索，也就是一个闭合区域搜索一次，建立多个建筑轮廓。如果某房间区域已经有一个(且只有一个)房间对象，本命令不会将之删除，只更新其边界和编号。

特别提醒，房间搜索后系统记录了围成房间的所有墙体的信息，在节能计算中采用，请不要随意更改墙体，如果必须更改请务必重新搜索房间。另外，【搜索房间】后即便生成了房间对象也不意味这个房间能为节能所用，有些貌似合格的房间在进行【数据提取】等后续操作时系统会给出“房间找不到地板”等提示，一旦有提示请用图形检查工具或手动纠正，然后再进行【搜索房间】。如何直观区分有效和无效房间呢？选中房间对象后，能够为节能所接受的有效房间在其周围的墙基线上有一圈蓝色边界，无效房间则没有(图 2-44)。

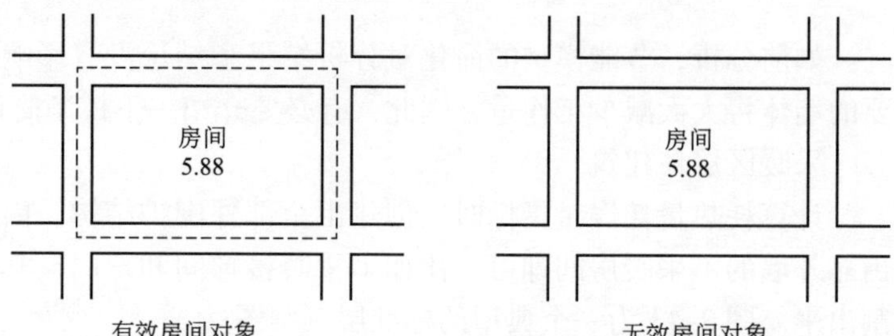

图 2-44 房间对象是否有效的不同

图 2-45 是【搜索房间】的对话框，做节能设计时一般接受默认的设置就可以。当以［显示房间名称］方式搜索生成房间时，房间对象的默认名称为“房间”，通过在位编辑或对象编辑可以修改名称。这个名称是房间的标称，不代表房间的功能，房间的功能在特性表中设置。一旦设置了房间功能，名称的后面会加带一个( )的房间功能。比如一个房间对象为“资料室(办公室)”，资料室是房间名称，办公室为房间的功能。

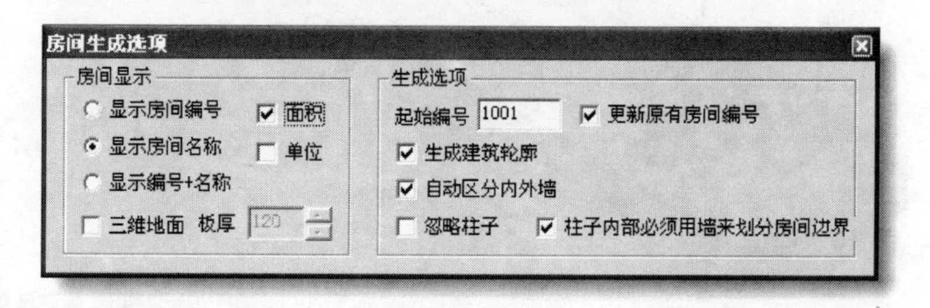

图 2-45 房间生成对话框

对话框选项和操作解释：

［显示房间名称］：房间对象以名称方式显示。

［显示房间编号］：房间对象以编号方式显示。

［面积］/［单位］：房间面积的标注形式，显示面积数值或面积加单位。

［三维地面］/［板厚］：房间对象是否具有三维楼板，以及楼板的厚度。

［更新原有房间编号］：是否更新已有房间编号。

［生成建筑轮廓］：是否生成整个建筑物的室外空间对象，即建筑轮廓。

［自动区分内外墙］：自动识别和区分内外墙的类型。

［忽略柱子］：房间边界不考虑柱子，以墙体为边界。

［柱子内部必须用墙来划分房间边界］：当围合房间的墙只搭到柱子边而柱内没有墙体时，系统给柱内添补一段短墙作为房间的边界。

生成实例如图 2-46 所示。

特别提示：

- 如果搜索的区域内已经有一个房间对象，则更新房间的边界，否则创建新的房间；
- 对于敞口房间，如客厅和餐厅，可以用虚墙来分隔；

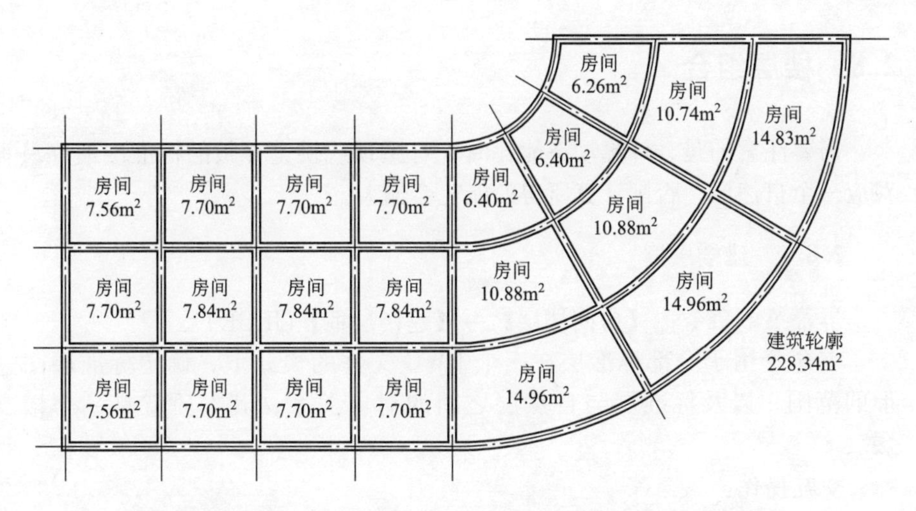

图 2-46　房间对象生成实例

- 再次强调，修改了墙体的几何位置后，要重新进行房间搜索。

2.7.3　搜索户型

屏幕菜单命令：【房间楼层】→【搜索户型】(SSHX)

本命令搜索并建立单元套房对象。【搜索户型】应当在搜索房间之后进行，即内外墙已经完成了识别，系统在搜索户型的同时把户与户之间的边界内墙变为分户墙。搜索时选择的范围与搜索房间类似，请选择组成单元套房的所有房间。

户型对象有不同的填充样式可选，也可以设置不同的颜色以便区分不同的户型。户型的填充可能会干扰其他操作，必要时冻结其图层。

2.7.4　房间排序

屏幕菜单命令：【房间楼层】→【房间排序】(FJPX)

前面介绍过，房间的表示有名称和编号两种方式，二者一一对应，用什么方式取决于软件使用者的习惯和设计需要。当用编号表示时，如果多次房间搜索，得到的编号可能会杂乱无章，这时可以使用【房间排序】命令，把选中的房间按照位置排序，给出有规律的编号。

2.7.5　设置天井

屏幕菜单命令：【房间楼层】→【设置天井】(SZTJ)

本命令完成天井空间的划分和设置，一定要在【搜索房间】后再进行本操作，否则天井的边界墙体内外属性不对。搜索房间时天井内会生成一个房间对象，同时删除改区域内已有房间和天井对象(图 2-47)。

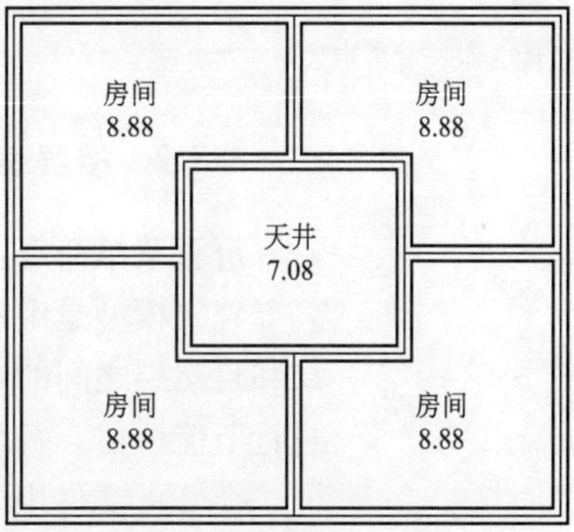

图 2-47　天井对象

2.8 楼层组合

需要注意的是，计算动态能耗时，有屋顶或挑空楼板的标准层最好只对应一个自然层，否则计算所得的能耗会偏大。

2.8.1 建楼层框

屏幕菜单命令：【房间楼层】→【建楼层框】(JLCK)

本命令用于全部标准层在一个 DWG 文件的模式下，确定标准层图形的范围，以及标准层与自然层之间的对应关系，其本质就是一个楼层表。

交互操作：

第一个角点〈退出〉：在图形外侧的四个角点中点取一个；

另一个角点〈退出〉：向第一角点的对角拖拽光标，点取第二点，形成框住图形的方框；

对齐点〈退出〉：点取从首层到顶层上下对齐的参考点，通常用轴线交点；

层号(形如：-1，1，3~7)〈1〉：输入本楼层框对应自然层的层号；

层高〈3000〉：本层的层高。

楼层框从外观上看就是一个矩形框，内有一个对齐点，左下角有层高和层号信息，【数据提取】中的层高取自本设置。被楼层框圈在内的建筑模型，系统认为是一个标准层。建立过程中提示录入“层号”时，是指这个楼层框所代表的自然层，输入格式与楼层表中输入相同。

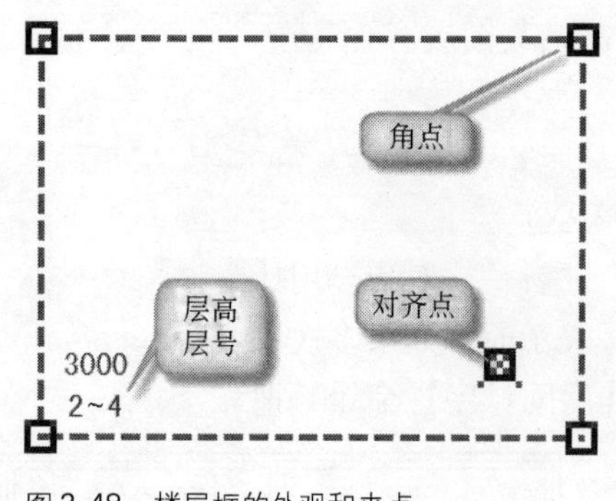

图 2-48 楼层框的外观和夹点

楼层框的层高和层号可以采用在位编辑进行修改，方法是首先选择楼层框对象，再用光标直接点击层高或层号数字，数字呈蓝色被选状态，直接输入新值替代原值，或者将光标插入数字中间，像编辑文本一样再修改。楼层框具有五个夹点，光标拖拽四角上的夹点可修改楼层框的包容范围，拖拽对齐点可调整对齐位置(图 2-48)。

2.8.2 楼层表

屏幕菜单命令：【房间楼层】→【楼层表】(LCB)

建筑模型是由不同的标准层构成的，在 BECS 中用楼层表来指定标准层和自然层之间的对应关系。这样系统才可以获取整个建筑的相关数据来进行节能评估。每个标准层可以单独放到不同的 dwg 文件中，也可以放到同一个 dwg 文件中，用楼层框加以区分。我们建议采用后者，因为这样可以使整个操作过程更加快捷便利。楼层设定对话框如图 2-49 所示。

对于多图设置，确保［全部标准层都在当前图］复选框没有被选中，然后在［楼层］列相应的行内输入一张标准层所代表的自然楼层，可以写多项，各项之间用逗号隔开，每一项又可以写成“XX”或“XX～XX”的格式，比如“2，4～6”，表示该图代表第二层和第四到第六层。然后在［文件名］列内输入此标准层图形文件的完整路径，也可以通过［选文件…］按钮来选择图形文件。对于单图设置，只需将［全部标准层都在当前图］复选框选中即可，系统会自动识别图形文件中的楼层框。

楼层表

项目位置： F:\02节能设计\实例\典型实例ok\居住\河南评

楼层	文件名	层高
-1		1800
1		1000
2		2900
3~4		2900
5		2900
6~13		2900
14		4500
15		3500

确定 取消 选文件…

图 2-49 楼层设定对话框

需要注意的是，不管是单图设置还是多图设置，一定要确认楼层没有重复。再者，单图和多图两种模式只能任取其一，不支持混合方式，即一个工程由多张图构成，其中的某些图上又包括多个楼层的情况。

2.9 图形检查

图形在识别转换和描图等操作过程中，难免会发生一些问题，如墙角连接不正确、围护结构重叠、门窗忘记编号等等，这些问题可能阻碍节能分析的正常进行。为了高效率地排除图形和模型中的错误，BECS 提供了一系列检查工具。

2.9.1 闭合检查

屏幕菜单命令：【图形检查】→【闭合检查】(BHJC)

本命令用于检查围合空间的墙体是否闭合，光标在屏幕上动态搜索空间的边界轮廓，如果放置到建筑内部则检查房间是否闭合，放置到室外则检查整个建筑的外轮廓闭合情况。检查结果是闭合时，沿墙线动态显示一闭合红线，点击鼠标左键或按 Esc 键结束操作。

2.9.2 重叠检查

屏幕菜单命令：【图形检查】→【重叠检查】(CDJC)

本命令用于检查图中重叠的墙体、柱子、门窗和房间，可删除或放置标记。检查后如果有重叠对象存在，则弹出检查结果(图 2-50)：

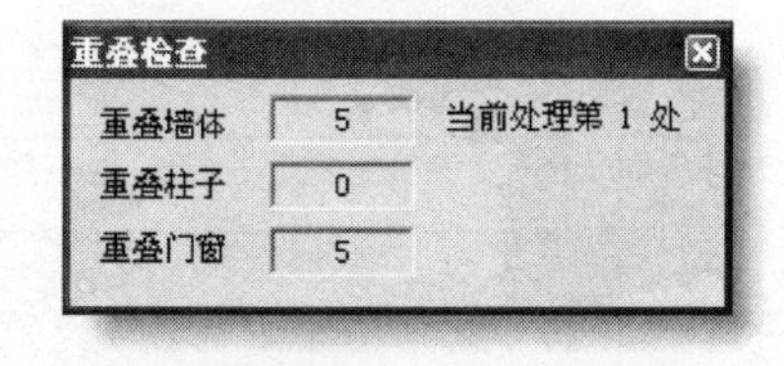

图 2-50 重叠检查的结果

此时处于非模式状态，可用光标缩放和移动视图，以便准确地删除重叠对象。命令栏有下列分支命令可操作：

［下一处(Q)］：转移到下一重叠处；

[上一处(W)]：退回到上一重叠处；
[删除黄色(E)]：删除当前重叠处的黄色对象；
[删除红色(R)]：删除当前重叠处的红色对象；
[切换显示(Z)]：交换当前重叠处黄色和红色对象的显示方式；
[放置标记(A)]：在当前重叠处放置标记，不做处理；
[退出(X)]：中断操作。

2.9.3 柱墙检查

屏幕菜单命令：【图形检查】→【柱墙检查】(ZQJC)

本命令用于检查和处理图中柱内的墙体连接(图2-51)。节能计算要求房间必须由闭合墙体围合而成，即便有柱子，墙体也要穿过柱子相互连接起来。有些图档，特别是来源于建筑的图档往往会有这个缺陷，因为在建筑中柱子可以作为房间的边界，只要能满足搜索房间建立房间面积对建筑就足够了。为了处理这类图档，BECS采用【柱墙检查】对全图的柱内墙进行批量检查和处理，处理原则：

(1) 该打断的给予打断；

(2) 未连接墙端头，延伸连接后为一个节点时自动连接；

(3) 未连接墙端头，延伸连接后多于一个节点时给出提示，人工判定是否连接。

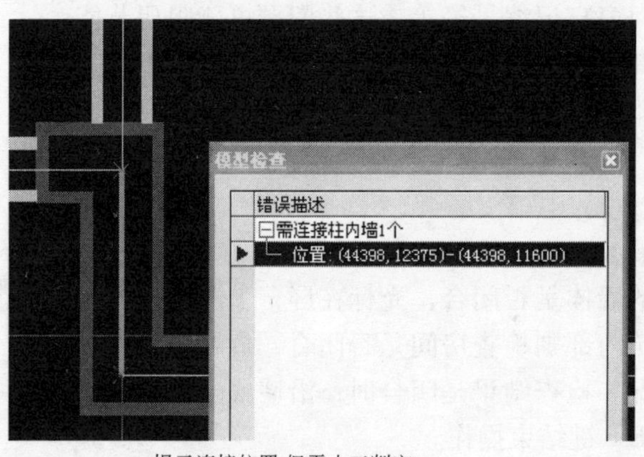

提示连接位置,但需人工判定

自动连接修复

图2-51 柱墙检查示意图

2.9.4 墙基检查

控制误差
WallLinkPrec
墙体
墙体

图2-52 墙基检查示意图

屏幕菜单命令：【图形检查】→【墙基检查】(QJJC)

本命令用来检查并辅助修改墙体基线的闭合情况(图2-52)，系统能判定清楚的自动闭合，有多种可能的则给出示意线辅助修改。但当一段墙体的基线与其相邻墙体的边线超过一定距离时，软件不会去判定这两段墙是否要连接。默认距离为 50mm，可在 sys/Config. ini 中手动修改墙基检查控制误差“WallLinkPrec”的值。

2.9.5　模型检查

屏幕菜单命令：【图形检查】→【模型检查】(MXJC)

在作节能分析之前，利用本功能检查建筑模型是否符合要求，这些错误或不恰当之处，将使分析和计算无法正常进行。检查的项目有：

(1) 超短墙；

(2) 未编号的门窗；

(3) 超出墙体的门窗；

(4) 楼层框层号不连续、重号和断号；

(5) 与围合墙体之间关系错误的房间对象。

检查结果将提供一个清单，这个清单与图形有关联关系，用光标点取提示行，图形视口将自动对准到错误之处，可以即时修改，修改过的提示行在清单中以淡灰色显示(图 2-53)。

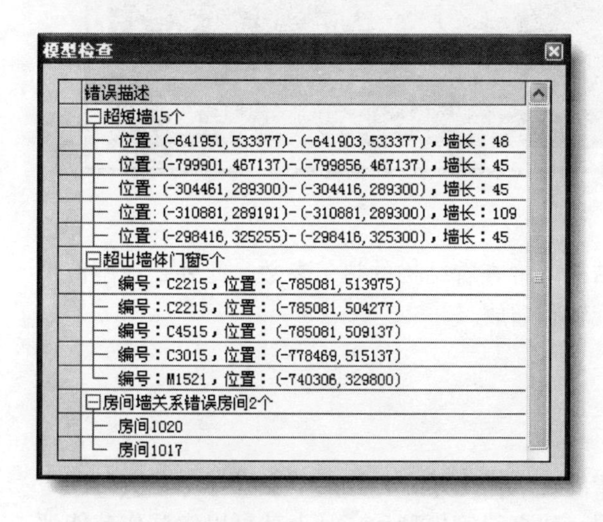

图 2-53　模型检查的错误清单

2.9.6　关键显示

屏幕菜单命令：【图形检查】→【关键显示】(GJXS)

本命令用于隐藏与节能分析无关的图形对象，只显示有关的图形。目的是为了简化图形的复杂度，便于处理模型。

2.9.7　模型观察

屏幕菜单命令：【图形检查】→【模型观察】(MXGC)

本命令用渲染技术实现建筑热工模型的真实模拟，用于观察建筑热工模型的正确性，梁柱热桥部位，查看建筑数据以及不同部位围护结构的热工性能(图 2-54)。进行本观察前必须正确完成如下设计：建立标准层，完成搜索房间并建立有效的房间对象，创建除了平屋顶之外的坡屋顶，建立楼层框(表)，这样才能查看到正确的建筑模型和数据。

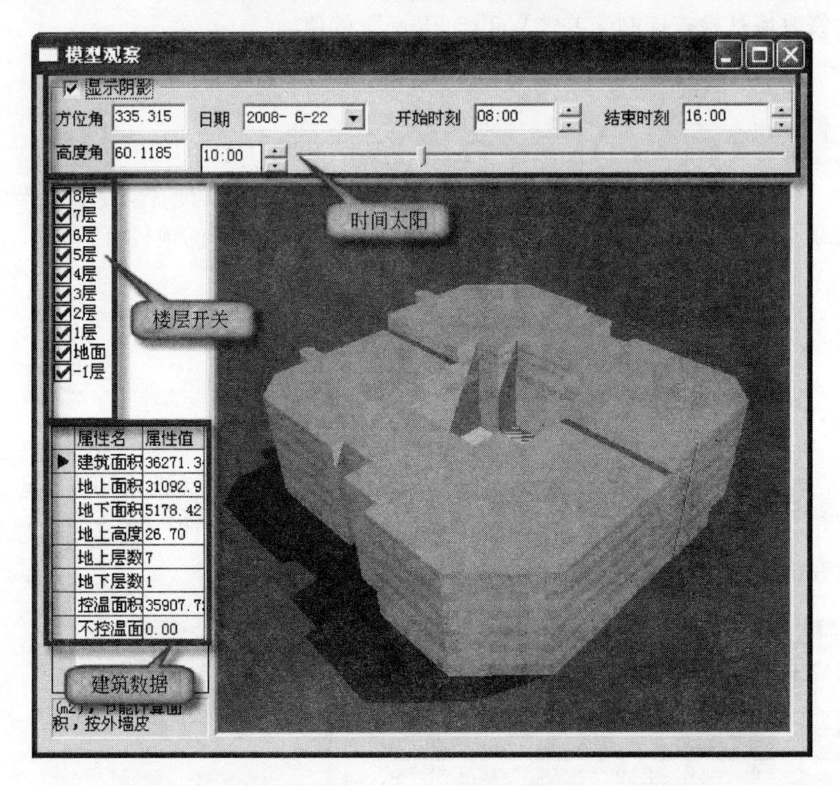

图2-54　模型观察的对话框

右键选取不同的围护结构，将查看结构的热工参数，此外，观察窗口支持光标直接操作平移、旋转和缩放。

2.10　本章小结

本章介绍了节能设计中的建筑模型建立，这是节能设计中花费时间最多的环节。经过本章的学习，建立建筑模型后，马上就可以尝试作节能评估了，并能获得有关的评估结果。当然您还没有输入节能有关的一些设置，但系统都有默认的设置，对程序运行而言不是必须的。当然，如果要获得正确的评估，应继续下一章的学习。

第3章 设 置 管 理

本章介绍了文档组织、工程设置、工程构造、热工设置，以及构造库的维护和管理等内容，这些设置是确保节能分析正确性的必要前提条件。

本章内容

- 文件组织
- 工程设置
- 工程构造
- 热工设置
- 构造管理

3.1 文件组织

本软件要求将一个项目即一幢建筑物的图纸文件统一置于一个文件夹下，因此，请您要特别注意，请勿把不同工程的文件放在一个文件夹下。除了软件使用者的dwg文件，软件本身还要产生一些辅助文件，包括工程设置swr_ workset. ws和外部楼层表building. dbf，请不要删除工程文件夹下的文件。备份的时候需要把这2个文件和dwg文件一起备份。动态能耗分析还会产生□. bdl、□. inp、□. log和□. out文件，这些文件是能耗计算的中间数据和结果，可以不必备份。

3.2 工程设置

屏幕菜单命令：【热工设置】→【工程设置】(GCSZ)

工程设置就是设定当前建筑项目的地理位置(气象数据)、建筑类型、节能标准和能耗种类等计算条件。有些条件是节能分析的必要条件，并关系到分析结果的准确性，需要准确填写。

【工程设置】对话框(图3-1)：

工程设置的项目介绍：

■ **地理位置**

工程所在地点，这个选项决定了本工程的气象参数。打开地理位置后

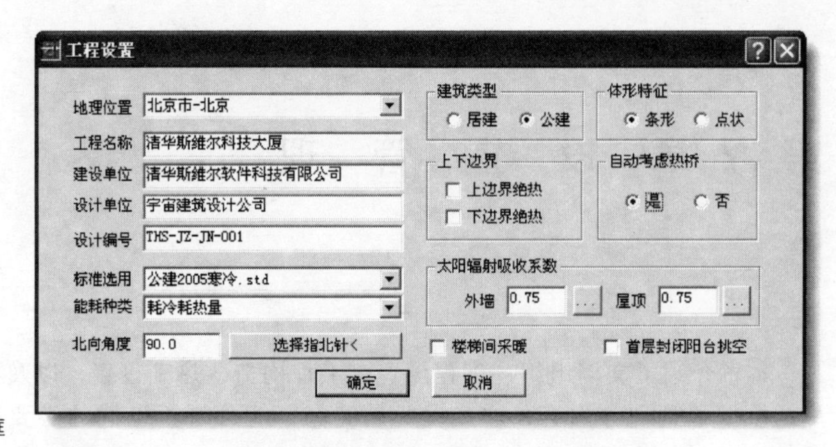

图 3-1 工程设置对话框

点击“更多地点..”进入省和地区列表找到工程所在的城市，如果地方太小名单中没有，可以选择气象条件相似的邻近城市作为参考。工程名称、建设单位、设计单位和项目地址可填可不填，不会影响检查和计算，如果填写了节能报告中就会输出。

■ **建筑类型**

确定建筑物是居住建筑还是公共建筑。

■ **标准选用**

选择本工程所用的节能标准或细则，可供选择的标准由所选城市和建筑类型确定。

■ **能耗种类**

能耗计算的种类，决定【能耗计算】命令所用的计算方法，可供选择的种类由所选节能标准确定。

■ **体形特征**

一些地方的居住建筑节能细则中规定，建筑物按“条形”或“点状”分开考虑。

■ **上下边界**

当一幢建筑物的下部是公共建筑上部是居住建筑时，因为适用不同的节能标准，必须分别单独进行节能分析。同时，因为二者的结合部不与大气接触，计算中可以视公共建筑的屋顶和居住建筑的地面为绝缘构造。在进行公共建筑节能分析时设置“上边界绝热”，进行居住建筑节能分析时设置“下边界绝热”。其他类似的建筑可参照这个原理进行设置。

■ **自动考虑热桥**

如果勾选本项，则系统按模型中插入的柱子和设置的梁自动计算热桥，不勾选本项，即便模型中有柱子和梁也不予考虑。所以，让本选项起作用的前提是图形中有柱子和梁，并且尺寸准确。

■ **太阳辐射吸收系数**

太阳辐射吸收系数对南方地区影响较大，这个参数与屋顶和外墙的外表面颜色及粗糙度有关，可以点取右侧的按钮选取合适的数值。

■ **北向角度**

北向角就是北向与 WCS-X 轴的夹角。通常，北向角度是 WCS-X 轴逆时针转 90°，即"上北下南左西右东"，不过也有些项目不是正南正北的，轴网可以仍然按 X-Y 方向画，再从 WCS-X 轴逆时针转北向指向，这个夹角就是北向角度。如果图纸中绘有指北针的话，也可以点取指北针来获取北向角度。

■ **楼梯间采暖**

当建筑类型为居住建筑时，设置楼梯间是否采暖。

■ **首层封闭阳台挑空**

当建筑类型为居住建筑时，设置首层封闭阳台挑空，即不落地。

3.3 热工设置

建筑模型建立后，首先设定房间的功能、外窗遮阳和门窗类型，以及其他必要的设置，然后设置围护结构的构造。

3.3.1 工程构造

屏幕菜单命令：【热工设置】→【工程构造】(GCGZ)

构造是指建筑围护结构的构成方法，一个构造由单层或若干层一定厚度的材料按一定顺序叠加而成，组成构造的基本元素是建筑材料。

为了设计方便和思路清晰，BECS 提供了基本【材料库】，并用这些材料根据各地的节能细则建立了一个丰富的【构造库】，我们可以把这个库看作是系统构造库，它的特点是按地区分类并且种类繁多。当进行一项节能工程设计时，软件采用【工程构造】的方式为每个围护结构赋给构造，【工程构造】中的构造可以从【构造库】中选取导入，也可以即时手工创建。

工程构造用一个表格形式的对话框管理本工程用到的全部构造。每个类别下至少要有一种构造。如果一个类别下有多种构造，则位居第一位者作为默认值赋给模型中对应的围护结构，位居第二位后面的构造需采用【局部设置】赋给围护结构。

工程构造分为［外围护结构］/［地下围护结构］/［内围护结构］/［门］/［窗］/［材料］六个页面。前五项列出的［构造］赋给了当前建筑物对应的围护结构，［材料］项则是组成这些构造所需的材料以及每种材料的热工参数。构造的编号由系统自动统一编制。

对话框下边的表格中显示当前选中构造的材料组成，材料的顺序是从上到下或从外到内。右边的图示是根据左边的表格绘制的，点击它后可以用鼠标滚轮进行缩放和平移。表格下方是构造的热工参数(图 3-2)。

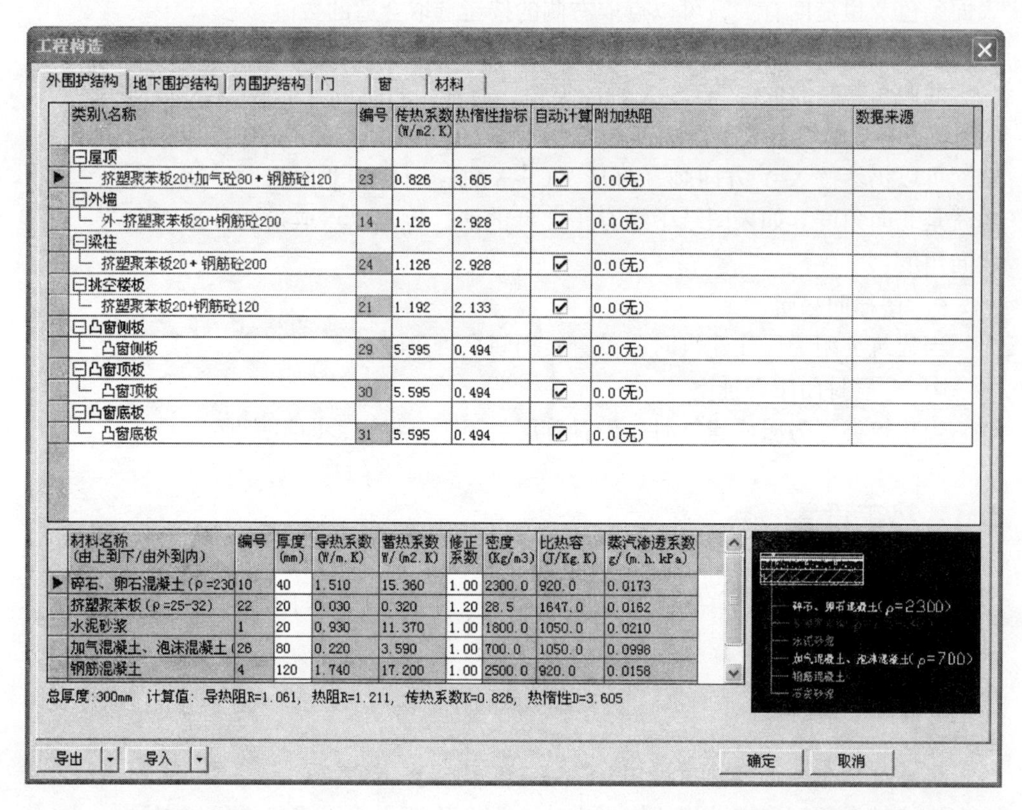

图 3-2 工程构造库对话框

■ **新建构造/复制构造**

在已有构造行上单击鼠标右键，在弹出的右键菜单中选择［新建构造］创建空行，然后在新增加的空行内点击［类别\名称］栏，其末尾会出现一个按钮，点击按钮可以进入系统构造库中选择构造。

［复制构造］则拷贝上一行内容，然后进行编辑。

■ **编辑构造**

更改名称：直接在［类别\名称］栏中修改。

添加\复制\更换\删除材料：单击要编辑的构造行，在对话框下边的材料表格中右键单击准备编辑的材料，在“添加\复制\更换\删除”中选择一个编辑项。添加和更换这两个编辑项将切换到材料页中，选定一个新材料后，点击下边的“选择”按钮完成编辑(图 3-3)。

材料名称(由上到下/由外到内)	编号	厚度(mm)	导热系数(W/m.K)	蓄热系数W/(m2.K)	修正系数	密度(Kg/m3)	比热容(J/Kg.K)	蒸汽渗透系数g/(m.h.kPa)
碎石、卵石混凝土(ρ=230	10	40	1.510	15.360	1.00	2300.0	920.0	0.0173
挤塑聚苯板(ρ	2	20	0.030	0.320	1.20	28.5	1647.0	0.0162
水泥砂浆		20	0.930	11.370	1.00	1800.0	1050.0	0.0210
加气混凝土、	6	80	0.220	3.590	1.00	700.0	1050.0	0.0998
钢筋混凝土		120	1.740	17.200	1.00	2500.0	920.0	0.0158

添加
复制
更换
删除

图 3-3 围护结构的构造表

改变厚度：直接修改表格中的厚度值，不要忘记点击该构造的平均传热系数和热惰性指标列内末尾的按钮更新数值，或手工键入修正后的数值。

修正系数：资料中给出的保温材料导热系数一般是实验值，不能直接应用，需要根据材料应用的部位乘以一个修正折减系数。在构造组成表中点击修正系数单元格，会出现“修正系数参考”按钮，点击这个按钮可调出常用保温材料的修正系数表格(图3-4)，本地节能标准中规定了修正系数则调用本地的，如本地没有则调用《民用建筑热工设计规范》。

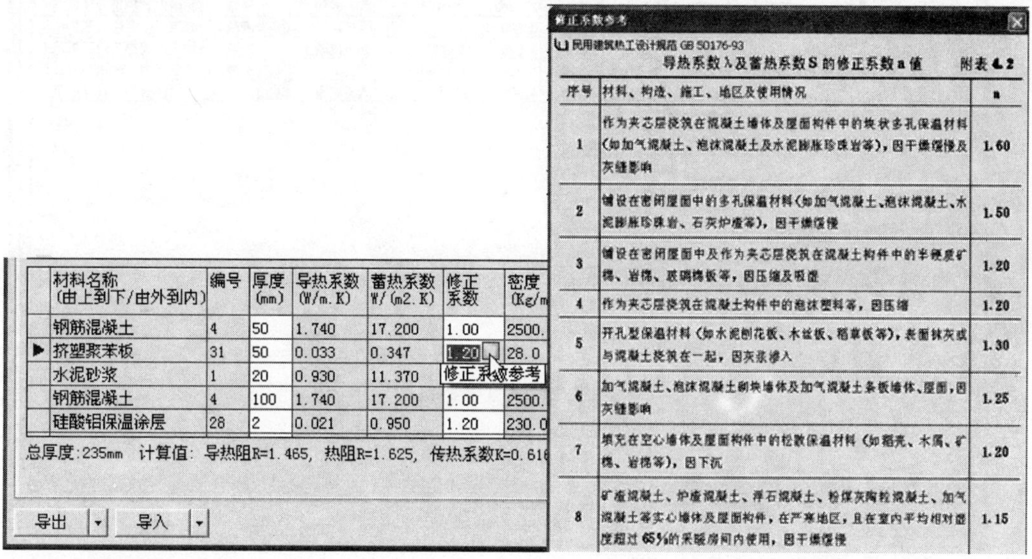

图3-4　修正系数参考

材料顺序：选中一个材料行，光标移到行首时会出现上下的箭头，此时按住鼠标上下拖拽即可改变材料的位置顺序。

可以修改材料页中的材料参数，需要注意的是，此更改将影响本工程中采用此材料的所有构造。

■　**选择构造**

也可以直接在构造库中编辑，然后再选择编辑好的构造。方法是点击所要编辑构造的［类别\名称］列中对应的单元格，再点击弹出的按钮，进入外部系统构造库中，您可以选择合适的围护结构构造，按“确定”按钮或双击该行完成选择(图3-5)。

■　**删除构造**

只有本类围护结构下的构造有两个以上时才容许［删除构造］，也就是说每类围护结构下至少要有一个构造不能为空。光标点击选中构造行，再单击鼠标右键，在弹出的右键菜单中选择［删除构造］，或者按“delete”键。注意！确认删去的是无用的构造，否则，被赋予了该构造的围护结构将无法被正确计算。

■　**导出/导入**

表格下方提供了将当前工程构造库“导出”的功能，可以存为软件的初始默认工程构造库，或者导出一个构造文件*.wsx，遇到其他构造相似的工程时可“导入”采用。可全部导入也可以部分导入相似的工程的数据。

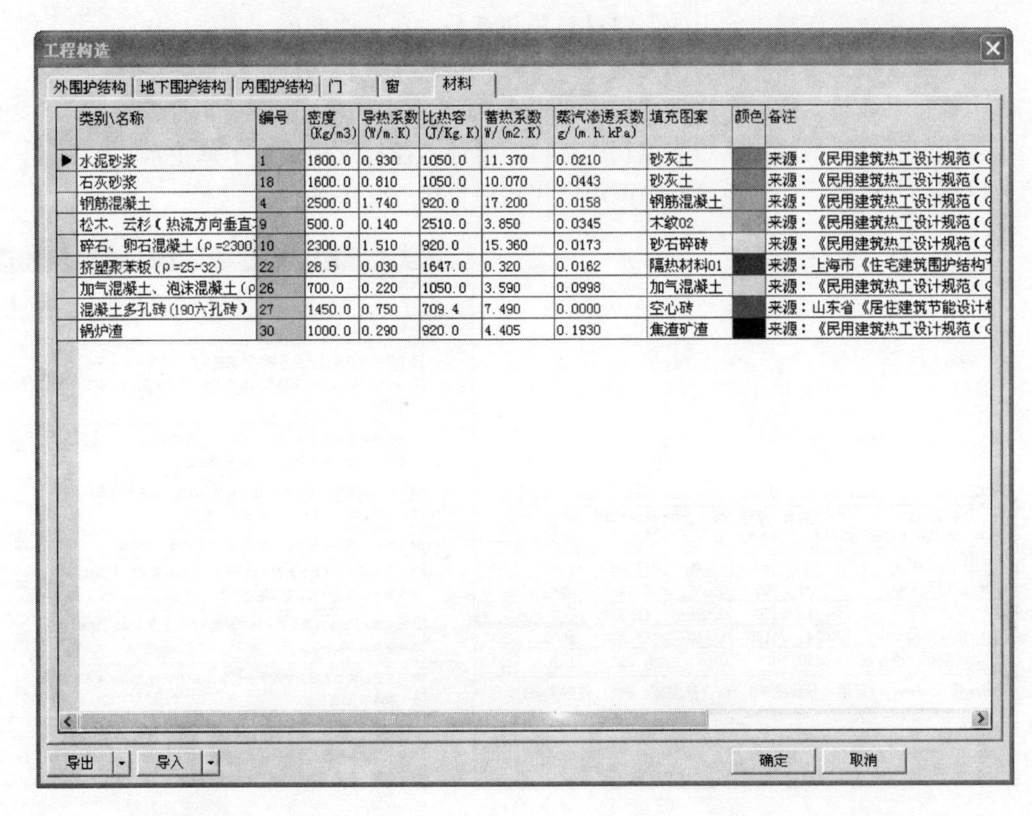

类别\名称	编号	密度 (Kg/m3)	导热系数 (W/m.K)	比热容 (J/Kg.K)	蓄热系数 W/(m2.K)	蒸汽渗透系数 g/(m.h.kPa)	填充图案	颜色	备注
水泥砂浆	1	1800.0	0.930	1050.0	11.370	0.0210	砂灰土		来源：《民用建筑热工设计规范(
石灰砂浆	18	1600.0	0.810	1050.0	10.070	0.0443	砂灰土		来源：《民用建筑热工设计规范(
钢筋混凝土	4	2500.0	1.740	920.0	17.200	0.0158	钢筋混凝土		来源：《民用建筑热工设计规范(
松木、云杉(热流方向垂直	9	500.0	0.140	2510.0	3.850	0.0345	木纹02		来源：《民用建筑热工设计规范(
碎石、卵石混凝土(ρ=2300	10	2300.0	1.510	920.0	15.360	0.0173	砂石碎砖		来源：《民用建筑热工设计规范(
挤塑聚苯板(ρ=25-32)	22	28.5	0.030	1647.0	0.320	0.0162	隔热材料01		来源：上海市《住宅建筑围护结构
加气混凝土、泡沫混凝土(ρ	26	700.0	0.220	1050.0	3.590	0.0998	加气混凝土		来源：《民用建筑热工设计规范(
混凝土多孔砖(190六孔砖)	27	1450.0	0.750	709.4	7.490	0.0000	空心砖		来源：山东省《居住建筑节能设计
锅炉渣	30	1000.0	0.290	920.0	4.405	0.1930	焦渣矿渣		来源：《民用建筑热工设计规范(

图3-5　工程构造库“材料”页

3.3.2　局部设置

屏幕菜单命令：【热工设置】→【局部设置】(JBSZ)

当节能模型的局部热工参数和属性与默认值不同时，可利用 ACAD 的对象特性表进行局部的设置。对象特性表也可以用〈Ctrl + 1〉键打开。图3-6是房间对象的特性表属性。

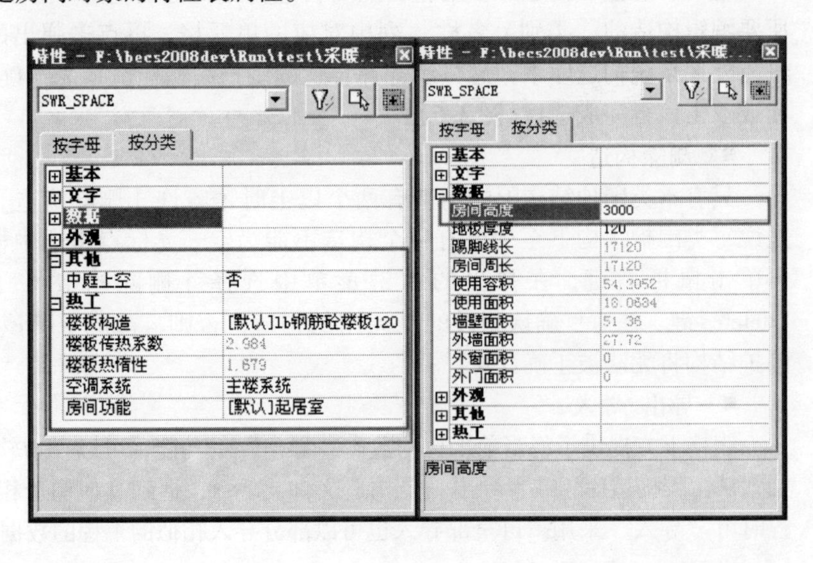

图3-6　房间对象特性表属性

表3-1列出了BECS所有的热工属性

表3-1

属性名称	解释	拥有该属性的构件类型
构造	构件所引用的工程构造中的构造	墙、门窗、屋顶、柱子
楼板构造	房间楼板引用的工程构造中的楼板构造	房间
老虎窗的屋顶构造	老虎窗屋顶所引用的构造	老虎窗
老虎窗的外墙构造	老虎窗外墙所引用的构造	老虎窗
老虎窗的外窗构造	老虎窗外墙所引用的构造	老虎窗
空调系统	房间所属空调系统，通过【系统类型】管理当前工程的空调系统。	房间
房间功能	房间所引用的房间功能	房间
有无楼板	当本层房间与下层相通时设置为“无”	房间
房间高度	房间的高度，用于计算房间体积。除了坡屋顶下面的房间取平均高度，其他应当取楼层高度	房间
边界条件	墙体的边界条件，可供选择的条件如下：自动确定、普通墙、沉降缝、伸缩缝、抗震缝、地下墙、不采暖阳台、绝热。	墙
梁构造	指定墙的梁构造，没有梁则为空	墙
梁高	墙的梁高，单位：mm	墙
朝向	墙的朝向，可供选择的类型是：自动确定、东、南、西和北。	墙
地下比例	地下部分所占比例	墙(边界条件为地下墙时)
过梁构造	指定门窗过梁的构造，没有过梁则为空	门窗
过梁超出宽度	门窗的过梁超出宽度，单位：mm	门窗
过梁高	门窗的过梁高度，单位：mm	门窗
门类型	门的类型，可供选择的有：自动、外门、阳台门、户门和内门	门
外遮阳编号	窗或玻璃幕墙所引用的外遮阳编号	窗、玻璃幕墙
外遮阳类型	外遮阳类型，平板遮阳或百叶遮阳或无	窗、玻璃幕墙
平板遮阳 Ah	水平外挑 A(mm)	窗、玻璃幕墙
平板遮阳 Eh	距离窗上沿，垂直超出窗上沿(mm)	窗、玻璃幕墙
平板遮阳 Av	垂直外挑(mm)	窗、玻璃幕墙
平板遮阳 Ev	垂直距离窗边缘，水平超出窗2侧(mm)	窗、玻璃幕墙
平板遮阳 Dh	挡板高（mm）	窗、玻璃幕墙
平板遮阳 $\eta *$	透光比0~1	窗、玻璃幕墙
百叶遮阳类型	百叶遮阳类型，水平或垂直	窗、玻璃幕墙
百叶遮阳外挑 A	遮阳叶片外挑距离 A(mm)	窗、玻璃幕墙
百叶遮阳间隔 D	遮阳叶片之间的间隔 D = B + C(mm)	窗、玻璃幕墙
百叶遮阳下垂 C	遮阳叶片下垂距离 C(mm)	窗、玻璃幕墙
百叶遮阳净间隔 B	净间隔 B = D - C(mm)	窗、玻璃幕墙

下面对表中一些重要的属性作详细介绍：

1）围护结构的构造

墙、门窗、屋顶、柱子、房间楼板和老虎窗等围护结构都有构造属性，所引用的构造位于【工程构造】中，而工程构造中的构造是分类别的，比如说，屋顶只能引用屋顶类别的构造。如果不设置该属性，则缺省引用对应类别的第一个构造。

梁构造和过梁构造比较特殊，默认为空的，代表没有梁和过梁。

图 3-7 是对墙指定构造。

2）外墙的边界条件

所谓外墙的边界条件就是外墙的边界类型，通常由系统“自动确定”，当外墙遇有特殊情况时，需要手动设置它的属性(图 3-8)。外墙的边界条件包括下列几种类型：

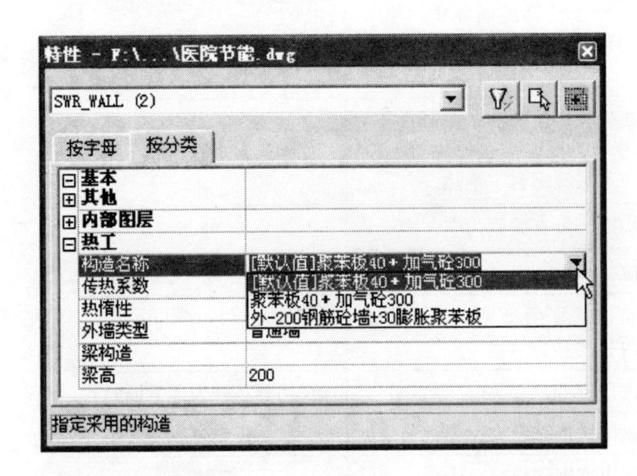

图 3-7　墙体对象在特性表中指定构造

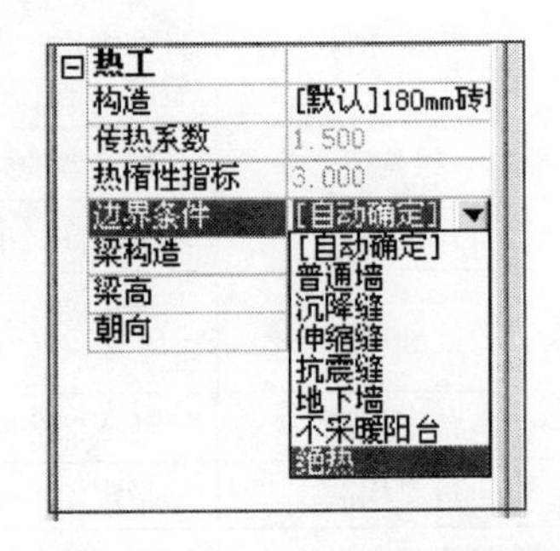

图 3-8　墙的边界条件的热工设置

自动确定：系统依据楼层表(框)判定，层号为正数就是普通墙，负数则为地下墙。

普通墙：外侧与大气相接触的外墙。

变形缝和抗震缝：外墙为变形缝或抗震缝处的墙体。

地下墙：外墙的外侧与土壤相接触。

不采暖阳台：处于封闭的不采暖阳台内的外墙。

绝热：外墙不与大气相接触且处于不传热状况。新建筑与旧建筑相邻并共用一个墙，此墙可设置为绝热。

3）墙体的朝向

默认情况下外墙的朝向由系统自动判定和处理，本设置可以强行改变外墙的朝向。比如，在某些地方节能标准中规定，天井内的外墙或狭窄内凹的外墙应视为北向墙，此处朝向设为北。

4）门的类型

系统默认自动识别和判定门的类型。与楼梯间相邻的外墙上的门为外门，与楼梯间相邻的内墙上的门为户门，与阳台相邻的内墙上的门为阳台门。本设置抛开自动指定而强行改变指定门的类型。

5）房间功能

房间功能就是房间的用途。房间功能决定房间的控温特性、室内热源和作息制度等。公共建筑和居住建筑可选的房间功能是不同的。居住建筑的房间功能有：起居室、主卧室、次卧室、厨房、卫生间、空房间、楼梯间和封闭阳台，默认为起居室。公共建筑房间功能很多，系统预置了一些常用的，也可以通过【房间类型】来扩充。

6）其他属性

其他属性中，还有外遮阳类型和空调系统也是很重要的，将在后面的遮阳类型和系统类型等小节中详细介绍。

3.3.3 T 墙热桥

屏幕菜单命令：【热工设置】→【T 墙热桥】(TQRQ)

在外墙采用内保温的情况下，外墙与内墙的 T 型交点处保温层会被内墙打断而不连续，这将引起该处的热桥效应。本命令在交点处生成一个虚拟的柱子，并通过工程构造给这个柱子赋予不含保温层的外墙构造，通过这种方式考虑 T 型墙角的热桥影响(图 3-9)。特别提醒，使得本设置有效的前提是在【工程设置】中选择自动考虑热桥为“是”。

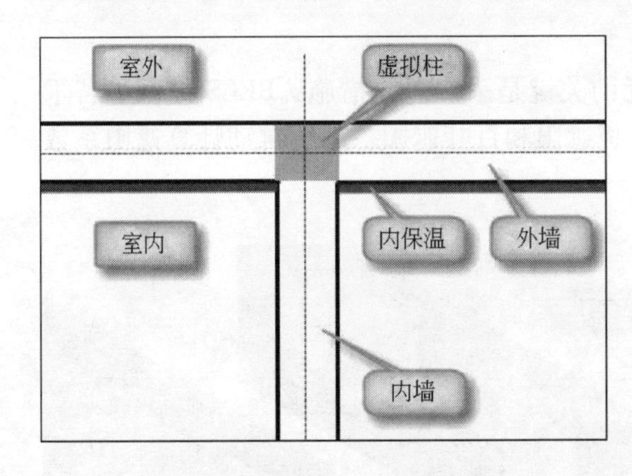

图 3-9　T 型墙的热桥示意图

3.3.4 门窗类型

屏幕菜单命令：【热工设置】→【门窗类型】(MCLX)

本命令用来设置、检查和批量修改门窗与节能有关的参数，以便用于节能检查(图 3-10)。包括门窗编号、开启比例、气密性等级和构造。外窗的遮阳由【遮阳类型】设置和管理，因为相同编号的外窗会有不同的遮阳形式。

透光的玻璃幕墙在节能中按窗对待。在 BECS 中幕墙和窗默认按对象类型区分，窗和幕墙的区别在于气密性和开启面积的要求不同。假如用插入大窗的方法来建玻璃幕墙，请将该大窗在【属性表】/热工中，将是否是玻璃幕墙设置成“是”；如果直接创建玻璃幕墙，则不需其他的设置，门窗类型自动设为外窗和幕墙。

图3-10 门窗类型的对话框

3.3.5 遮阳类型

研究表明，减少夏季能耗的关键是采取遮阳措施，BECS 提供了若干种固定遮阳形式的设置，有平板遮阳和百叶遮阳，系统自动计算遮阳系数(图3-11)。

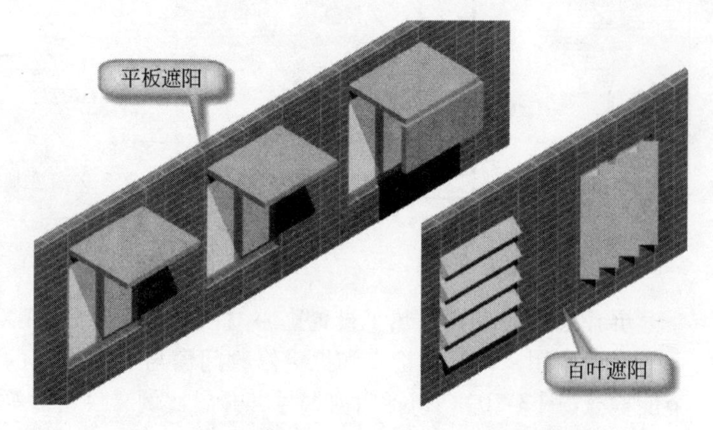

图3-11 外遮阳形式

【遮阳类型】命令用于命名和添加多种遮阳设置，然后赋给外窗，可反复修改。描述平板遮阳的参数如图3-12所示。

外遮阳一旦设置好，如果不改变形式仅仅修改参数可以在 AutoCAD 的特性表中进行，打开对象特征表，选中有遮阳的门窗，在特性表中修改 Ah、Av、Eh、Ev、Dh。可用“无遮阳”去掉遮阳设置(图3-13)。

需要指出，在采暖地区居住建筑的热工计算表中，外窗分为两类：有

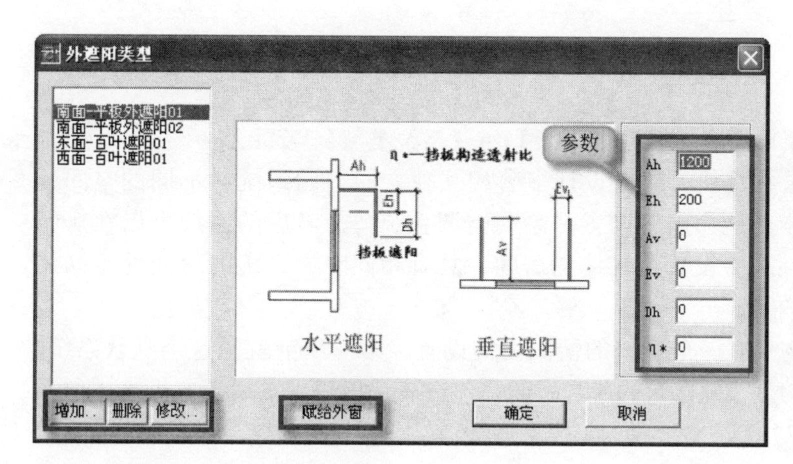

图 3-12　外遮阳设置对话框-平板遮阳

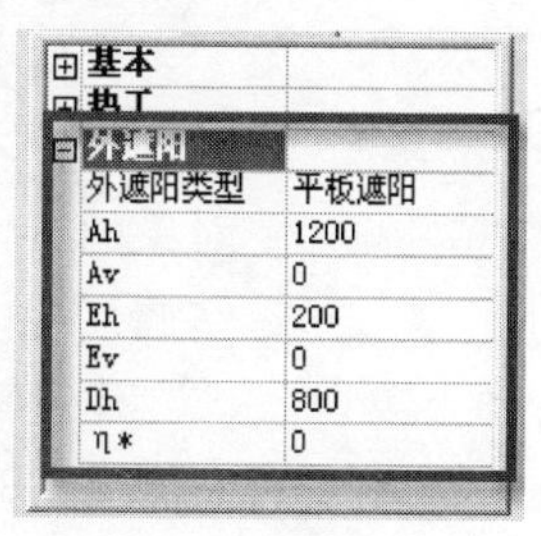

外遮阳	
外遮阳类型	平板遮阳
Ah	1200
Av	0
Eh	200
Ev	0
Dh	800
η*	0

图 3-13　特性表中修改外遮阳参数-平板遮阳

阳台或无阳台，BECS 用窗的遮阳属性加以区分，对于受上部阳台或外挑结构遮挡的外窗设置外遮阳以便使这些外窗划归到“有阳台”类型中，因为仅仅需要确定“有或无”，所以遮阳参数的多少无关紧要，接受默认值即可。

描述百叶遮阳的参数如图 3-14 所示。

图 3-15 是在特性表中显示的百叶遮阳参数。

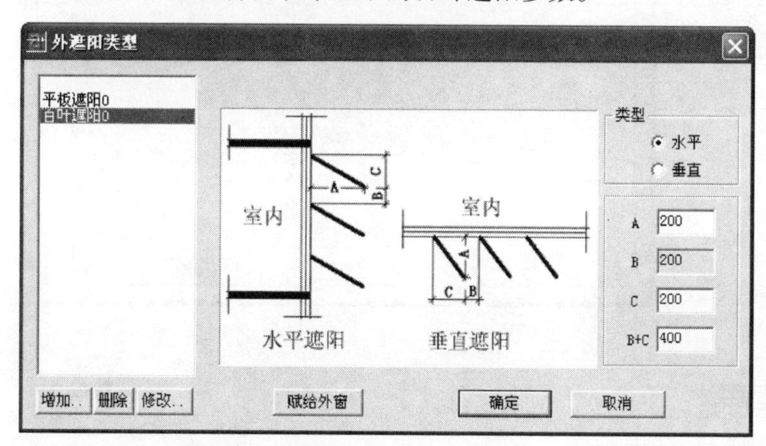

图 3-14　外遮阳设置对话框-百叶遮阳

外遮阳	
外遮阳编号	
外遮阳类型	百叶遮阳
百叶遮阳类型	水平
外挑A	200
间隔D	400
下垂C	200
净间隔B	200

图 3-15　特性表中修改外遮阳参数-百叶遮阳

3.3.6　房间类型

屏幕菜单命令：【热工设置】→【房间类型】(FJLX)

“房间类型”功能用于管理房间类型，前面介绍了如何设置房间的功能，当系统给定的房间类型不能满足选择时，采用本功能扩充。设置夏冬室温、新风量等参数来定义新的房间，设置好的房间类型，采用前面介绍的“房间设置”方法，即在房间对象的特性表中指定给具体的房间(图 3-16)。

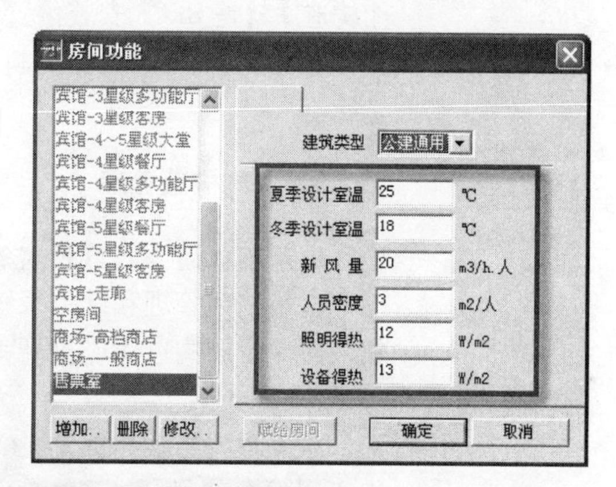

图 3-16　房间类型设置对话框

3.3.7　系统类型

屏幕菜单命令：【热工设置】→【系统类型】(XTLX)

大型公共建筑有时会设计多套相互独立的空调系统为不同的空间区域工作，本功能命名和设置一系列空调系统。命名后的系统可以在房间对象的特性表中设置给具体的房间，具有相同空调系统的房间处于同一空调系统内。

建筑物只有一个系统的情况无需设置，第一项空就是这个默认系统。右侧显示的是整幢建筑的所有房间，勾选表示该房间隶属于左侧选中的系统(图 3-17)。

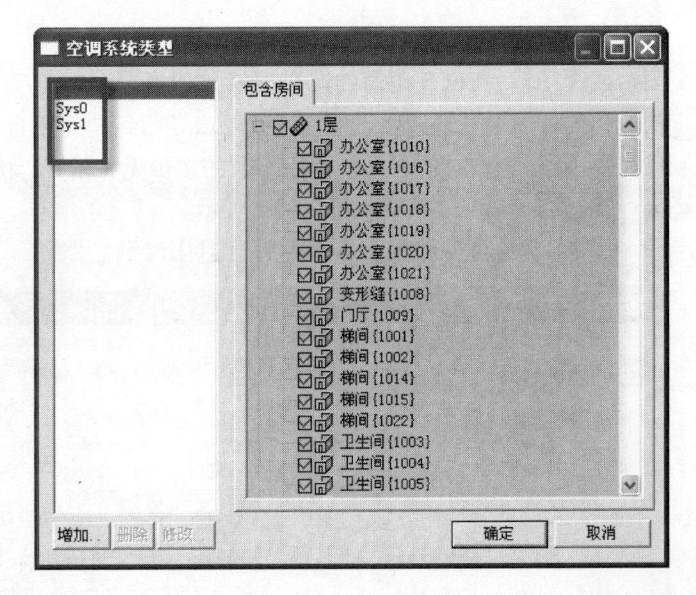

图 3-17　空调系统类型

3.4　构造库

构造库和材料库的关系一一对应，BECS 采用开放模式来组织构造库，一个构造库就是 BECS 安装位置 StructLib 下的一个文件夹，其中的 structrue. dbf 是构造表，material. dbf 是材料表。这样就可以为不同的数据来源建立相应的构造库。

3.4.1　构造管理

屏幕菜单命令：【设置管理】→【构造库】(GZK)

这是一个管理和维护系统构造库的功能，可以通过窗口顶端的工具按钮来建立新的构造库或打开其他的构造库以及在当前库内新建和更改构造等操作(图 3-18)。

与工程构造类似，选中某种构造后，对话框下方表格内列出此种构造所用的全部材料，可以对组成构造的材料进行新建、交换、复制和删除操作。屋顶、楼板和地面材料的顺序由上到下；墙体的材料顺序则由外到内。

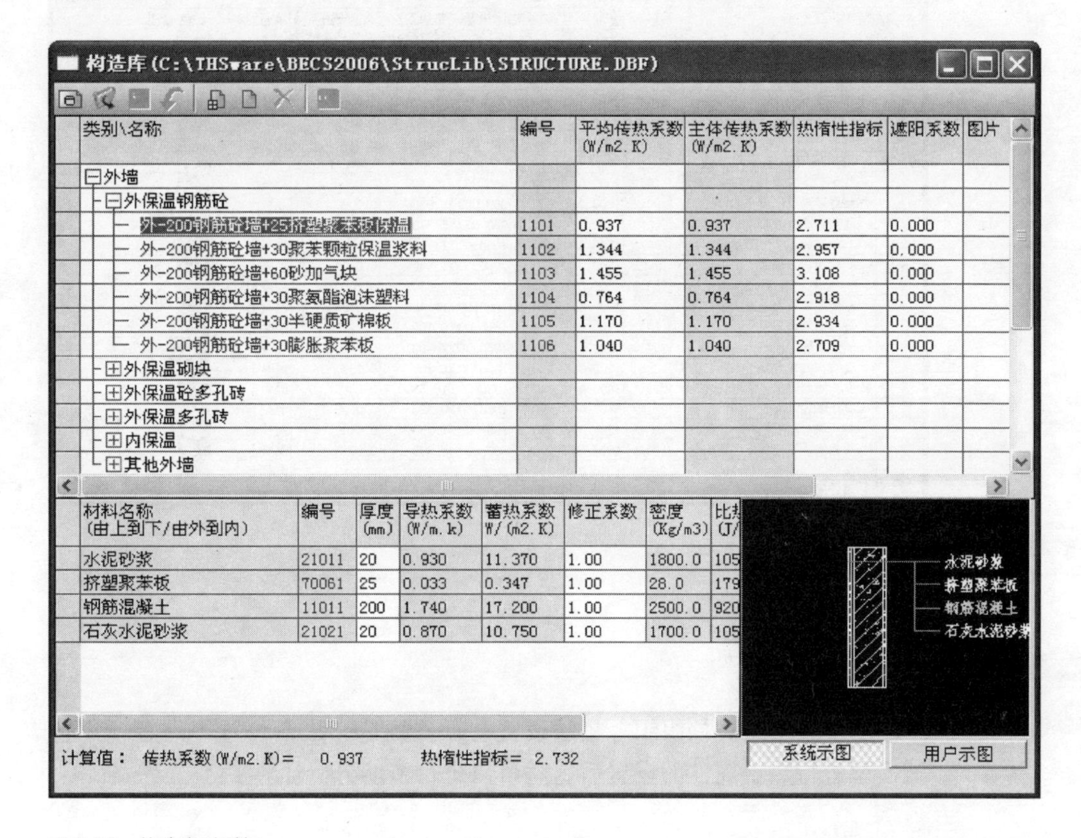

图 3-18 构造库对话框

编辑某种构造时，对话框的最下面会显示根据材料层算出的传热系数和热惰性指标，这是默认数据。也可以在上半区的表格中强行填入构造的平均传热系数和热惰性指标，规范验证时将以填入的数为准(图 3-19)。

材料名称(由上到下/由外到内)	编号	厚度(mm)	导热系数(W/m.k)	蓄热系数W/(m2.K)	修正系数	密度(Kg/m3)
水泥砂浆			930	11.370	1.00	1800.0
聚苯颗粒保温浆料1			069	1.169	1.00	230.0
钢筋混凝土			740	17.200	1.00	2500.0
石灰水泥砂浆			870	10.750	1.00	1700.0

新建材料
交换材料
复制材料
删除材料

图 3-19 编辑组成构造的材料

3.4.2 材料管理

屏幕菜单命令：【设置管理】→【材料库】(GZK)

构造由建筑材料构成，BECS 的材料库汇集了大量各地常用的建筑材料，其管理模式与构造库相似(3-20)。

材料库(C:\THSware\BECS2006\StrucLib\MATERIAL.DBF)

类别\名称	编号	密度 (Kg/m3)	导热系数 (W/m.K)	比热容 (J/Kg.K)	蓄热系数 W/(m2.K)	蒸汽渗透系数 g/(m.h.kPa)	填充图案	颜色	备注
1、混凝土									
1.1普通混凝土									
钢筋混凝土	11011	2500.0	1.740	920.000	17.200	0.0158	钢筋混凝土		
碎石、卵石混凝土(ρ=2300)	11021	2300.0	1.510	920.000	15.360	0.0173	混凝土		
碎石、卵石混凝土(ρ=2100)	11022	2100.0	1.280	920.000	13.570	0.0173	混凝土		
1.2轻骨料混凝土									
膨胀矿渣珠混凝土(ρ=2000)	12011	2000.0	0.770	960.000	10.490	0.0000	混凝土		
膨胀矿渣珠混凝土(ρ=1800)	12012	1800.0	0.630	960.000	9.050	0.0000	混凝土		
膨胀矿渣珠混凝土(ρ=1600)	12013	1600.0	0.530	960.000	7.870	0.0000	混凝土		
自然煤矸石、炉渣混凝土(ρ=	12021	1700.0	1.000	1050.000	11.680	0.0548	混凝土		
自然煤矸石、炉渣混凝土(ρ=	12022	1500.0	0.760	1050.000	9.540	0.0900	混凝土		
自然煤矸石、炉渣混凝土(ρ=	12023	1300.0	0.560	1050.000	7.630	0.1050	混凝土		
粉煤灰陶粒混凝土(ρ=1700)	12031	1700.0	0.950	1050.000	11.400	0.0188	混凝土		
粉煤灰陶粒混凝土(ρ=1500)	12032	1500.0	0.700	1050.000	9.160	0.0975	混凝土		
粉煤灰陶粒混凝土(ρ=1300)	12033	1300.0	0.570	1050.000	7.780	0.1050	混凝土		
粉煤灰陶粒混凝土(ρ=1100)	12034	1100.0	0.440	1050.000	6.300	0.1350	混凝土		
粘土陶粒混凝土(ρ=1600)	12041	1600.0	0.840	1050.000	10.360	0.0315	混凝土		
粘土陶粒混凝土(ρ=1400)	12042	1400.0	0.700	1050.000	8.930	0.0390	混凝土		
粘土陶粒混凝土(ρ=1200)	12043	1200.0	0.530	1050.000	7.250	0.0405	混凝土		
页岩渣、石灰、水泥混凝土	12051	1300.0	0.520	980.000	7.390	0.0855	混凝土		
页岩陶粒混凝土(ρ=1500)	12061	1500.0	0.770	1050.000	9.650	0.0315	混凝土		
页岩陶粒混凝土(ρ=1300)	12062	1300.0	0.630	1050.000	8.160	0.0390	混凝土		

图 3-20　材料库操作界面

3.5　本章小结

本章介绍了文档组织、楼层设置、工程构造、热工设置等内容。对建筑模型进行热工属性的设置后，就可以进行节能分析计算了。

第4章 节 能 设 计

这一章，我们介绍节能计算分析功能，包括节能分析的典型流程，分析结果的输出和导出审图文件，节能分析小工具等，这是 BECS 的核心内容。

本章内容

- 节能分析
- 分析结果
- 导出审图
- 其他工具

4.1 节能分析

节能分析典型的流程如图 4-1 所示：

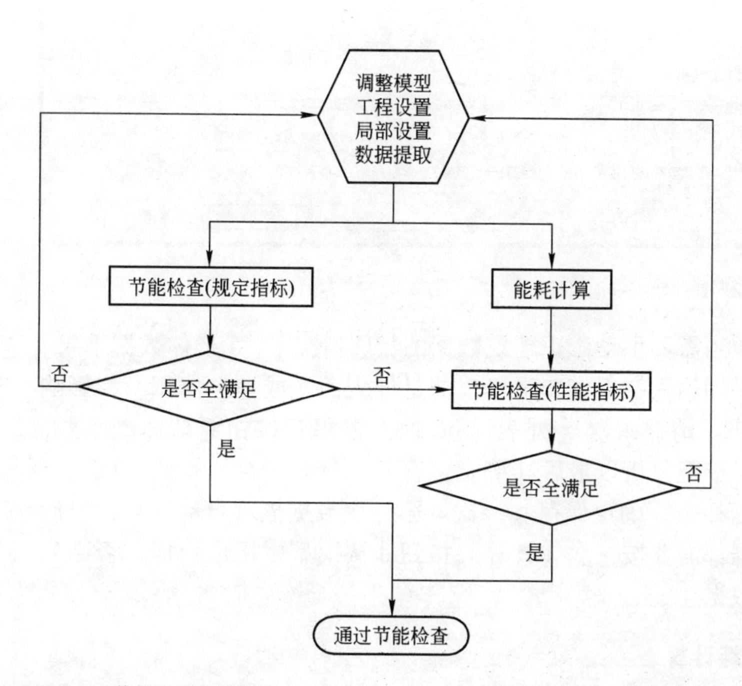

图 4-1 节能分析流程图

4.1.1　数据提取

屏幕菜单命令：【节能设计】→【数据提取】(SJTQ)

本命令在建筑模型中按楼层提取详细的建筑数据，包括建筑面积、外侧面积、挑空楼板面积、屋顶面积等，以及整幢建筑的地上体积、地上高度、外表面积和体形系数等。

建筑数据的准确度依赖于建筑模型的真实性。建筑层高等于楼层框高，外表面积等于外墙面积、屋顶面积与挑空楼板面积之和。BECS 支持复杂的建筑形态，如老虎窗、人字屋顶、多坡屋顶、凸窗、塔式、门式、天井、半地下室等都能自动提取数据和进行能耗计算。建筑数据表格可以插入图中，也可以输出到 Excel 中，以便后续的编辑和打印。

“体形系数”是建筑外表面积和建筑体积之比，反映建筑形态是否节能的一个重要指标。体形系数越小，意味着同一使用空间下，接触室外大气的面积越小，因此越节能(图 4-2)。

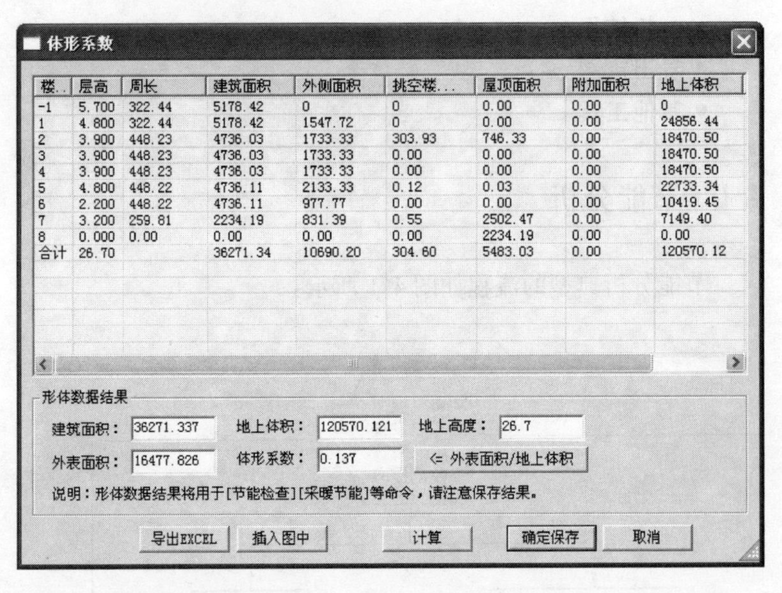

图 4-2　建筑数据提取对话框

需要指出，当需要手动修正建筑数据的特殊情况下，[形体数据结果]下的数据可以手动输入变更。如果修改的是外表面积或地上体积，将影响体型系数的大小，请按一次［外表面积/地上体积］按钮更新体型系数。此外还需注意，节能分析以最后［确定保存］的数据为准，因此每次重新提取或更改数据都要［确定保存］一次。第一次数据提取自动计算，以后的提取模型数据都需要按一次［计算］按钮才从模型中提出数据，否则列出的是上次的数据。

4.1.2　能耗计算

屏幕菜单命令：【节能设计】→【能耗计算】(NHJS)

本命令根据所选标准中规定的评估方法和所选能耗种类，计算建筑物不同形式的能耗。用于在规定性指标检查不满足时，采用综合权衡判定的情况。标准和能耗种类可以用【工程设置】命令选择。

1）评估方法：见表4-1。

评估方法表　　表4-1

评估方法	定义	典型标准
限值法	设计建筑能耗不得大于标准给定的限值	夏热冬冷居建(JGJ 134—2001)
参照对比法	设计建筑能耗不得大于参照建筑能耗	公共标准(GB 50189—2005)
基准对比法	设计建筑能耗不得大于基准建筑能耗的50%	湖南居建标准(DB 43/001—2004)

2）能耗种类：见表4-2。

能耗种类表　　表4-2

能耗种类	典型应用范围
采暖空调耗电指数	夏热冬暖北区居住建筑
空调耗电指数	夏热冬暖南区居住建筑
采暖耗电指数	
采暖空调耗电量	夏热冬冷和夏热冬暖居住建筑
空调耗电量	夏热冬暖南区居住建筑
采暖耗电量	
耗冷耗热量	公共建筑
耗冷量	
耗热量	
耗热量指标	采暖地区居住建筑
耗煤量指标	采暖地区居住建筑

4.1.3　节能检查

屏幕菜单命令：【节能设计】→【节能检查】(JNJC)

当完成建筑物的工程构造设定和能耗计算后，执行本命令进行节能检查并输出两组检查数据和结论，分别对应规定性指标检查和性能性权衡评估。在表格下端选取［规定指标］，则是根据工程设置中选用的节能设计标准对建筑物节能限值和规定逐条检查的结果；如果选取［性能指标］则是权衡评估的检查结果。当［规定指标］的结论满足时，可以判定为节能建筑。在［规定指标］不满足而［性能指标］的结论满足时，也可判定为节能建筑(图4-3)。

节能检查输出的表格中列出了检查项、计算值、标准要求、结论和可否性能权衡，其中“可否性能权衡”是表示在进行性能性权衡判定时该检

节能检查

检查项	计算值	标准要求	结论	可否性能权衡
体型系数	0.22	...体型系数应小于或等于0.40...	满足	
窗墙比		各朝向窗墙比不超过0.7	满足	
东向	0.16	<=0.70	满足	
西向	0.22	<=0.70	满足	
南向	0.34	<=0.70	满足	
北向	0.12	<=0.70	满足	
可见光透射比		当窗墙面积比小于0.40时，玻璃的可见光透射比不应当小于0.4	满足	
东向	1.00	大于等于0.40	满足	
南向	1.00	大于等于0.40	满足	
西向	1.00	大于等于0.40	满足	
北向	1.00	大于等于0.40	满足	
天窗			满足	
天窗屋顶比	0.12	天窗面积不应大于屋顶总面积的20%	满足	
天窗类型	K=2.50	K≤2.5	满足	
屋顶构造	K=0.35	K≤0.35,S≤0.3或K≤0.3,0.3<S≤0.4	满足	
外墙构造	K=0.45	K≤0.45,S≤0.3或K≤0.4,0.3<S≤0.4	满足	
挑空楼板构造	无	K≤0.45,S≤0.3或K≤0.4,0.3<S≤0.4	无	
采暖与非采暖隔墙		K≤0.6	满足	
砼多孔砖(190六			满足	
采暖与非采暖楼板		K≤0.6	满足	
钢筋砼楼板120			满足	
地下墙构造		2.0≤R	不满足	可
外-挤塑聚苯板2	R=0.74		不满足	可
周边地面构造	无	2.0≤R	不需要	
非周边地面构造		1.8≤R	满足	
混凝土120+干铺	R=2.16		满足	

规定指标　性能指标　输出报告　关闭

图4-3　节能检查对话框

查项是否可以超标，“可”表示可以超标，“不可”表示无论如何不能超标。

当［规定指标］或［性能指标］二者有一项的结论为“满足”时，说明本建筑已经通过节能设计，可以输出报告和报表了。

4.2　分析结果

4.2.1　节能报告

屏幕菜单命令：【节能设计】→【节能报告】(JNBG)

节能分析完成后，采用本功能输出 Word 格式的《建筑节能计算报告书》。除了个别需要设计者叙述的部分外，报告书内容从模型和计算结果中自动提取数据填入，如建筑概况、工程构造、能耗计算以及结论等。

4.2.2　报审表

屏幕菜单命令：【节能设计】→【报审表】(BSB)

各地节能审查部门一般都要求报审节能设计同时要填报各种表格，有报审表、备案表和审查表等，本命令自动输出 WORD 格式的表格(图4-4)。

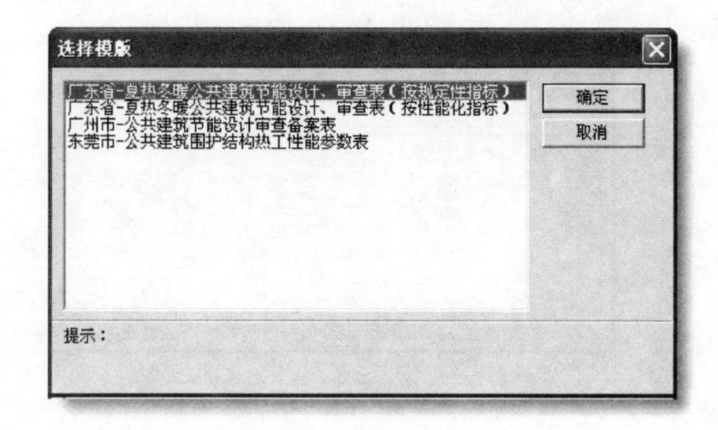

图4-4　输出报审表

4.3　导出审图

屏幕菜单命令：【节能设计】→【导出审图】(DCST)

本命令对送审的电子节能文档进行打包压缩，生成审图文件包□.bdf，审图机构可以用BECS的审图版解压打开进行审核(图4-5)。

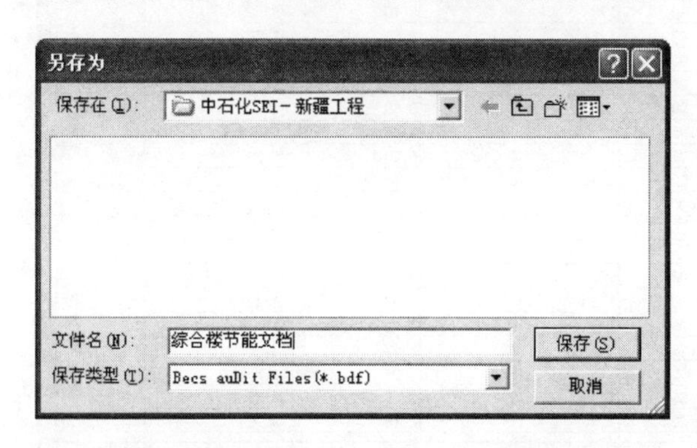

图4-5　导出审图文档的对话框

4.4　其他工具

4.4.1　窗墙面积比

屏幕菜单命令：【节能设计】→【窗墙比】(CQB)

窗墙比是描述建筑透光面积比例的一个指标，本命令按不同的朝向分别列出窗墙比和天窗屋顶面积比。在节能设计中，“窗”是指透光围护结构，包括玻璃窗、玻璃门、阳台门的透光部分和玻璃幕墙。透光部分是保温的薄弱环节，也是夏季太阳传热的主要途径，因此从节能角度出发，较小的透光比例对建筑节能更加有利。同时建筑设计还要兼顾室内采光的需要，因此也不能过小。对于夏热冬暖地区，温差传热不是建筑耗能的主要方式，控制窗墙比实际上是控制太阳辐射的热量。采取适当的遮阳，可以允许较大的透光面积。

关于凸窗窗面积的计算方法各地节能标准不尽相同，一种是按玻璃的展开面积计算，另一种是按墙上窗洞计算，系统按项目地点的标准给定(图4-6)。

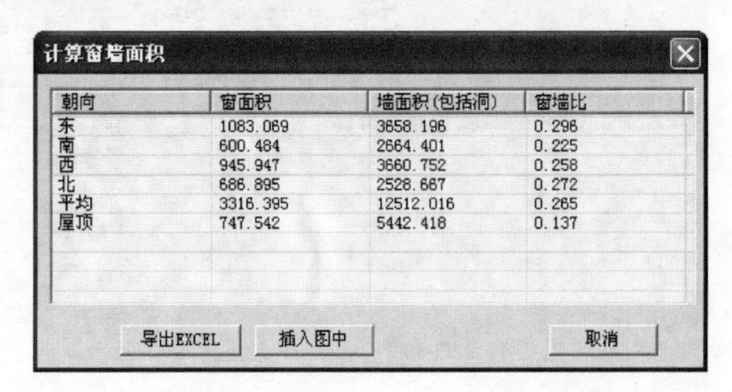

计算窗墙面积

朝向	窗面积	墙面积(包括洞)	窗墙比
东	1083.069	3858.196	0.296
南	600.484	2664.401	0.225
西	945.947	3660.752	0.258
北	686.895	2528.667	0.272
平均	3316.395	12512.016	0.265
屋顶	747.542	5442.418	0.137

导出EXCEL　插入图中　取消

图4-6　窗墙面积比

4.4.2　门窗表

屏幕菜单命令：【节能设计】→【门窗表】(MCB)

本功能按东西南北四个朝向统计门窗面积(图4-7)。

门窗表

朝向	编号	尺寸	楼层	数量	单个面积	合计面积
东向 91.26	C11	1.80×1.90	1~3	3	3.42	10.26
	C12	1.80×2.00	1	5	3.60	18.00
	C13	1.80×2.00	2	6	3.60	21.60
	C19	3.00×1.90	1~3	6	5.70	34.20
	C7	1.50×1.20	1~2	4	1.80	7.20
西向 109.17	C1	0.60×1.00	1	2	0.60	1.20
	C11	1.80×1.90	1	5	3.42	17.10
	C13	1.80×2.00	2	3	3.60	10.80
	C17-1	2.40×1.90	1~3	12	4.56	54.72
	C18	3.00×1.75	1	1	5.25	5.25
	C3	1.20×1.20	1~3	6	1.44	8.64
	C5	1.20×1.90	1	2	2.28	4.56
	C9	1.50×2.30	2~3	2	3.45	6.90
南向 470.15	C10	1.60×1.24	2~3	4	1.99	7.97
	C12	1.80×2.00	1~3	28	3.60	100.80
	C17	2.40×2.00	1~3	28	4.80	134.40
	C3	1.20×1.20	1~3	12	1.44	17.28
	C8	1.50×1.75	1~3	12	2.63	31.50
	YC-2	1.80×1.80	1~5	55	3.24	178.20
	C14	2.00×1.55	1~3	3	3.10	9.29
	C15	1.80×1.20	1~3	14	2.16	30.24

插入图中　关闭

图4-7　门窗表

4.4.3　开启面积

屏幕菜单命令：【节能设计】→【开启面积】(KQMJ)

本功能根据【门窗类型】中设置的开启比例，分层统计该层中每个房间门窗的开启面积，并对照工程所在地的规范的要求，给出判定(图4-8)。

4.4.4　平均K值

屏幕菜单命令：【节能设计】→【平均K值】(PJKZ)

本功能为外墙平均K值和D值的计算工具，可以计算单段外墙的平均传热系数K和整栋外墙的平均传热系数K和平均热惰性指数D。需要指出，只有完成建筑节能模型的全部工作，包括插入柱子和设置墙中的梁，各个标准层和楼

开启面积-标准要求：可开启面积不小于地面积8%或窗面积45%

楼层\房间\门窗编号	面积(m^2)	开启比例	门窗类型	透光面积/房间面积	开启面积/房间面积	外窗开启比	门窗开启比	幕墙开启比	结论
⊟1层									
⊞1013	7.44			0.63	0.19	0.30	0.30	—	满足
⊞1012	8.48			0.55	0.16	0.30	0.30	—	满足
⊞1011	17.84			0.00	0.33	—	1.00	—	满足
⊞1010	18.85			0.27	0.18	0.30	0.49	—	满足
⊟1009	3.93			0.31	0.50	0.30	0.70	—	满足
M7	1.61	1.00	外门						
C4	1.20	0.30	外窗						
⊟1008	5.56			0.22	0.06	0.30	0.30	—	不满足
C4	1.20	0.30	外窗						
⊞1006	16.77			0.37	0.22	0.30	0.46	—	满足
⊞1005	3.32			0.36	0.59	0.30	0.70	—	满足
⊞1004	61.35			0.25	0.17	0.30	0.49	—	满足
⊞1003	63.64			0.24	0.19	0.30	0.54	—	满足
⊞1002	17.11			0.39	0.12	0.30	0.30	—	满足
⊞1001	15.13			0.44	0.26	0.30	0.46	—	满足
⊟2层									
⊞2016	11.51			0.16	0.21	0.30	0.66	—	满足
⊞2015	23.83			0.23	0.30	0.30	0.65	—	满足
⊟2014	4.75			0.25	0.42	0.30	0.70	—	满足
M7	1.61	1.00	外门						
C4	1.20	0.30	外窗						
⊟2013	8.13			0.91	0.27	0.30	0.30	—	满足

⊙规定指标 ○性能指标

⊙按楼层 ○按系统

○展开一级 ○展开二级 ⊙全部展开

输出到Excel 输出到Word 关 闭

图 4-8 开启面积

层表的创建，以及工程构造的正确设置等等工作，计算出的平均结果才有意义。

1）单段外墙平均 K 值

单段外墙上，按墙体和热桥梁柱各个所占面积，采用面积加权平均的方法，计算出这段单墙的平均传热系数 K 值(图 4-9)。

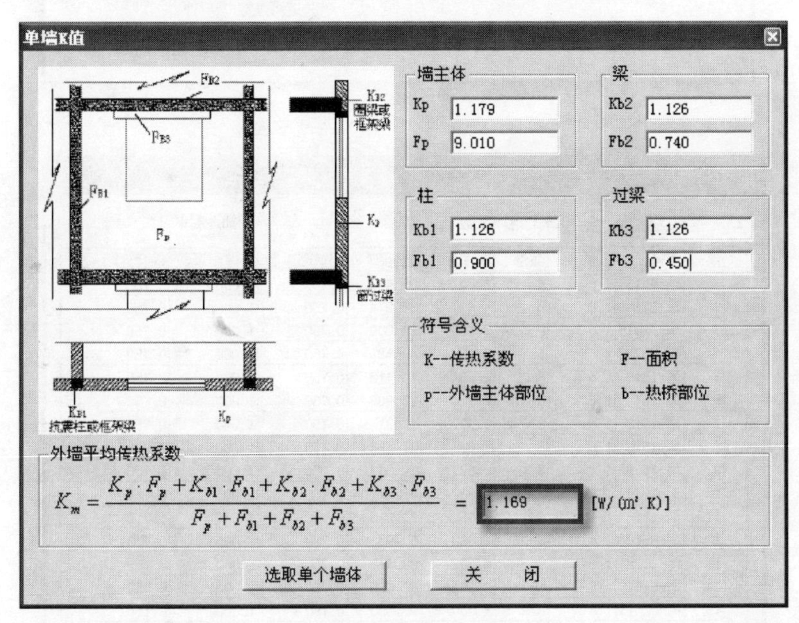

图 4-9 计算单段外墙平均传热系数的对话框

2）整栋外墙的平均 K 值和 D 值

对模型中多种不同构造的外墙和热桥梁柱进行面积加权平均，计算出整栋建筑物的单一朝向或全部外墙的平均传热系数 K 和 D 值(图 4-10)。

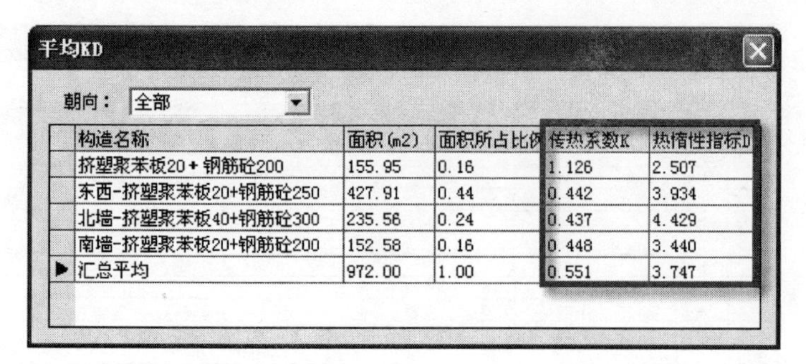

平均KD

朝向：全部

构造名称	面积(m2)	面积所占比例	传热系数K	热惰性指标D
挤塑聚苯板20+钢筋砼200	155.95	0.16	1.126	2.507
东西-挤塑聚苯板20+钢筋砼250	427.91	0.44	0.442	3.934
北墙-挤塑聚苯板40+钢筋砼300	235.56	0.24	0.437	4.429
南墙-挤塑聚苯板20+钢筋砼200	152.58	0.16	0.448	3.440
汇总平均	972.00	1.00	0.551	3.747

图 4-10　整栋外墙的平均 K 值和 D 值

4.4.5　遮阳系数

屏幕菜单命令：【节能设计】→【遮阳系数】(ZYXS)

本功能类似于平均 K 值命令，用于计算单个外窗的外遮阳系数(图 4-11)，以及整栋建筑外窗的外遮阳和综合遮阳平均遮阳系数(图 4-12)。

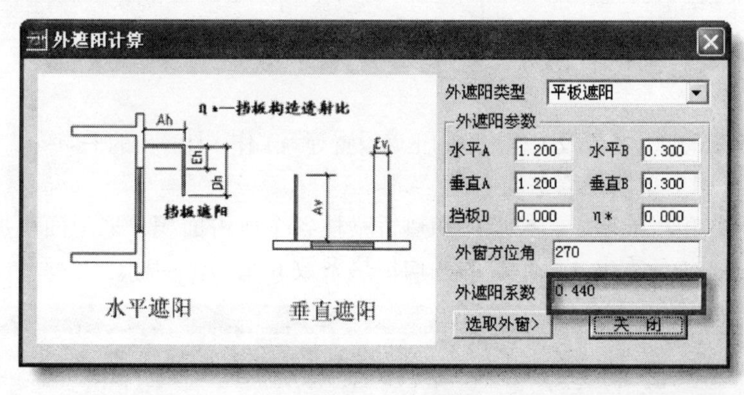

图 4-11　计算单个外窗的外遮阳系数

平均遮阳系数

朝向：全部　平均遮阳系数：0.750　插入图中

序号	编号	楼层	数量	单个面积	总面积	自遮阳系数	外遮阳系数	综合遮阳系
1	东-8518	1~8	8	4.802	38.413	0.750	1.000	0.750
2	东-8518	1~8	8	4.497	35.974	0.750	1.000	0.750
3	东-C2015	1~8	8	3.000	24.000	0.750	1.000	0.750
4	东-C3730	1	1	6.660	6.660	0.750	1.000	0.750
5	南-1518	1~8	8	1.964	15.712	0.750	1.000	0.750
6	南-1518	1~8	8	1.750	13.999	0.750	1.000	0.750
7	南-1518	1~8	8	0.929	7.431	0.750	1.000	0.750
8	南-1518	1~8	8	2.686	21.488	0.750	1.000	0.750
9	南-1518	1~8	8	2.692	21.537	0.750	1.000	0.750
10	南-1518	1~8	8	0.032	0.257	0.750	1.000	0.750
11	南-1518	1~8	8	2.652	21.218	0.750	1.000	0.750
12	南-8518	1~8	8	1.062	8.496	0.750	1.000	0.750
13	南-8518	1~8	8	4.802	38.413	0.750	1.000	0.750
14	南-C1515	1~8	16	2.250	36.000	0.750	1.000	0.750
15	南-C2015	1~8	32	3.000	96.000	0.750	1.000	0.750
16	南-C2730	1~8	8	8.100	64.800	0.750	1.000	0.750
17	西-1518	1~8	8	2.692	21.533	0.750	1.000	0.750
18	西-1518	1~8	8	2.688	21.507	0.750	1.000	0.750

图 4-12　计算整栋建筑外墙的遮阳和综合遮阳的平均遮阳系数

4.4.6 隔热计算

屏幕菜单命令：【节能设计】→【隔热计算】(GRJS)

本命令根据《民用建筑热工设计规范(GB 50176—93)》条文5.1.1，计算建筑物的屋顶和东、外墙的内表面最高温度是否超过限值，外墙可图中选取，屋顶自动提取。最高温度值不大于温度限值为隔热检查合格(图4-13)。

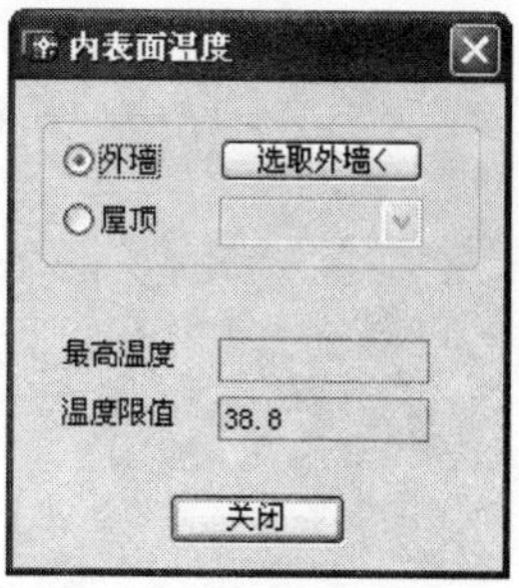

图4-13 隔热计算对话框

4.4.7 结露检查

屏幕菜单命令：【节能设计】→【结露检查】(JLJC)

本命令按《民用建筑热工设计规范(GB 50176—93)》相关条款(4.1.1、4.3.1、4.3.2、4.3.3、4.3.4)对所选外墙或屋顶构造进行结露检查(图4-14)。

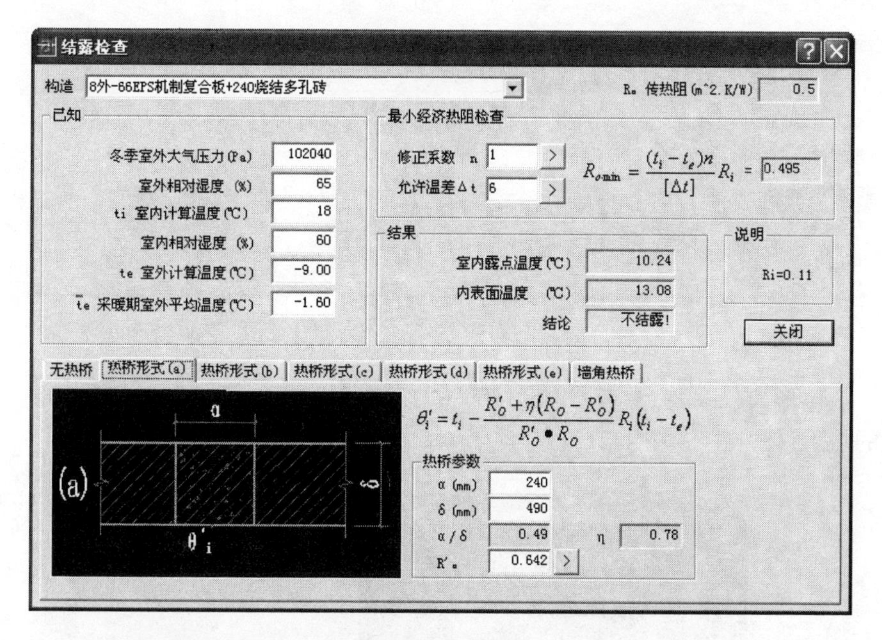

图4-14 结露检查对话框

对所选外墙或屋顶构造的检查有：

(1) 最小经济热阻检查；

(2) 无热桥时内表面结露检查，及各层材料内表面实际水蒸气分压力与饱和水蒸气分压力的对比；

(3) 五种常见的热桥及单一材料墙角处结露检查。

对话框中参数：

构造：选定需要检查的外墙或屋顶构造。

已知：一般不需要修改，程序会根据当前工程的地理位置自动选取。

最小经济热阻检查：参考GB 50176—93第4.1.1条

热桥形式：

无热桥：各列符号意义见图 4-15，如果某层材料的 Ps > Pb，则有可能会结露(图 4-16)。

δ	厚度(mm)
ρ	密度(kg/m^3)
θ_i	内表面温度(℃)
Pb	饱和水蒸气分压力(Pa)
Ps	实际水蒸气分压力(Pa)
λ	导热系数(m/k·W)
α	修正系数
R	热阻($m^2 \cdot k/W$)
μ	水蒸气渗透系数(g/(m·h·kPa))
H	水蒸气渗透阻($m^2 \cdot h \cdot Pa/g$)

图 4-15　列符号意义

无热桥 | 热桥形式(a) | 热桥形式(b) | 热桥形式(c) | 热桥形式(d) | 热桥形式(e) | 墙角热桥

名称	δ	ρ	θi	Pb	Ps	λ	α	R	μ(g/...	H
外表面			-1.6	535.0	347.8					
EPS机制复合板1.2	66	270				0.05	1.00	1.32	0.0120	5500.00
0~1			-1.2	553.3	347.8					
水泥砂浆	20	1800				0.93	1.00	0.02	0.0210	952.38
1~2			12.2	1423.1	367.6					
重砂浆砌筑26~36...	240	1400				0.58	1.00	0.41	0.0010	239999.99
2~3			12.4	1444.8	371.0					
石灰水泥砂浆	20	1700				0.87	1.00	0.02	0.0975	205.13
内表面			16.6	1894.1	1236.5					

图 4-16　无热桥页面

热桥形式(a-e)：参考 GB 50176—93 第 4.3.3 条。其中 R'_0 为热桥部位的热阻(图 4-17 ~ 图 4-21)。

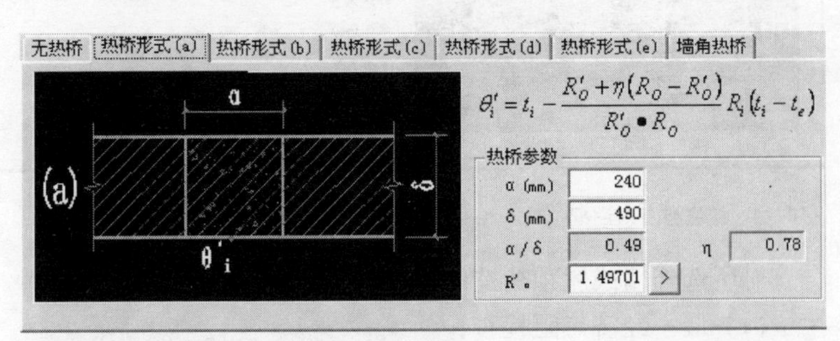

图 4-17　热桥形式(a)页面

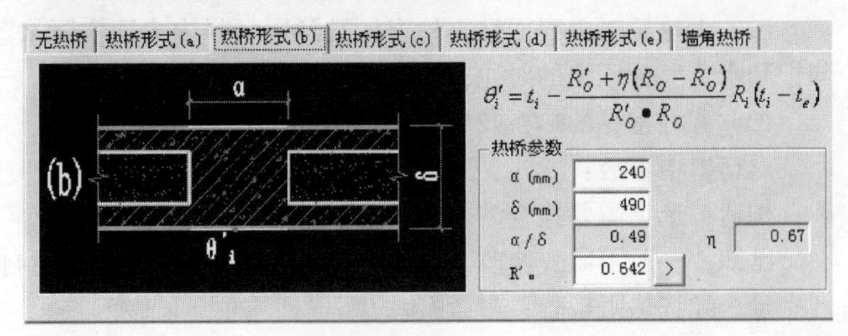

图 4-18　热桥形式(b)页面

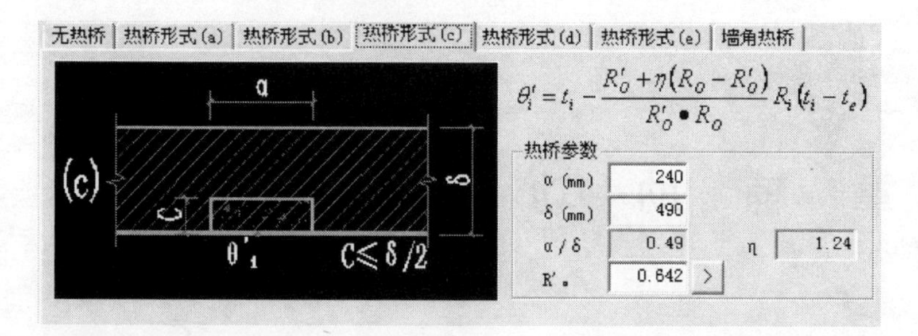

图4-19　热桥形式(c)页面

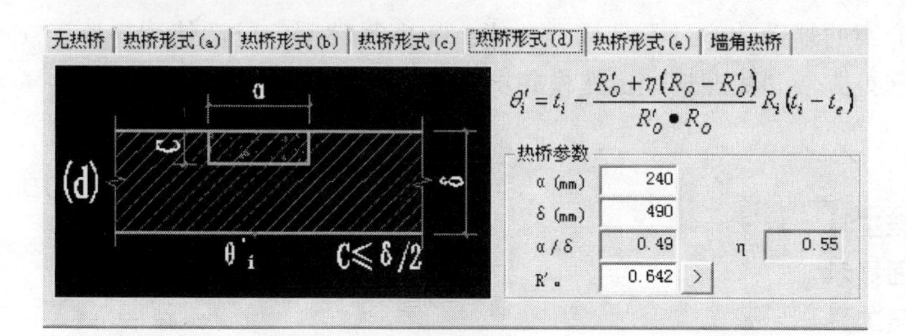

图4-20　热桥形式(d)页面

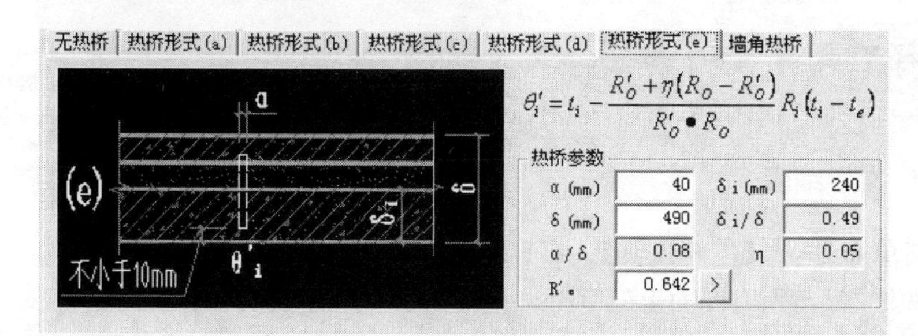

图4-21　热桥形式(e)页面

墙角热桥：参考 GB 50176—93 第4.3.4条(图4-22)。

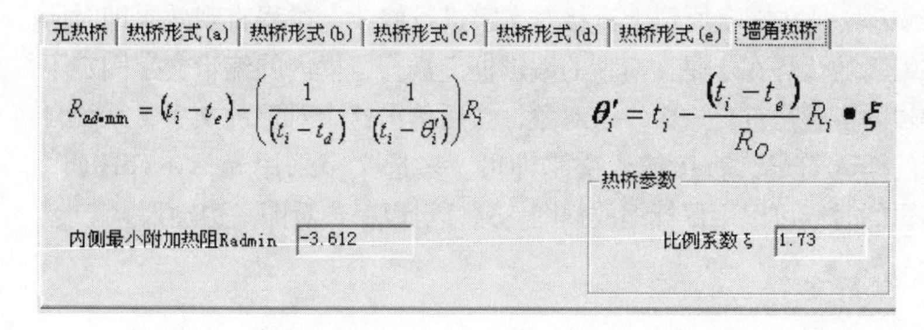

图4-22　墙角热桥页面

4.5　本章小结

本章介绍了节能计算分析的功能，包括建筑数据的获取，能耗计算和节能检查，以及节能分析结果的输出。这是 BECS 的核心功能。

第 5 章　辅 助 功 能

本章介绍的辅助功能虽不是核心功能，却也很常用，灵活使用这些工具能够使您更方便和快速地完成建模和核对工作。

本章内容

- 注释工具
- 图面显示
- 图层工具
- 浏览选择

5.1　注释工具

5.1.1　文字编辑

屏幕菜单命令：【注解工具】→【文字编辑】(WZBJ)

用于编辑文字等所有图面上的字符，包括文字、尺寸数值、表格内文字、门窗编号和楼层框左下角的数值等。选择待编辑的文字后弹出一个编辑框，直接在里面输入新内容，编辑完毕后回车或光标点击图面空白处则编辑生效。

BECS 中编辑文字的另一方法是“在位编辑”，它是一种方法而不是一个命令，“在位编辑”是在文字原位上直接对文字进行修改，过程直观效果即时所见，而文字编辑的优势在于是在清晰的编辑框上进行，框内的编辑文字固定不变。在位编辑的步骤是首先选中一个对象，然后单击这个对象的文字，系统自动显示光标的插入符号，直接输入文字即可。多选文字采用光标 +〈SHIFT〉键，在位编辑的时候可以用鼠标缩放视图，这样可以一边看图一边输入。

5.1.2　单行文字

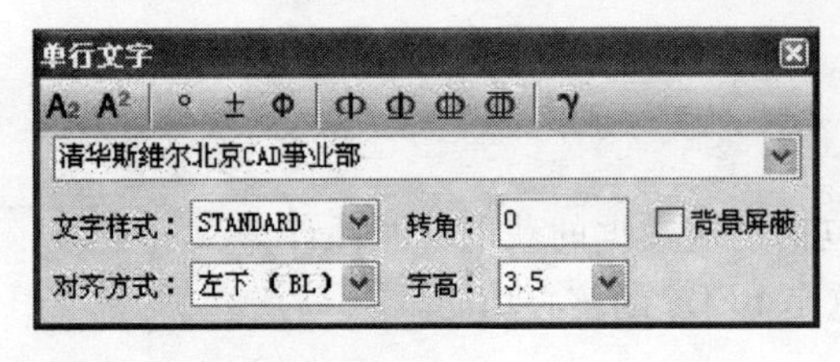

图 5-1　单行文字对话框

屏幕菜单命令：【注解工具】→【单行文字】(DHWZ)

本命令能够单行输入文字和字符，输入到图面的文字独立存在，特点是灵活，修改编辑不影响其他文字。单行文字输入对话框如图 5-1 所示：

5.1.3 数据表格

BECS 中会用到一些表格，像建筑数据表、窗墙比表和门窗表等等，这些表格的外观可以设置特性和在位编辑内容，也可以与 Excel 交换数据。

1）表格的构成：

- 表格的功能区域组成：标题、表头和内容三部分(图 5-2)。
- 表格的层次结构：由高到低的级次为：(1)表格；(2)标题、表头、表行和表列；(3)单元格和合并格。

外观表现：文字、表格线、边框和背景。

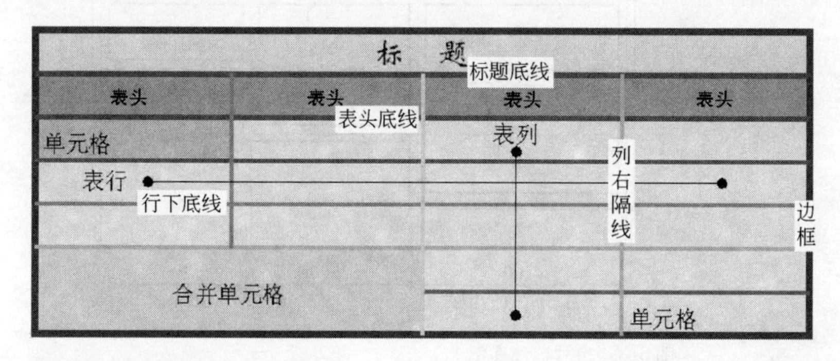

图 5-2 表格的构成

表格的特性设定：

- 全局设定：表格设定。控制表格的标题、表头、外框、表行和表列和全体单元格的全局样式。
- 表行：表行属性。控制选中的某一行或多个表行的局部样式。
- 表列：表列属性。控制选中的某一列或多个表列的局部样式。
- 单元：单元编辑。控制选中的某一个或多个单元格的局部样式。

2）表格的标题、表头和单元的字符编辑方法：

- 标题和表头的内容采用“在位编辑”的输入方式。
- 单元格的内容采用“在位编辑”或右键的【单元编辑】输入方式。

3）与 Office 交换数据

考虑到设计师常常使用 Office 办公软件统计工程数据，BECS 提供了与 Excel 和 Word 之间交换表格文件的接口。可以把 BECS 的表格输出到 Excel 或 Word 中进一步编辑处理，然后再更新回来；还可以在 Excel 或 Word 中建立数据表格，然后以 TH 表格对象的方式插入到 AutoCAD 中。

导出表格：

本命令将把图中的表格输出到 Excel 或 Word 中。执行命令后在分支命令上选择导出到 Excel 或 Word，系统将自动开启一个 Excel 或 Word 进程，并把所选定的表格内容输入到 Excel 或 Word 中。

导入表格 ：

本命令即把当前 Excel 或 Word 中选中的表格区域内容更新到指定的表

格中或导入并新建表格，注意不包括标题，即只能导入表格内容。如果需更新图中的表格要注意新旧表格行、列数目的匹配。

5.1.4　尺寸标注

屏幕菜单命令：【注解工具】→【尺寸标注】(CCBZ)

本命令是一个通用的灵活尺寸标注工具，对选取的一串给定点沿指定方向和选定的位置标注尺寸。尺寸的编辑菜单在尺寸对象的右键菜单中。标注实例如图 5-3、图 5-4 所示。

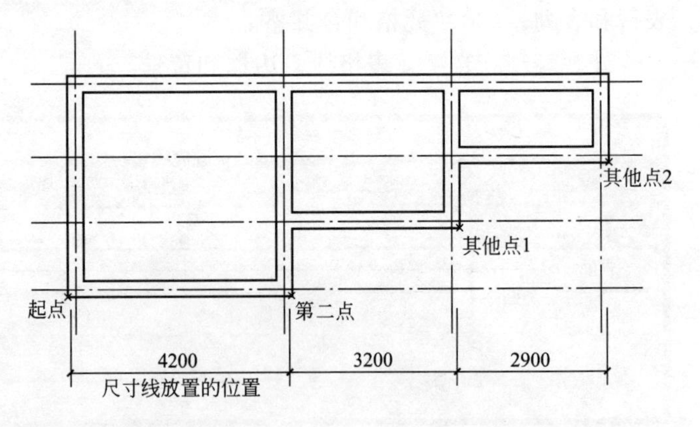

图 5-3　尺寸标注实例 1

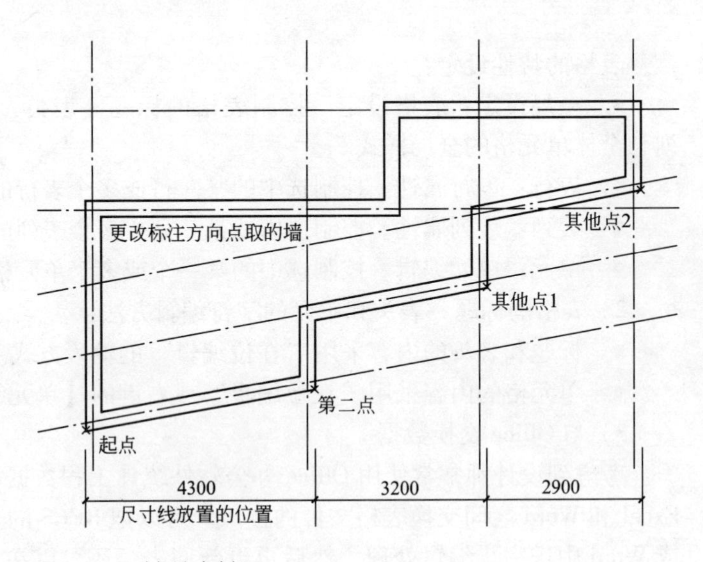

图 5-4　尺寸标注实例 2

命令交互：

起点或［参考点(R)］〈退出〉：

点取第一个标注点作为起始点。

第二点〈退出〉：

点取第二个标注点。

请点取尺寸线位置或［更正尺寸方向(D)］〈退出〉：

这时动态拖动尺寸线，点取尺寸线就位点。

或者键入 D 通过选取一条线或墙来确定尺寸线方向。

请输入其他标注点或［撤销上一标注点(U)］〈结束〉：

逐点给出标注点，并可以回退。

请输入其他标注点或［撤销上一标注点(U)］〈结束〉：

反复取点，回车结束。

5.1.5 指北针

屏幕菜单命令：【注解工具】→【指北针】(ZBZ)

本命令在图中标出指北针符号。指北针由两部分组成，指北符号和文字“北”，两者一次标注出，但属于两个不同对象，“北”为文字对象。典型的标注样式如图 5-5：

工程设置［其他］页中的“北向角度”可以“选择指北针”指定北向的角度。

5.1.6 箭头引注

屏幕菜单命令：【注解工具】→【箭头引注】(JTYZ)

本命令在图中标注尾部带有文字说明的箭头引注符号(图 5-6)。

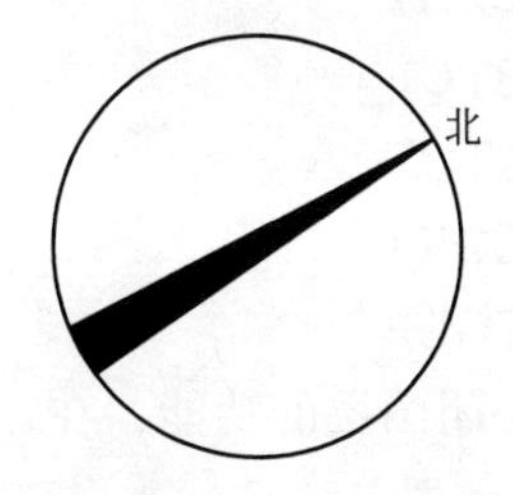

图 5-5 指北针标注实例

图 5-6 箭头引注符号的对话框

5.2 图面显示

5.2.1 墙柱显示

屏幕菜单命令：【图面显示】→【单线】／【双线】／【单双线】

【加粗开】／【加粗关】

【填充开】／【填充关】

本组命令用于控制墙柱的显示形式，对节能分析本身没有任何影响，但恰当的显示形式会给模型的整理带来方便。墙体有单线/双线/单双线三种样式，墙柱的边线有加粗和不加粗两种样式，混凝土墙柱也有填充和不填充两种样式。描图时打开墙体的单双线和边线加粗，能够清晰地看到描图进程。

5.2.2 视口管理

屏幕菜单命令：【图面显示】→【满屏观察】(MPGC)
【视口放大】(SKFD)
【视口恢复】(SKFD)

1) [满屏观察]

本功能将屏幕绘图区放大到屏幕最大尺寸，便于更加清晰地观察图形，按 ESC 键退出满屏观察状态。需要特别指出，在 AutoCAD2006 以上平台，满屏观察下也可以键入命令进行编辑。其他 AutoCAD 平台，由于用来交互的命令栏窗口被关闭，因此不适合编辑。

2) [视口放大]

本命令在模型空间多视口的模式下，将当前视口放大充满整个 AutoCAD 图形显示区，以便更清晰地观察视口内的图形。

3) [视口恢复]

本命令将放大的视口恢复到原状。

5.3 图层工具

屏幕菜单命令：【2D 条件图】→【图层转换】(TCZH)
【图面显示】→【关闭图层】(GBTC)
【隔离图层】(GLTC)
【图层全开】(TCQK)
【图层管理】(TCGL)

为了方便操作，软件提供了通过图形对象隔离和关闭图层的功能，在条件图的前期处理和转换过程中使用，将大大提供工作效率。

【图层转换】和【图层管理】提供对图层的管理手段，系统提供中英文两种标准图层，同时附加天正的标准图层。软件使用者可以在图层管理中修改上述三种图层的名称和颜色，以及对当前图档的图层在三种图层之间进行即时转换。图层管理有以下功用：

(1) 设置图层的颜色(外部文件)；

(2) 把颜色应用于当前图；

(3) 对当前图的图层标准进行转换(层名转换)。

图层管理对话框如图 5-7 所示：

有几点需要说明，当前图档采用的图层标准名称为红色；图层的设置只影响修改后生成的新图形，已经存在的图形不受影响，除非点取 [颜色应用]；中文标准和英文标准之间可以来回转换，而和天正标准之间的转换，不一定能完全转回来，因为前两个标准划分的更细，和天正层名不是一一对应的关系。

图层管理

图层关键字	中文标准	英文标准	天正标准	颜色	备
系统-临时	系-临时	Y-TEMP	TEMP		存放临时的图形对象
系统-临时-屏蔽	系-临时-屏蔽	Y-TEMP-MASK	TEMP_WIPEOUT		存放临时用于屏蔽的
系统-错误	系-错误	Y-ERROR	PROMPT		错误或提示信息
系统-光源	系-光源	Y-LIGHT	LIGHT	231	用于渲染的光源
公用-轴网	公-轴网	C-AXIS	DOTE		平面轴网、柱轴网
公用-轴网-标注	公-轴网-标注	C-AXIS-DIMS	AXIS	3	轴号、总尺寸、开间
公用-轴号-文字	公-轴号-文字	C-AXIS-TEXT	AXIS_TEXT	7	轴号的文字编号部分
公用-说明	公-说明	C-NOTE	PUB_TEXT	7	文字说明
公用-图框	公-图框	C-SHET	PUB_TITLE	4	图框、标题栏、会签
公用-视口	公-视口	C-VPRT	PUB_WINDW	7	图纸空间布置模型的
建筑-墙	建-墙	A-WALL	WALL	9	材料分类不清的墙
建筑-墙-砖墙	建-墙-砖	A-WALL-BRIC	WALL	9	砖混结构的砖墙

总共61个图层

图层转换 颜色应用 确定 取消

图 5-7 图层管理对话框

5.4 浏览选择

5.4.1 对象查询

屏幕菜单命令：【选择浏览】→【对象查询】(DXCX)

利用光标在各个对象上面的移动，动态查询显示其信息，并可以即时点击对象进入对象编辑状态。

本命令与 AutoCAD 的 List 命令相似，但比 List 更加方便实用。调用命令后，光标靠近对象屏幕就会出现数据文本窗口，显示该对象的有关数据，此时如果点取对象，则自动调用对象编辑功能进行编辑修改，修改完毕继续进行对象查询(图 5-8)。

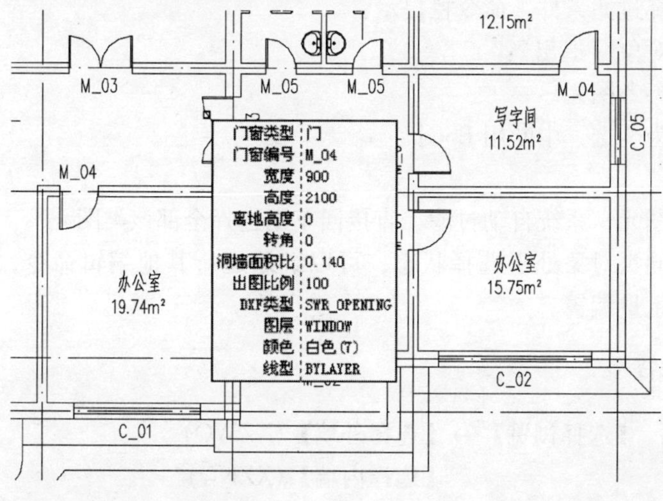

图 5-8 对门的对象查询实例

对于 TH 对象将有详细的数据；而对于 AutoCAD 的标准对象，只列出对象类型和通用的图层、颜色、线型等信息。

5.4.2 对象浏览

屏幕菜单命令：【选择浏览】→【对象浏览】(DXLL)

本功能对给定的对象类型逐个浏览，注意事先打开对象特性表(Ctrl +1)，以便即时修改参数。通常用来浏览门窗并随时修改其尺寸比较方便。

5.4.3 过滤选择

屏幕菜单命令：【选择浏览】→【过滤选择】(GLXZ)

本命令提供过滤选择对象功能。首先选择过滤参考的图元对象，再选择其他符合参考对象过滤条件的图形，在复杂的图形中筛选同类对象建立需要批量操作的选择集。

对话框选项和操作解释：

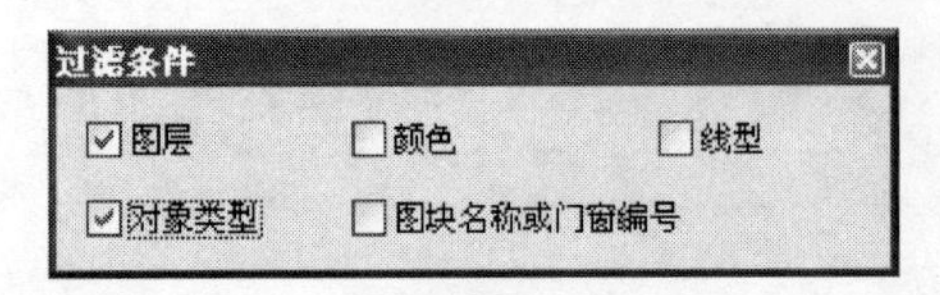

图 5-9 过滤选择对话框

［图层］过滤选择条件为图层名，比如过滤参考图元的图层为 A，则选取对象时只有 A 层的对象才能被选中(图 5-9)。

［颜色］过滤选择条件为图元对象的颜色，目的是选择颜色相同的对象。

［线型］过滤选择条件为图元对象的线型，比如删去虚线。

［对象类型］过滤选择条件为图元对象的类型，比如选择所有的 PLINE。

［图块名称］/［门窗编号］过滤选择条件为图块名称或门窗编号，快速选择同名图块，或编号相同的门窗时使用。

过滤条件可以同时选择多个，即采用多重过滤条件选择。也可以连续多次使用［过滤选择］，多次选择的结果自动叠加。

命令交互：

在对话框中选择过滤条件，命令栏提示：

请选择一参考对象〈退出〉：

选取需修改的参考图元。

提示：空选即为全选，中断用 ESC！

选择图元：

选取需要所有图元，系统自动过滤。直接回车则选择全部该类图元。

命令结束后，同类对象处于选择状态，可以继续运行其他编辑命令，对选中的物体进行批量编辑。

5.4.4 对象选择

屏幕菜单命令：【选择浏览】→【选择外墙】(XZWQ)

【选择内墙】(XZNQ)

【选择户墙】(XZHQ)

【选择窗户】(XZCH)
【选择外门】(XZWM)
【选择房间】(XZFJ)

本组命令可以快速过滤选择不同围护结构和房间，然后在 AutoCAD 的特性表中进行批量编辑和参数设置。通常要在执行完【搜索房间】和【搜索户型】后，围护结构已经自动正确分类，再采用本组命令批量选择。每项选择都有特定的过滤条件可供选择，以便在同类对象中筛选出想要的对象。

5.5 本章小结

本章介绍了 BECS 的一些主要辅助功能，包括注释工具、图面显示和浏览选择工具，这些虽不是核心功能，却也很常用，灵活使用这些工具能够使您更方便、更快速地完成建模和核对工作。

第 6 章 节能实例建模

本实例教程是斯维尔节能设计软件 BECS 使用手册的一部分，适用于利用 BECS 完成节能设计工作的用户以及对 BECS 感兴趣的读者。本教程还可以作为 BECS 的培训教材使用。

本章内容

- 工程概况
- 围护结构建模
- 规定指标检查
- 性能指标计算
- 节能改进
- 分析结果

6.1 实例工程概况

本教学实例为寒冷地区——北京市某中小学综合办公楼工程，如图 6-1

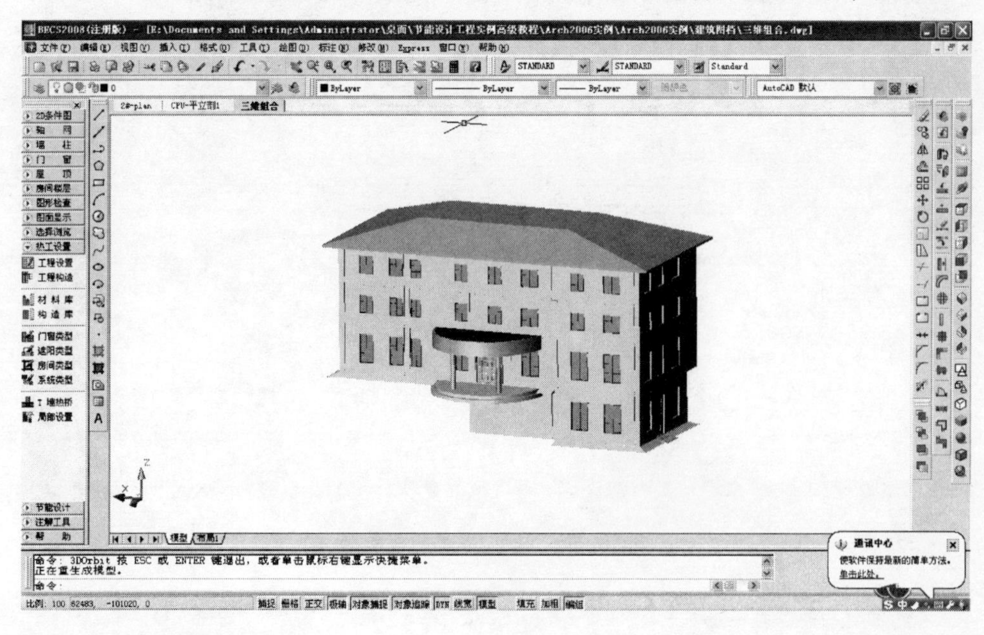

图 6-1 实例工程模型

所示。该楼共计4层，其中地下一层地上3层，屋面为坡屋顶形式，屋顶有老虎窗，层高为4.2m（m均小写）和3.3m，建筑高度15m，建筑面积1193m²。

该实例的目标是利用BECS为该综合办公楼进行围护结构建模，进行节能计算，最后用BECS输出节能设计的送审材料。

在学习的过程中，对于一些命令的使用可以参考软件使用者手册部分，仍然不清楚的，可致电斯维尔全国统一客服热线95105705，或登录ABBS网站（http：//www.abbs.com.cn/）的斯维尔论坛发帖提问。

6.2 围护结构建模

BECS是基于AutoCAD平台的节能设计软件，平台通用，被广大设计人员所熟悉。它可以通过四种方式来形成用于节能设计的建筑模型：

1）直接打开

对于利用斯维尔建筑设计Th-Arch（T，A大写下同）或者天正建筑TArch5.0以上版本绘制的建筑图纸，如果建筑师设计时就已经正确设置好了三维信息，那么直接打开就可以使用。若建筑师绘图时只关注平面信息，未正确设置三维信息，则打开后首先需要修改围护结构的三维信息后再进行下一步的节能设计工作。

2）图纸识别

对于利用天正建筑TArch3或理正建筑以及部分用纯AutoCAD绘制的图纸，利用软件的“条件图”处理模块对图纸进行识别转换，来快速形成建筑模型。

3）描图

如果图纸不是以上两种类型，或者图纸不规范导致转换后的效果不理想，后期修改工作量很大，也可以将已有的电子图档作为底图，采用描图的方式来快速地形成建筑模型。

4）新建

利用BECS的建模模块来形成建筑模型，快速形成一个用于节能设计的建筑模型。

6.2.1 描图建模

描图和识别转换是今后实际节能设计中最常用的两种方式，我们对首层进行描图建模，其他部分则用识别转换的方法。首先打开用于节能设计的建筑平面图。打开建筑平面图后拖拽视口右边缘至视口中间，软件自动在右边新增一个视口，在新增的视口中点击右键，在弹出的右键菜单中选择【视图设置】→【西南轴测】，右边的视口就切换为三维视图，如图6-2所示：

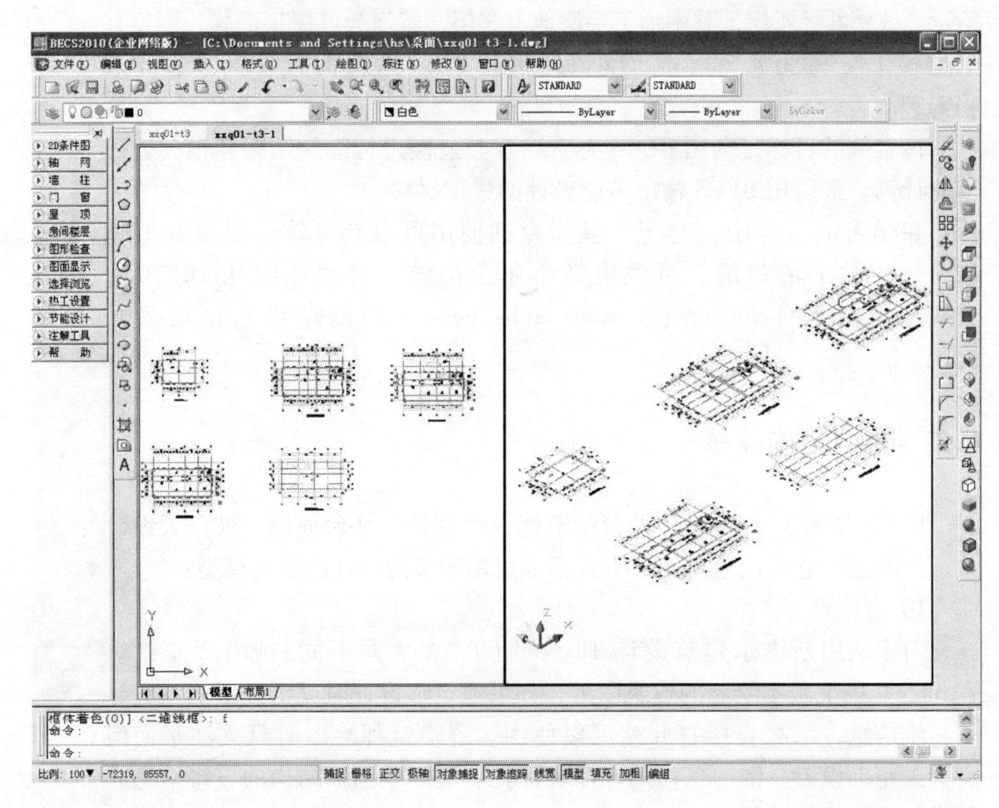

图6-2　建筑平面图

从三维视图中可以看到，目前的建筑图是二维的平面图纸，节能设计首先要做的就是利用这些二维平面图纸快速建立用于节能计算的三维模型。

我们首先对首层进行描图，形成用于节能计算的建筑模型。描图之前最好关闭一些不需要的图层，以便更方便地描图。由于规定性指标检查只需要外围护结构，可以只保留轴网、墙体、门窗及必要的标注图层。点取菜单命令【图面显示】→【关闭图层】（GBTC），点取欲关闭的图层中的对象，执行后如图6-3所示：

为了使描绘的新对象与底图明显的区分开来，可以执行屏幕菜单命令【2D条件图】→【背景褪色】（BJTS）。接下来就可以进行外墙的描图操作，点取菜单命令【墙柱】→【创建墙体】（CJQT），弹出如图6-4对话框：

在对话框中设置墙体总宽度、左右宽、高度、材料、墙体类型可以接受默认的“内墙”，建模完成后由软件自动区分内外墙。描墙的定位方式是一个关键问题，决定了描图的效率高低。首推用“边线定位”，这样就可以沿墙边线描墙了，因为有些图也许缺少轴线或者轴线在墙线之外，导致无法利用轴线。按“基线定位”描图是另一种方式，需要有轴线作定位参考，如果墙段内没有轴线，可以点取菜单命令【2D条件图】→【辅助轴线】（FZZX），在两条墙线内居中生成辅助轴线，然后再沿着辅助轴线进行墙体的描图工作。首层完成墙体描图后如图6-5所示：

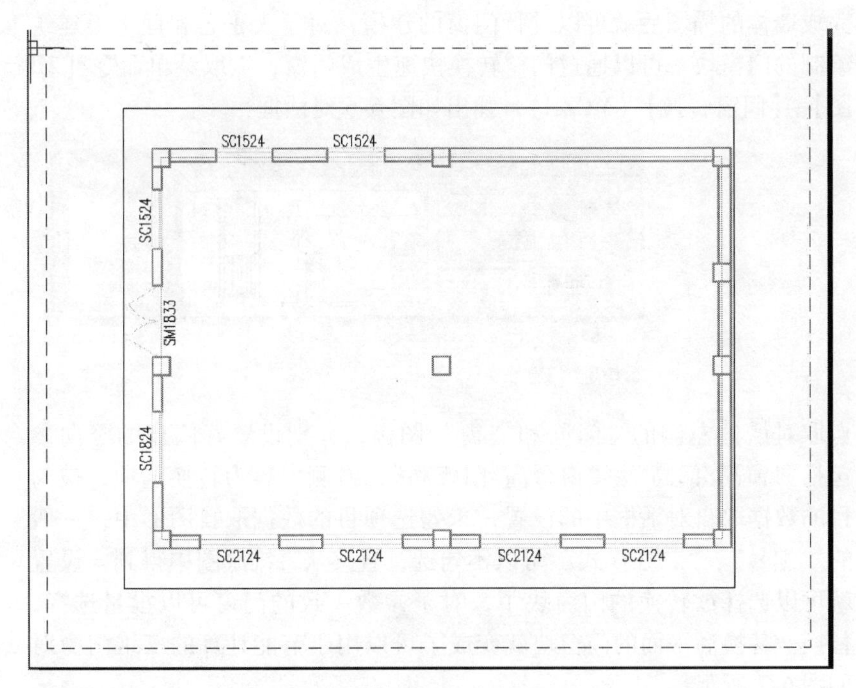

图6-3　关闭图层

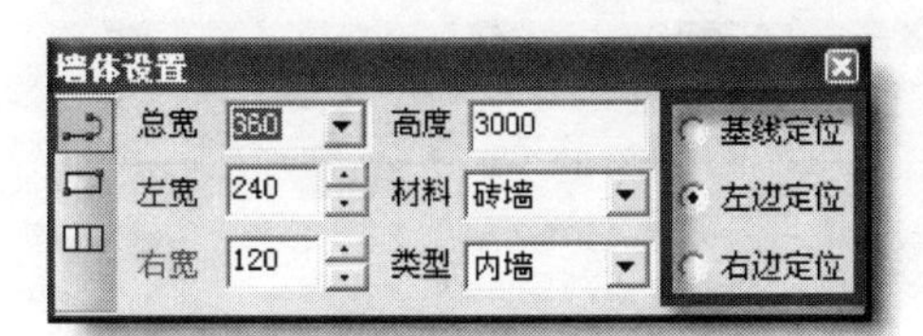

图6-4　创建墙体

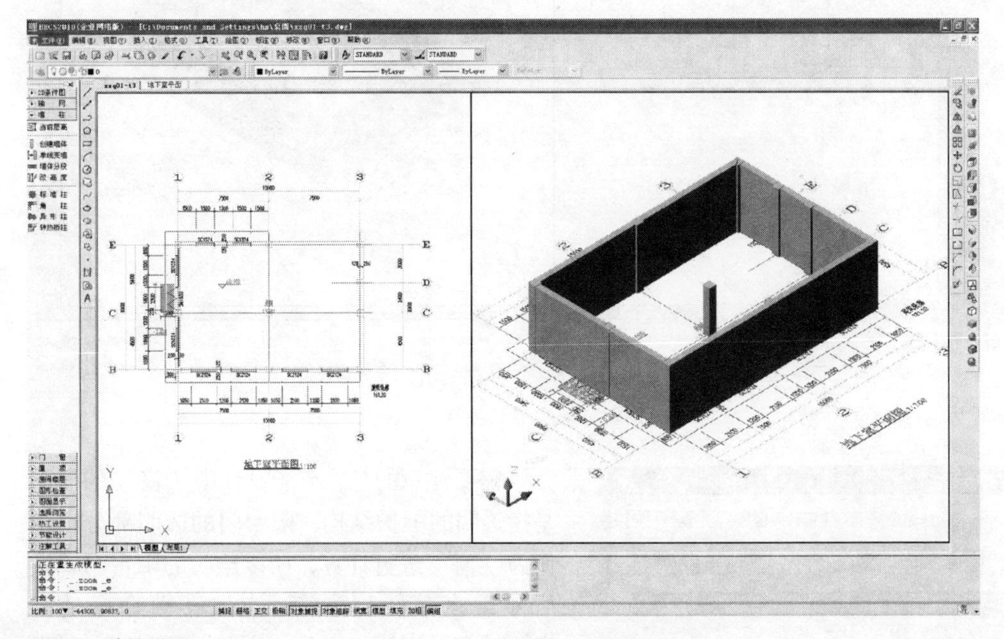
图6-5　外墙描图

完成墙体的描图后就可以进行门窗的建模，对于天正 3 和理正等建筑软件绘制的门窗块，可以通过门窗转换快速生成门窗，点取菜单命令【2D条件图】→【门窗转换】（MCZH），弹出如图 6-6 对话框：

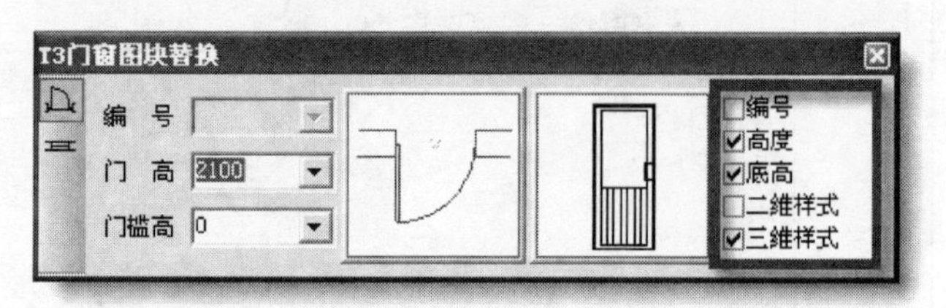

图6-6　门窗替换

点取对话框左侧的“门”和“窗”图标，分别设置好门窗的竖向参数，包括“窗高/门高”、“窗台高/门槛高”，右侧内容为转换选项，被勾选项目的数据取自对话框中的设置，未勾选项目的数据取自图形中，一般门窗的“编号”、“二维样式”可以不勾选，直接从二维底图中得到。设置好后就可以选择欲转换的门窗块了，对于参数一致的门窗可以批量选择，批量替换。替换后平面的门窗块就变成了可以用于节能计算的三维门窗对象，如图 6-7 所示：

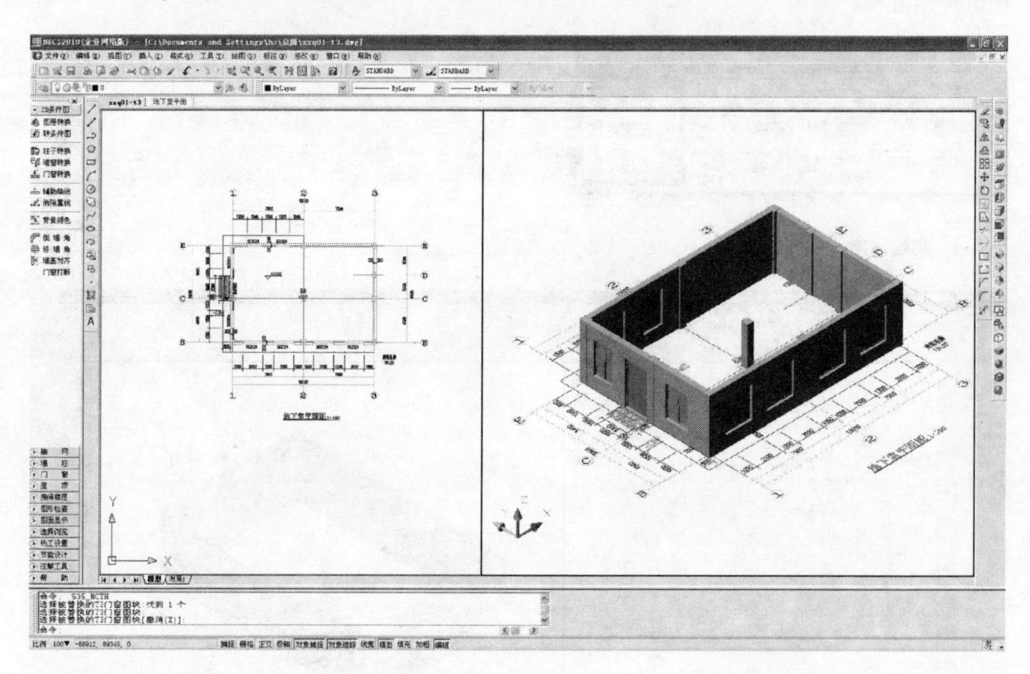

图6-7　外墙门窗

需要注意的是，节能设计中“窗”的概念是指透明的围护结构，阳台门的透明部分也应作为“窗”进行计算，所以透明的阳台门替换后还需将其转化为窗，点取菜单命令【门窗】→【门转窗】（MZC），弹出如图6-8 对话框：

图6-8　门转窗

如果整个阳台门都是透明的，则选择“整个作为窗”，如果阳台门只有上部是透明的，则选择“上部转为窗”，然后设置上部透明部分的高度，本实例中选择“整个作为窗”，然后选择图形中需要转换的阳台门进行转换。

【门窗转换】只转换了天正 3 的直型窗块，对于被炸开的天正 3 或理正建筑的门窗或其他软件绘制的门窗，则无法用门窗转换功能，可以通过【门窗】→【两点门窗】（LDMC）快速插入门窗来建模(图 6-9)。

图 6-9　两点插门窗

凸窗则用【门窗】→【插入门窗】（CRMC）中的凸窗插入，对话框如图 6-10 所示：

图 6-10　布置凸窗

在对话框中设置凸窗类型、编号、平面尺寸、立面尺寸以及是否有侧板等信息。设置好后，将 TC1 布置到图形中，相同的凸窗可以通过 AutoCAD 的复制、镜像等命令快速创建，凸窗创建后如图 6-11 所示：

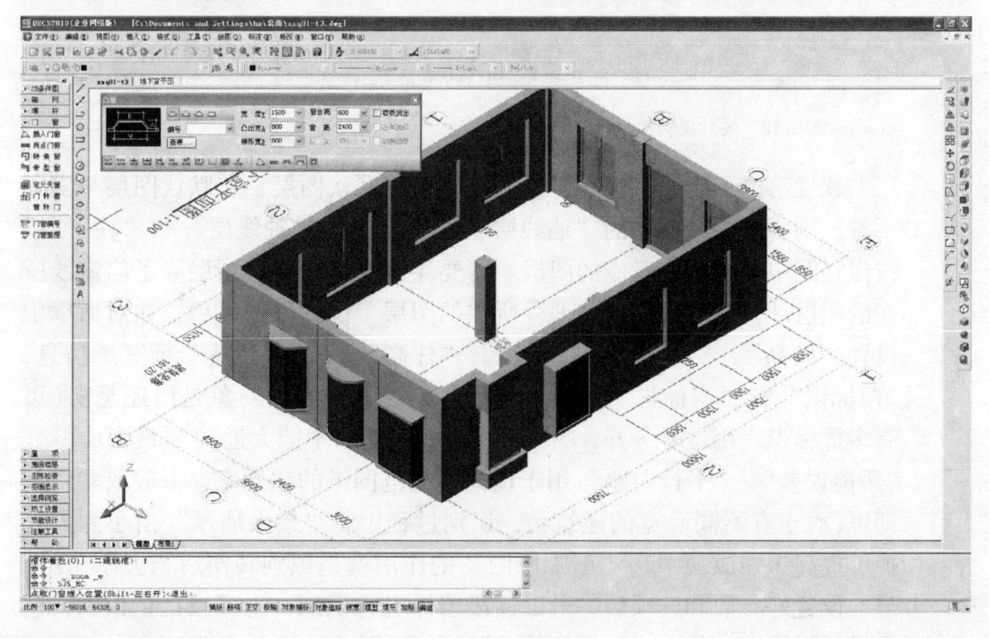

图 6-11　布置凸窗后

至此，首层的外围护结构的建模工作就完成了。如果不作动态能耗分析，则除了采暖区的不采暖楼梯间的隔墙和户门外，其他都不需要建立其他内围护结构。

6.2.2 识别建模

一层平面我们采用另一种建模方式——识别建模。这种建模方式与描图建模相比，墙体建模省略了墙体的宽度设置及定位，门窗建模与“门窗转换”相比，增强了对非天正3或理正等建筑软件绘制的门窗的识别，但如果图纸不规范的话，识别后的墙体连接性得不到保障，后期修改工作量较大。

与描图不同，识别转换是一次性整图转换。为了可靠起见，也可以在识别墙体前首先单独转换柱子(内墙及柱子的用途在后面的章节会讲到)，有些不规范的图纸会有一些重复的线条，这些重复的线条可能会影响识别效果(如在同一位置识别了两个重复的柱)，识别前可以先执行菜单命令【2D条件图】→【消除重线】（XCCX），消除重复的线条。

点击菜单命令【2D条件图】→【转条件图】（ZTJT），弹出如图6-12对话框及命令栏提示：

图6-12　条件图转换

软件给出了墙线、门窗、轴网和柱子的默认图层，若默认图层与实际不符，则要点击命令栏的“墙线层”、“门窗层”、“轴线层”和“柱子层”按钮到图中过滤选取对应的图层。需要注意的是，门窗图层除了门窗线所在的图层外，还应包括门窗编号所在的图层。设置好图层后，在对话框中设置“墙高”、“门高”、“窗高”、“柱高”和“窗台高”等三维信息，“门标识”和“窗标识”用于通过编号判断所识别的对象是门还是窗(可有多重标识，用逗号分开，另外，标识距离门窗不能太远)，“最大墙厚”、“距离误差”、“平行误差”用于提高不规范图纸的识别率，一般取默认值即可(对于有不同墙宽的建筑物，识别过程中将“最大墙厚”由小到大变换可提高识别成功率)，“删除原图”的作用就是识别转换后删去原2D图形。设置好参数和选项后，可以逐段墙体进行识别，也可以批量识别，这里采用批量识别的方式，框选整层图形，识别后如图6-13所示：

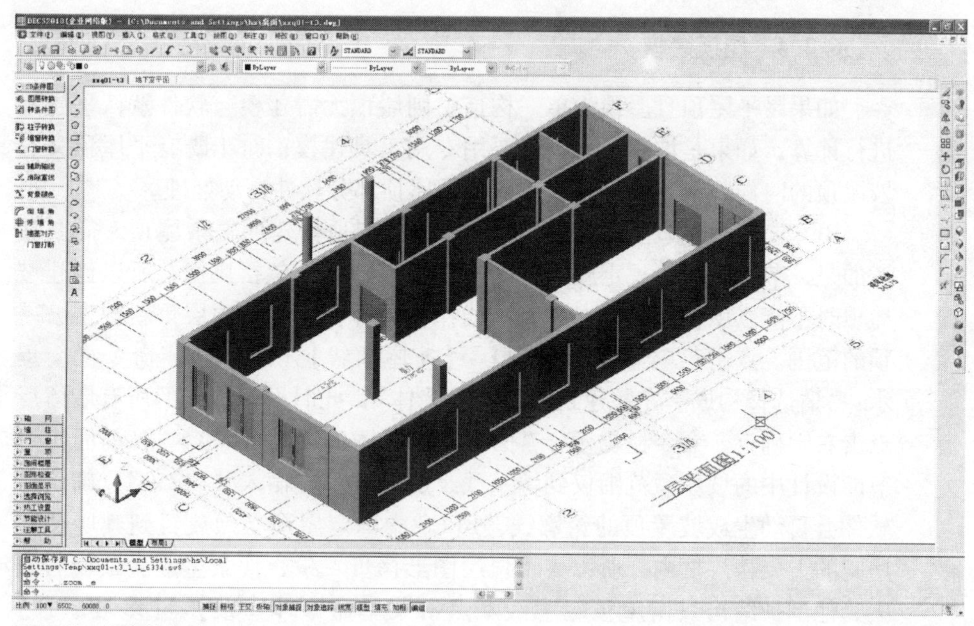

图 6-13　墙窗转换后

识别转换后，如果有墙体的连接有问题不能正常围合房间，则需要对识别生成的模型进行检查。墙体连接性的检查有两种手段可结合应用，第一种是观察，在【图面显示】中将墙体的显示状态切换为醒目的“单双线+加粗”，查看墙角处的墙段基线是否正确地交于一点，如果不正确，可拖动墙体夹点或利用 AutoCAD 的延伸、剪切等命令使相邻墙段正确相交；第二种是用【闭合检查】工具，点取命令后将光标移到每个房间内，看沿墙线动态生成的闭合红线是否正确。

6.2.3　改高度及门窗整理

我们可以通过【改高度】及【门窗整理】功能将二维线图案转换过来的三维模型的墙体柱子、门窗等信息进行统一修改。

在本实例中，首层层高为 4200，点击菜单命令【墙体】→【改高度】（GGD），根据命令栏提示的操作将首层墙体柱子的高度统一修改为 4200。【门窗整理】从图中提取全部门窗类对象的信息，并列出编号和尺寸参数表格，用光标点取某个门窗信息，视口自动对准到该门窗并将其选中，软件使用者可以在图中采用前面介绍的方式修改图形对象，然后按【提取】按钮将图中参数更新到表中，也可以在表中输入新参数后再按【应用】按钮将数据写入到图中。在某个编号行修改参数，该编号的全部门窗一起修改（图 6-14）。

门窗整理

窗　门　隔断门　全部　冲突

编号	新编号	宽度	高度	窗台高
⊞SC0915(2)	SC0915	900	1500	900
⊞SC0924(1)	SC0924	900	2400	900
⊟SC1215(12)	SC1215	1200	1500	900
SC1215<1>	SC1215	1200	1500	900
SC1215<2>	SC1215	1200	1500	900
SC1215<3>	SC1215	1200	1500	900
SC1215<4>	SC1215	1200	1500	900
SC1215<5>	SC1215	1200	1500	900
SC1215<6>	SC1215	1200	1500	900
SC1215<7>	SC1215	1200	1500	900
SC1215<8>	SC1215	1200	1500	900
SC1215<9>	SC1215	1200	1500	900
SC1215<10>	SC1215	1200	1500	900
SC1215<11>	SC1215	1200	1500	900
SC1215<12>	SC1215	1200	1500	900
⊞SC1224(4)	SC1224	1200	2400	900
⊞SC1515(14)	SC1515	1500	1500	900
⊞SC1524(11)	SC1524	1500	2400	900
⊞SC1815(8)	SC1815	1800	1500	900
⊞SC1824(4)	SC1824	1800	2400	900
⊞SC2115(8)	SC2115	2100	1500	900
⊞SC2124(8)	SC2124	2100	2400	900

□区分楼层　应用　提取　选取

图 6-14　门窗整理

6.2.4　屋顶建模

如果是平屋顶且屋顶为单一构造，则屋顶无需建模，软件默认平屋顶进行计算，如果是坡屋顶，则需要用专用工具建模；对于既有平屋顶又有坡屋顶的时候，只需要创建坡屋顶，平屋顶部分软件自动处理。

BECS 支持多坡屋顶、人字屋顶和线转屋顶构建的复杂屋顶。需要注意的是，节能标准中规定屋顶范围仅到外墙边，不包括挑檐，所以创建坡屋顶时不能以屋顶平面图上的屋顶线作为边界，需要从顶层重新搜索坡屋顶的范围。点击菜单命令【屋顶】→【搜屋顶线】（SWDX），命令栏会提示："请选择构成一完整建筑物的所有墙体"，此时框选顶层的所有墙体后点击右键确定，命令栏提示："偏移建筑轮廓的距离 <600>"，前面讲过节能设计中的坡屋顶范围仅到墙基线，所以这里应输入"－250"，确认后软件会自动生成坡屋顶的轮廓线，BECS 中约定屋顶必须放置到其所覆盖房间的上层楼层框内，所以先将顶层图形拷贝一份，搜索生成屋顶线后删去其他围护结构只留屋顶轮廓线。点击菜单命令【屋顶】→【多坡屋顶】（DPWD），根据命令栏提示选取闭合的屋顶轮廓线，给出屋顶每个坡面的等坡坡度，生成多坡屋顶。选中"多坡屋顶"通过右键对象编辑命令进入坡屋顶编辑对话框，进一步编辑坡屋顶的每个坡面，还可以通过屋顶的夹点修改边界。

坡屋顶

边号	坡角	坡度	边长
1	12.73	22.6%	14500
2	30.84	59.7%	29700
3	15.20	27.2%	14500
4	25.20	47.1%	29700

☑限定高度　2000　全部等坡　应用　确定　取消

图 6-15　坡屋顶参数调节

根据立面图确定坡屋顶的角度或坡度后输入到对话框内，本实例中的坡屋顶角度如图 6-15 所示，点击确定生成的坡屋顶如图 6-16 所示：

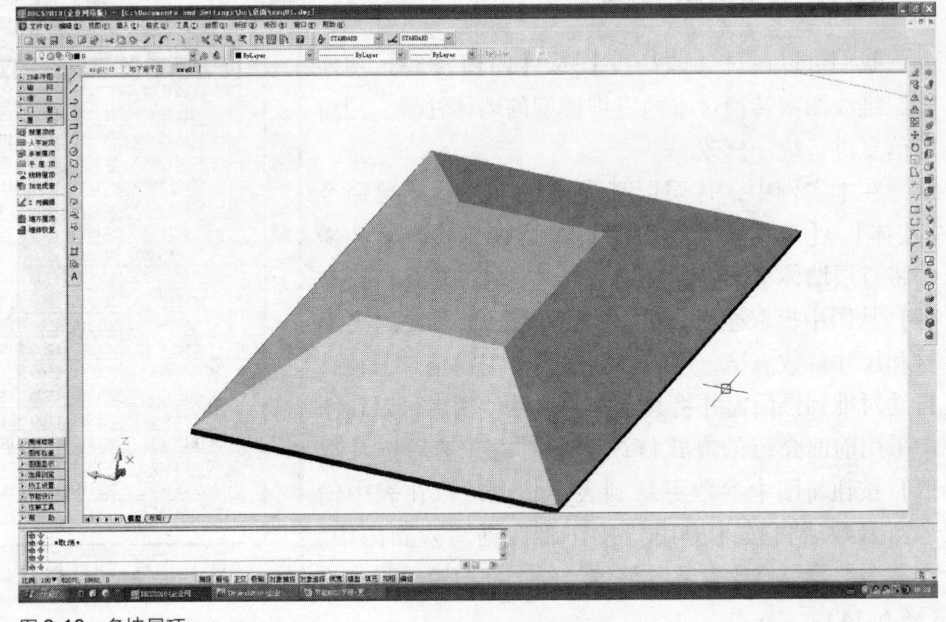

图 6-16　多坡屋顶

坡屋顶创建好后接着创建老虎窗，点击菜单命令【屋顶】→【加老虎窗】(JLHC)，命令栏会提示“选择屋顶:”，选择后弹出如图 6-17 所示对话框：

图 6-17　老虎窗对话框

在对话框中设置老虎窗形式为“平顶窗”，编号及尺寸信息根据门窗表及老虎窗详图设置，设置好后在图形中点击插入位置，其他相同的老虎窗可以通过复制快速得到。创建好老虎窗后如图 6-18 所示：

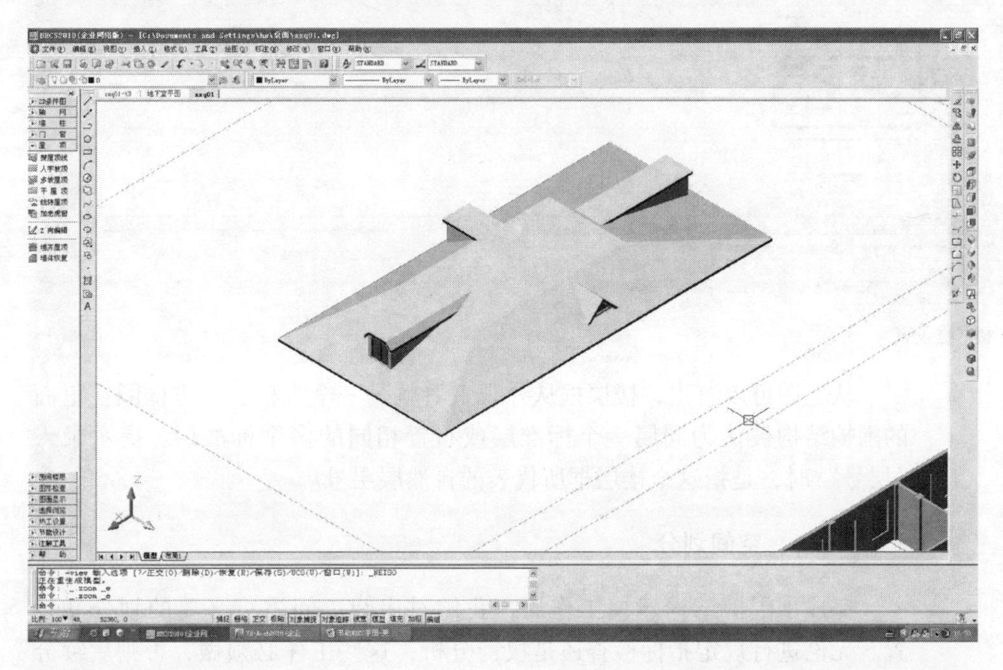

图 6-18　老虎窗

6.2.5　楼层设置

所有楼层的围护结构建模工作都完成后，需要告诉软件各楼层是如何组合起来的。BECS 的楼层处理有两种处理方式，如果全部的平面图都在一个图形文件，那么使用楼层框，即内部楼层表；如果各个平面图是独立的 DWG 文件，那么使用外部楼层表。本实例中全部的平面图都在同一个图形文件，所以采用第一种方式来处理楼层。点取菜单命令【楼层组合】→【建楼层框】(JLCK)，系统会提示您进行命令交互过程，从而完成楼层范围、层号和层高的设置等操作，这里以首层为例，首先选定楼层框的左上角点与右下角点，使楼层框的范围包括了首层的全部内容，然后选取一点作为与其他楼层上下对齐所需的对齐点，这里选择1轴与A轴的交点，输入楼层号1，输入层高4200，这样就完成了首层楼层框的设定，同理，我们给其他楼层也设定好楼层框，设置好楼层框后如图6-19所示：

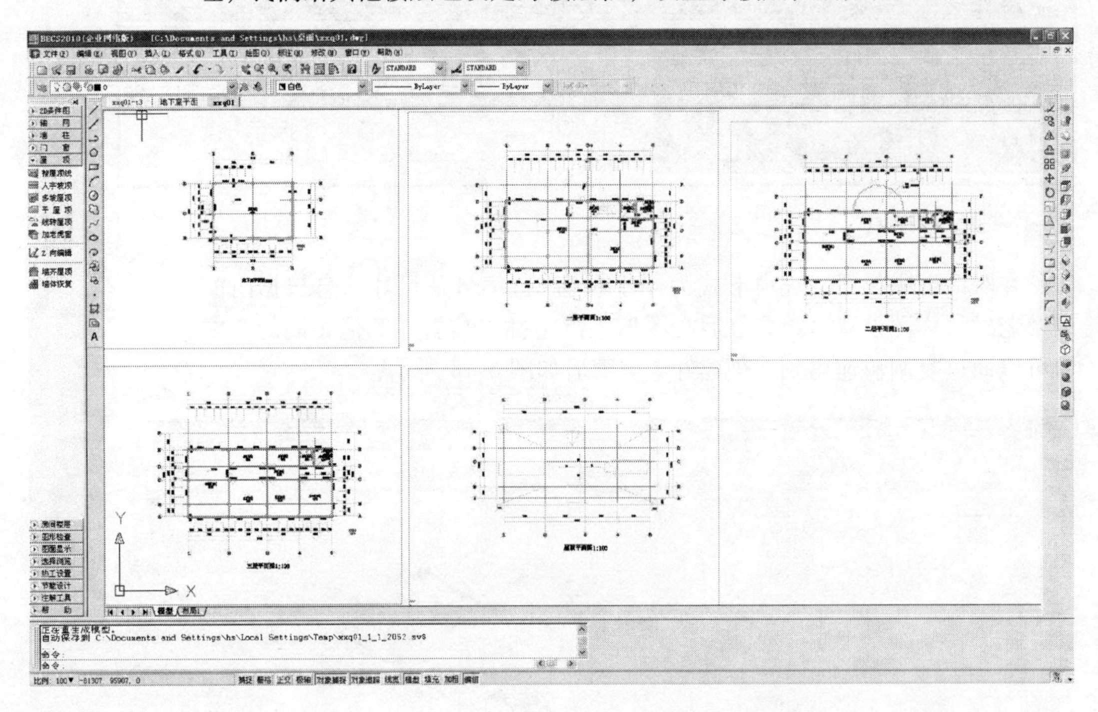

图6-19　楼层框设置

从上图可以看出，楼层框从外观上看就是一个方框，被方框圈在里面的围护结构被认为同属一个标准层或布置相同的多个标准层。提示录入“层号”时，是指这个楼层框所代表的自然层层号。

6.2.6　空间划分

完成了围护结构建模工作后，我们对房间空间进行必要的划分和设置。无论进行规定指标检查还是权衡分析，这些工作必须做，否则后续分析无法进行。

首先对每层由围护结构围合的闭合区域执行搜索房间，目的是识别出内外墙、生成房间对象以及建筑轮廓。【房间】→【搜索房间】（SSFJ），弹出如图6-20所示对话框：

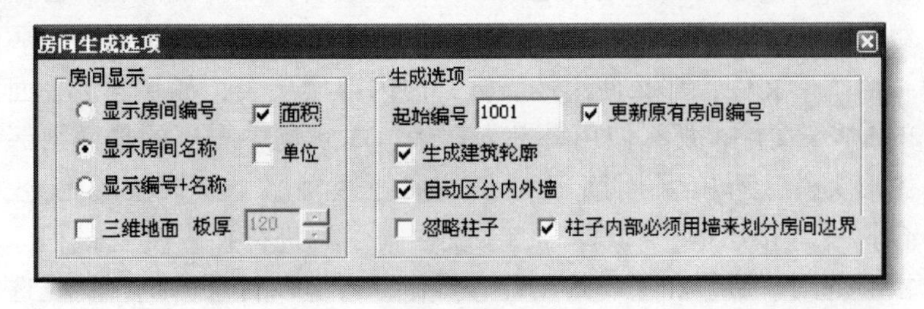

图6-20　搜索房间

对话框的左侧是房间对象的显示方式和内容，右侧是一些生成选项，通常不必修改接受默认即可。执行完【搜索房间】后，内外墙自动识别出来，并建立房间对象和建筑轮廓，房间对象用于描述房间的属性，包括编号、功能和楼板构造等。用【局部设置】打开特性表（也可用 Ctrl + 1 打开），选中一个或多个房间，在特性表中可以设定房间的功能，在 BECS 中居住建筑默认房间为起居室，公共建筑默认为普通办公室。如果系统给定的房间类型不够用，可以用【房间类型】扩充。建筑轮廓是模型必备的对象，并且要放置到楼层框内部（图 6-21）。

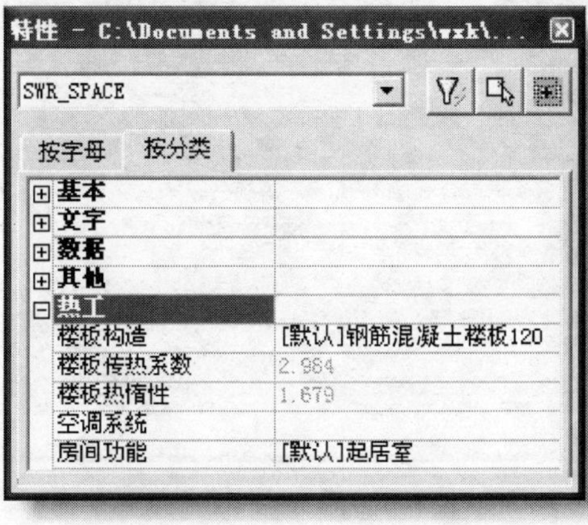

图 6-21　房间功能设置

6.2.7　模型检查

图形在识别转换和描图等操作过程中，难免会发生一些问题，如墙角连接不正确、围护结构重叠、门窗忘记编号等，这些问题可能阻碍节能分析的正常进行。为了高效率地排除图形和模型中的错误，BECS 提供了一系列检查工具。

为了简化图形的复杂度，方便处理模型。点击菜单【图形检查】→【关键显示】（GJXS），隐藏与节能分析无关的图形对象，只显示有关的墙体，柱子、门窗，屋顶等图元。

进行节能计算之前，利用【模型检查】功能检查建筑模型是否符合要求。点击菜单【图形检查】→【模型检查】（MXJC），软件会将模型中出现异常情况的检查结果以清单形式汇总，这个清单与图形有关联关系，用光标点取提示行，图形视口将自动对准到错误之处，可以即时修改，修改过的提示行在清单中以淡灰色显示。

模型处理工作完成以后，可以通过模型观察命令查看整体模型是否正确，以及围护结构的热工参数，点取菜单命令【图形检查】→【模型观察】（MXGC），弹出如图 6-22 所示窗口：

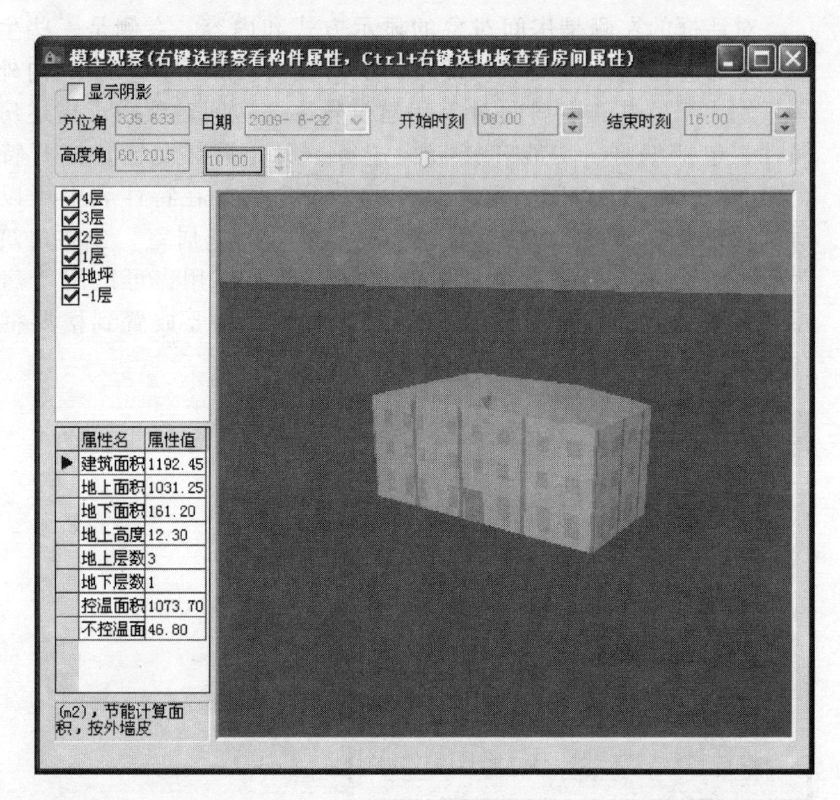

图6-22 模型观察

6.3 规定指标检查

6.3.1 体形系数

体形系数是建筑外围护结构的外表面积与其包围的体积的比值，体现的是单位体积的传热面积大小。控制建筑单位体积的传热面积是降低北方建筑采暖能耗的有效手段，所以节能标准中对采暖夏热冬冷地区的居住建筑以及采暖地区公共建筑的体形系数有明确的限值要求。而夏热冬暖地区的居住建筑以及夏热冬冷地区、夏热冬暖地区的公共建筑的体形系数没有强制性的限值要求。

点击菜单命令【节能设计】→【数据提取】(SJTQ)获取建筑模型数据，其中包括体形系数，弹出的计算对话框如图6-23所示：

从对话框中可以看到，软件自动提取出各层的层高、周长、建筑面积、外侧面积、挑空楼板面积、屋顶面积、附加面积、地上体积和附加体积等信息，其中“附加面积”、“附加体积”为凸窗增加的传热面积及体积，“挑空楼板面积”及“屋顶面积”由软件自动判定得到，判定的原则为，上一层的建筑轮廓比下层建筑轮廓多出的部分软件自动在底面封挑空楼板，若首层架空，则在首层建立一个空楼层，软件自动将上层底面封为

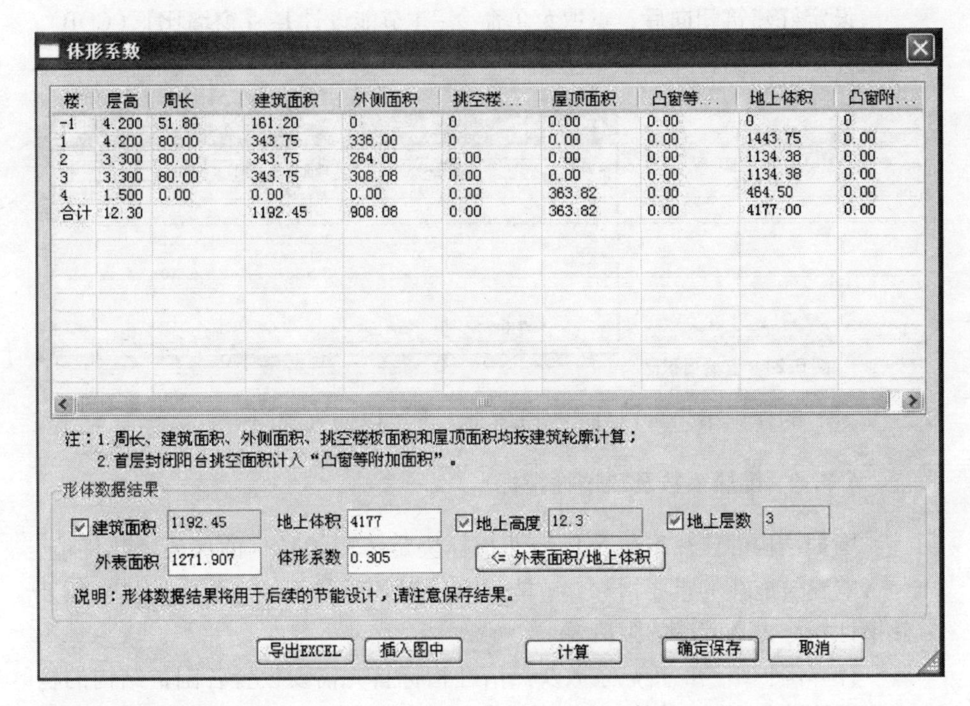

图6-23　数据提取

挑空楼板。下一层的建筑轮廓比上层建筑轮廓多出的部分软件自动在顶面封平屋顶，顶层的上层为空，则顶层顶面自动封平屋顶，如顶层有坡屋顶，则按坡屋顶的实际面积进行计算。需要强调的是，虽然在图形中看不到挑空楼板及平屋顶，但软件已经自动将相应部位按照挑空楼板或屋顶进行了计算。最后，体形系数的计算过程可以导出到EXCEL，也可以插入到图中。另外需要注意的是，后面的节能检查及性能指标计算都需要用到“数据提取”中的一些计算结果，所以这里需要点击“确定保存”来保存这些计算数据。

6.3.2　窗墙面积比

窗墙面积比是外窗面积与外墙面积(包括洞口面积)的比值。外窗是建筑耗能的薄弱环节，通过控制外窗在外围护结构中所占的比例，也就起到了降低建筑能耗的作用。节能标准中对各个朝向的窗墙比都有明确的限值要求。

窗墙比的计算除了与建筑模型有关外，还与建筑朝向及凸窗计算规则有关。在工程设置中通过“北向角度”的设置确定建筑朝向，北向角度是指图形中X轴正方向与北向的夹角，即指北针的指向与图形中X轴正方向的夹角，当指北针指向Y轴正方向时，北向角度为90°。如果不好理解，可以点取菜单命令：【注释工具】→【指北针】（ZBZ），在图形中创建一个指北针，然后在工程设置中的北向角度设置处点击“选择指北针”按钮，选取创建的指北针后，软件会自动计算出相应的北向角度值。

设定好建筑朝向后，点取菜单命令：【节能设计】→【窗墙比】（CQB），系统弹出对话框，如图 6-24 所示：

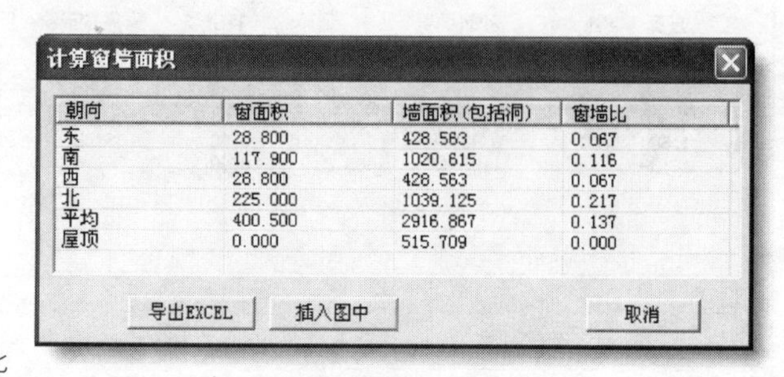

图 6-24　窗墙面积比

最后的计算结果可以导出到 Excel，也可以插入到图中。

6.3.3　传热系数及热惰性指标

围护结构的传热系数及热惰性指标决定了围护结构的保温隔热性能，是影响建筑能耗的重要指标，节能标准中对各部位围护结构的传热系数及热惰性指标也有明确的限值要求。

计算围护结构的传热系数及热惰性指标首先需要设置各围护结构的构造，点取菜单命令：【热工设置】→【工程构造】（GCGZ），弹出如图 6-25 所示对话框：

工程构造

构造　材料

类别\名称	编号	平均传热系数 (W/m2.K)	主体传热系数 (W/m2.K)	热惰性指标	遮阳系数	图片	备注
⊟外墙							
└ 8外-66EPS机制复合板+240烧结多孔砖	14	0.625	0.519	4.795	1.000		
⊞户墙							
⊞内墙							
⊞外门							
⊞户门							
⊞内门							
⊟窗							
└ 6+12A+6高透低辐射玻璃	18	1.700		0.192	0.640		摘自《上海住宅建
⊞楼板							
⊞挑空楼板							
⊞地面							
⊟屋顶							
└ 屋顶	23	0.615	0.615	4.242	0.000		
⊞梁柱							
⊞封闭阳台门							

材料名称 (由上到下/由外到内)	编号	厚度 (mm)	导热系数 (W/m.K)	蓄热系数 W/(m2.K)	修正系数	密度 (Kg/m3)	比热容 (J/Kg.K)	蒸汽渗透系数 g/(m.h.kPa)
EPS机制复合板1.2	0	66	0.050	0.795	1.00	270.0	643.1	0.0120
水泥砂浆	1	20	0.930	11.370	1.00	1800.0	1050.0	0.0210
重砂浆砌筑26~36孔粘土多	2	240	0.580	7.874	1.00	1400.0	1050.0	0.0010
石灰水泥砂浆	3	20	0.870	10.750	1.00	1700.0	1050.0	0.0975

EPS机制复合
水泥砂浆
重砂浆砌筑26
石灰水泥砂浆

总厚度：346mm　计算值：热阻 R = 1.928，传热系数 K = 0.519，热惰性 D = 4.799

导出　导入　确定　取消

图 6-25　工程构造

在工程构造中设置各部位围护结构的构造，构造的设置可以通过从构造库中选取的方式，也可以在这里新建，即从材料页面中选取各层材料并设置各层材料的厚度。

首先介绍从构造库中选取的方式，点击构造名称栏右侧的方框按钮，弹出构造库对话框，在对话框中选择系统构造库或地方构造库，如图6-26所示：

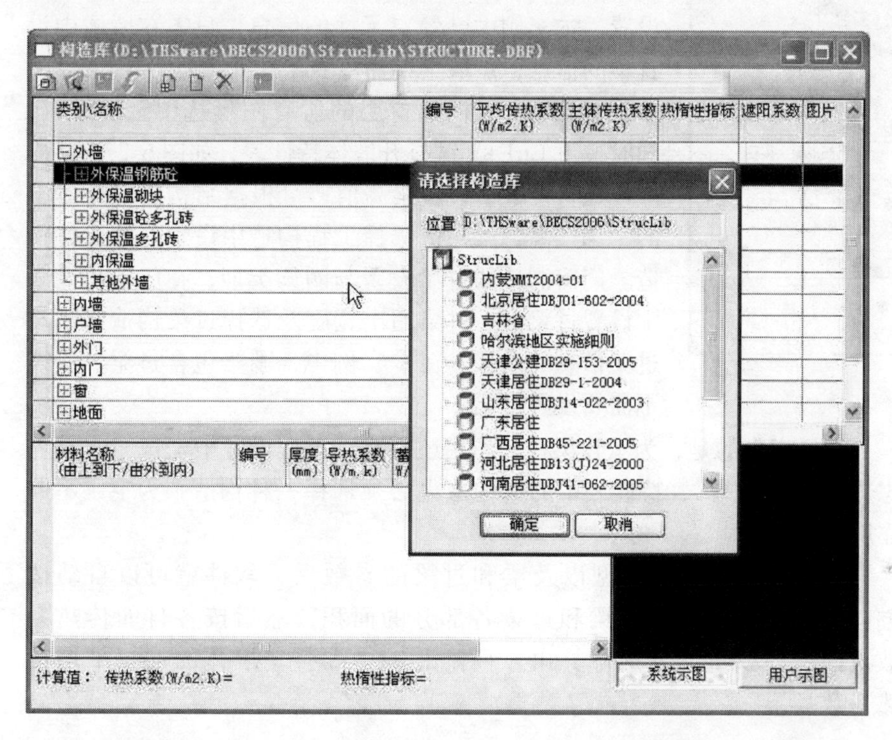

图6-26　构造库

软件将各地的地方节能标准或实施细则中给出的当地常用构造都做成了地方构造库，可以直接从里面选取本工程所用的构造，若地方构造库中没有需要的构造，也可以从系统构造库中选择。构造库本身也是完全开放的，可以对构造库的构造进行新增、修改和删除操作，找到本工程用到的构造后，双击构造就将该构造选择到工程构造中了。

新建构造首先在构造处点击右键中的“新建构造”，给新构造命名，然后在下面的构造构成表中点击右键的“添加”，从材料页面选取材料。材料可以从材料库中选择，材料库也是完全开放的，可以自己新增一些新材料，选择好材料后在工程构造中设置各层材料的厚度，构造就设置好了，软件会自动计算出构造的传热系数及热惰性指标。

窗的构造设置比较特别，它的传热系数不是通过设置组成材料计算得到的，可以通过构造库选取，或者直接在工程构造中录入窗的平均传热系数值及遮阳系数(遮阳系数的用途在下一节中讲解)。

在本工程实例中，根据建筑总说明完成各部位围护结构的构造设置。

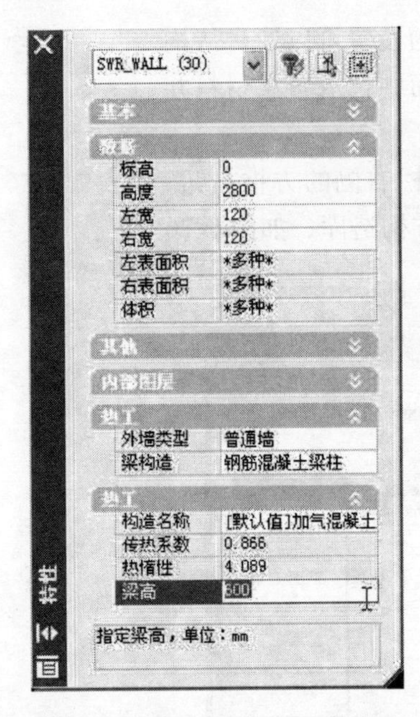

图6-27　梁设置

下面介绍考虑梁柱热桥影响的平均传热系数和热惰性指标如何计算。

按照节能标准的规定，外墙需要考虑梁、柱等热桥影响后的平均传热系数，外墙平均传热系数的计算需要梁、柱等热桥的面积信息。在BECS中柱子需要建模，梁和过梁则分别在墙体和门窗的特性表中进行设置。本实例中已经有了柱的信息，只需在墙体中设置梁的信息，点取菜单命令：【选择浏览】→【选择外墙】（XZWQ），框选首层的所有图形选中全部外墙，同时按下Ctrl+1键打开墙体特性表，如图6-27所示：

在特性表中设置梁高值，可根据结构图取外墙上的平均梁高，梁构造选择工程构造中设置好的梁柱构造。门窗洞口的过梁设置与圈梁类似，在门窗特性表中设置过梁高、过梁超出宽度及选择过梁构造来实现过梁信息的录入。在本实例中，圈梁包含过梁，所以不需要设置过梁。

需要指出的是，为了让梁柱起作用还需要在工程设置中勾选“自动考虑热桥”为“是”，特性表中的梁构造也必须选择一种构造，为空则不起作用。

有了外墙和柱的模型以及梁和过梁的参数后，软件就可以自动按方向提取出外墙、柱、梁和过梁各部分的面积，然后按各自的传热系数占面积的权重，分别计算出东西南北墙体和整个墙体的加权平均传热系数。

6.3.4　遮阳系数计算

太阳辐射热是影响南方建筑能耗的重要因素，夏热冬暖地区的居住建筑以及公共建筑都对外窗的遮阳系数有限值的要求，需要进行遮阳系数计算。

外窗的综合遮阳系数为外窗自遮阳系数与外窗外遮阳系数的乘积，外窗的自遮阳系数在“工程构造”中设置，外窗的自遮阳系数与外窗玻璃的遮蔽系数及外窗玻璃面积占窗扇面积的比值有关，一般铝合金框外窗，外窗玻璃面积占窗扇面积的比值取0.8，塑钢框外窗，外窗玻璃面积占窗扇面积的比值取0.7，普通白玻的遮蔽系数可近似取1，其他玻璃的遮蔽系数可以按照当地细则给出的参考值取值，也可根据厂商提供的数据取值。在本实例中，外窗采用铝合金框+蓝色单层玻璃，蓝色单层玻璃的遮蔽系数为0.7，由于采用铝合金窗框，玻璃面积占窗扇面积的比值为0.8，所以本实例中外窗的自遮阳系数为0.56，进入“工程构造”中，设置窗的自遮阳系数为0.56。

外窗的外遮阳是通过【遮阳类型】将遮阳设置付给外窗实现的，一旦设置了外遮阳，可在特性表中进行参数修改。在本实例中，1～6层的阳台玻璃门DM-1和DM-2受到上层阳台的水平遮挡及本层阳台的单侧墙体的垂直遮挡，跃层的阳台门DM-3和DM-4受到露台两侧墙体的垂直遮挡。

点取菜单命令：【热工设置】→【遮阳类型】（ZYLX），首先在弹出的对话框中点取［增加..］按钮，选择“平板遮阳”形式。在数据栏中输入遮阳参数(图6-28)：

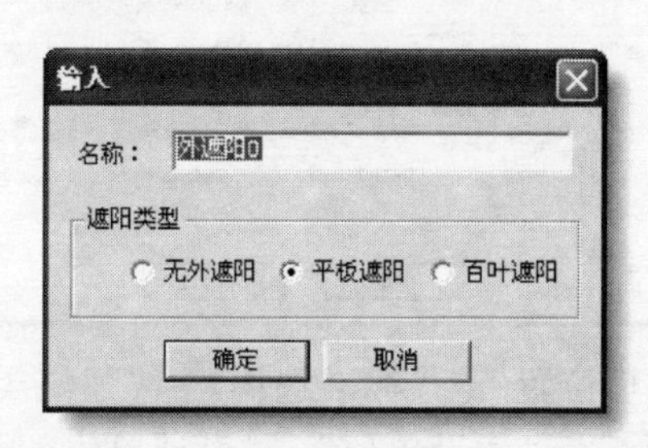

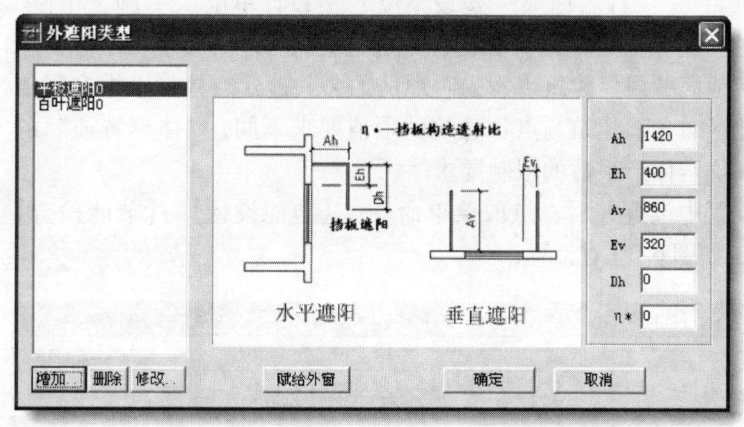

图6-28　遮阳类型设置

本实例工程属于北京寒冷地区工程，不考虑门窗的遮阳，这一项可以省略。

完成外窗的自遮阳及外遮阳设置后，后续的节能分析将自动采用这些设置计算遮阳系数，比如在【节能检查】和【节能报告】中都有反映。

6.3.5　规定指标检查

建立了节能计算模型并设置了围护结构热工参数及外窗的遮阳参数后，通过上面的那些命令就可以计算出设计建筑的规定性指标值，但节能设计最终需要比较规定性指标的设计值与标准规定的限值，判定建筑设计的规定性指标是否符合节能标准的要求，这一步工作通过【节能检查】完成。

在进行节能检查前，首先还需要进行一些工程设置，点取菜单命令：【热工设置】→【工程设置】（GCSZ），弹出如图6-29对话框：

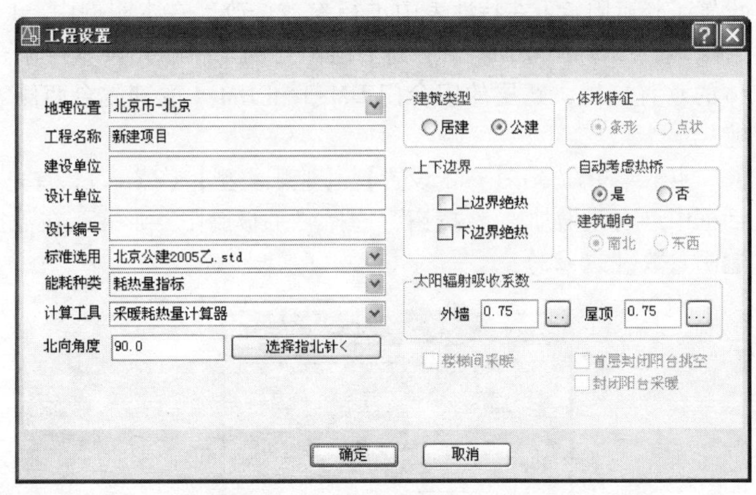

图 6-29 工程设置

在对话框中，设置“地理位置”、“标准选用”、“建筑类型”和“北向角度”等项目。“工程名称”、“建设单位”、“设计单位”、“施工单位”和“项目地址”等信息将输出到规定性指标检查报告中，可填可不填。采暖及夏热冬冷地区的居住建筑以及采暖地区的公共建筑对体形系数有限值要求，某些地区对条形建筑与点状建筑的限值要求不同，“体形特征”的设置就是用来确定体形系数的限制要求。

在工程设置中设置好后，点取菜单命令：【节能设计】→【节能检查】(JNJC)，弹出如图 6-30 对话框：

节能检查—北京公建2005乙.std

检查项	计算值	标准要求	结论	可否性能权衡
窗墙比		各朝向窗墙比不超过0.7	满足	
可见光透射比		当窗墙面积比小于0.40时，玻璃的可见光透射比不应当小于0.4	满足	
天窗			不需要	
屋顶构造	K=0.83	K≤0.45[屋顶热工应当符合表3.2.2-2的要求]	不满足	可
外墙构造	K=1.13	K≤0.50[外墙热工应当符合表3.2.2-2的要求]	不满足	可
挑空楼板构造	无	K≤0.50	无	
采暖与非采暖隔墙		K≤1.5	不满足	不可
砼多孔砖(190六	K=1.93		不满足	不可
采暖与非采暖楼板		K≤1.5	不满足	不可
钢筋砼楼板120	K=2.98		不满足	不可
外窗热工			不满足	可
总体热工性能		各朝向外窗传热系数和遮阳系数满足表2.3.1-2的要求	不满足	可
东向	K=3.90; SC=0.75	K≤2.80, SC≤1.00	不满足	可
南向	K=3.90; SC=0.75	K≤2.50, SC≤1.00	不满足	可
西向	K=3.90; SC=0.75	K≤2.50, SC≤1.00	不满足	可
北向	K=3.90; SC=0.75	K≤2.80, SC≤1.00	不满足	可
结论			不满足	不可

规定指标　性能指标　输出到Excel　输出到Word　输出报告　关闭

图 6-30 节能检查

这个表格中汇集了与选用的节能标准一一对应的节能检查项。在对话框中，与本工程无关或本工程没有的检查项以淡灰色显示，这些项无需关注。结论为“不满足”者以红色提示。可否性能权衡项中“可”表示在进行权衡评估时该项可突破，在权衡评估时也必须满足的项为“不可”。

当总结论为“满足”时，表明该项目按规定性指标检查符合要求，可以判定为节能建筑，直接点取“输出报告”获得节能报告。当总结论为“不满足”时，表明该项目按规定性指标检查不符合要求。此时，要么调整设计，要么能耗计算，然后进行性能指标的检查，如果性能指标达标也可以判定为节能建筑。

本实例的规定性指标检查不满足要求，我们进行性能指标检查。

6.3.6 公共建筑规定指标检查

公共建筑节能分析依据的是国标《公共建筑节能设计标准》GB 50189—2005 或各地颁布的地方细则。规定性指标的计算原理与居住建筑基本一致。

6.4 性能指标计算

6.4.1 能耗计算

在规定指标不满足，并且不能或不想修改和调整设计时，可以考核性能指标看其是否能满足标准的规定，如果能满足仍然可判定该建筑为节能建筑。

性能指标的核心思想就是考核建筑的整体能耗是否满足规定，不同地区的节能标准考核的能耗形式有所不同，在 BECS 中我们用【能耗计算】获得各种能耗，系统将根据工程设置中选用的节能标准，计算出相应的能耗。然后在【节能检查】中对性能指标进行检查。

6.4.2 采暖地区居住建筑

采暖地区包括严寒 A、严寒 B 和寒冷地区，该地区居住建筑的性能指标计算的是建筑物的耗热量指标，采用稳态传热的计算方法。在工程设置中将地理位置切换为某个采暖地区的城市，节能标准选用适合该地的节能设计标准。点取菜单命令：【节能设计】→【能耗计算】（NHJS），软件自动生成了该地区采暖区居住建筑的热工计算书。若耗热量指标的计算结果仍不满足节能标准的要求，则需要修改设计，直至满足节能标准的要求为止。采暖地区居住建筑的建筑模型只需要“外墙 + 不采暖房间的隔墙”，其他内墙不需要创建。

6.4.3 夏热冬暖地区居住建筑

夏热冬暖地区的居住建筑可以采用简化计算方法——耗电量指标，也可以采用动态能耗模拟计算获得全年采暖和空调的总耗电量。分别计算设计建筑和参照建筑的能耗指标，将二者进行比较，当设计建筑的总能耗小于等于参照建筑的总能耗时，判定该建筑为节能建筑。

耗电量指标的方法更简单。这种计算方法对建筑模型的要求与规定性指标计算的要求一样，只需要外围护结构的信息，不同的是，计算前还需设置外墙、屋顶的太阳辐射吸收系数，点取菜单命令：【热工设置】→【工程设置】（JNJC），设置相应的外墙太阳辐射吸收系数及屋顶太阳辐射吸收系数，具体的取值参考当地的节能标准实施细则。

6.4.4 夏热冬冷地区居住建筑

夏热冬冷地区的居住建筑也采用动态能耗模拟计算性能指标，但用的是采暖和空调的全年能耗限值作判定依据，这些限值在规范中按城市给出，在 BECS 中选定城市后，系统自动计算出能耗并给出限值，设计者可以进行比较。同时需要指出，这种计算需要将建筑物内部空间也划分清楚，即需要建出内墙。

6.4.5 公共建筑

按照国家节能标准规定，公共建筑也采用动态能耗模拟性能能耗指标。能耗分析是以房间为单位进行动态的传热计算，需要设定每个房间的控温情况及用于分隔房间内围护结构的构造，所以执行能耗分析前还需要进行内围护结构的建模，与挑空楼板及平屋顶类似，楼板也是由软件自动生成的，我们只需要进行内墙的建模，建模方式可采用描图建模，也可采用识别建模。

6.5 节能改进

6.5.1 方案设计阶段的节能改进

在方案设计阶段就考虑节能，并用 BECS 进行节能计算，可以更好地控制节能成本。通过调整建筑朝向、外观造型、开窗面积、外窗固定外遮阳、外墙屋顶颜色等手段，几乎不需要增加什么造价，就可以非常有效地降低建筑能耗。外墙和外窗无需太大改动就可以满足节能标准的要求。

6.5.2 施工图设计阶段的节能改进

施工图设计阶段利用 BECS 进行节能计算主要为了通过施工图审查，软件使用者一般不愿对图纸平立剖面作大的改动。为了避免大范围修改图纸，通常可以采用改进围护结构的保温材料性能，改进外窗类型等方法。比如夏热冬暖地区，节能改进措施主要有更改外窗类型、增加外墙保温、增加活动遮阳等。夏热冬暖地区更改外窗种类以降低遮阳系数为主要目的，可将铝合金窗框改为塑钢窗框，玻璃的选择上热反射玻璃及单层 LOW-E 玻璃都是较好的选择，节能效果显著，断热桥铝合金窗框及中空玻璃则效果不大；外墙一般可采用保温砂浆降低外墙传热系数，屋顶的节能潜力较小，一般满足标准限制即可；增加活动遮阳的节能效果很好，但造价较高，一般在不能更改外窗类型的情况下采用。

6.6 分析结果

6.6.1 节能报告

当规定指标或性能指标的结论达到“满足”时，就可以提取节能报告了，报告分为规定指标和性能指标两种格式。可以直接在节能检查对话框上直接出报告，也可以点取菜单命令：【节能设计】→【节能报告】（JNBG），命令栏有如下选择：

请输入 规定指标(0) 性能指标(1) <0>:

节能报告为 Word 格式，除了有关说明需要软件使用者编写外，其他所有数据和参数都由系统自动提取，报告中有节能分析的结论。

6.6.2 报审表

某些节能要求严格的地区，除了要上报节能报告还需要送交报审表，尽管各地的报审表格式不同，但 BECS 提供了大量能够收集到的全国各地的报审表模板供选择，这些模板与选定的节能标准一一对应。

6.6.3 送审文档

对于某些节能审查要求严格的地区，除了提供节能送审表及节能计算书之外，还需提供节能分析的原始电子文档，以便审图机构进行专项的节能审查。这时可能就需要用到“导出审图”功能。点取菜单命令：【节能设计】→【导出审图】（DCST），弹出如图 6-31 对话框：

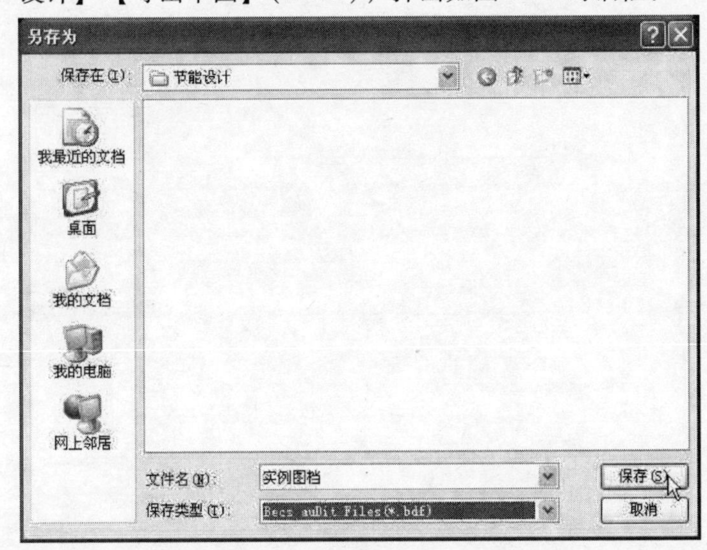

图 6-31 导出审图

选择保存路径及文件名后确定，软件就生成了以“bdf”为后缀名的送审文件，将该文件提交到审图机构，审核者使用斯维尔节能设计的审图版导入本工程进行审核。

第二部分　日照分析 Sun

第 7 章 概 述

斯维尔日照分析软件 Sun 与节能设计 BECS 软件是两套相对独立的软件，使用平台和工具菜单基本一样，操作方式大同小异，其概述部分也是一致的，为节省篇幅，读者可参阅本书的第一部分“概述”。

第 8 章 软 件 约 定

像其他计算分析软件一样，斯维尔日照分析 Sun 也有内定的规则需要遵守。本章列出规则并加以说明，其中包括模型对象支持的图层，分析中需注意的事项，以及作一项日照分析的大致流程。

本章内容

- **对象图层**
- **其他规定**
- **工作流程**

8.1 对象图层

Sun 对日照模型各个部件所在的图层有严格规定，如果使用软件的工具建模，对象和图层都会一一对应(表 8-1)，如果使用 AutoCAD 的一些兼容对象或者由于某种原因改变了图层，则需要手动设置到 Sun 支持的图层中，否则，不能获取正确的分析结果。

Sun 支持的对象和图层关系表 **表 8-1**

对象所属	对象	图层
AutoCAD	赋予厚度的封闭 PLine 和 Circle	日-建筑、建-屋顶、建-阳台
AutoCAD	3Dsolid、Pface(线转屋顶)	日-建筑、建-屋顶
AutoCAD	日照窗块	日-窗
Sun	平板	日-建筑、建-屋顶、建-阳台
Sun	多坡屋顶、人字屋顶、歇山屋顶	日-建筑、建-屋顶
Sun	阳台	日-建筑、建-阳台

8.2 其他规定

(1) Sun 规定，日照分析必须在世界坐标 WCS 下进行，Y 轴的正方向为正北方向，这一点需要注意，不像建筑设计平面图，可以用指北针指示北向。

（2）Sun 支持日照标准定制。日照分析时对话框上（图 8-1）显示的日照标准为当前标准，但软件容许在标准外部调整标准中所涉及的参数（即在对话框上改变参数），此时所作的分析均采纳对话框上的外部参数。当对话框上的节气、日期、时间带和计算精度与当前标准不同时，为了提示软件使用者注意，以粉红色显示。

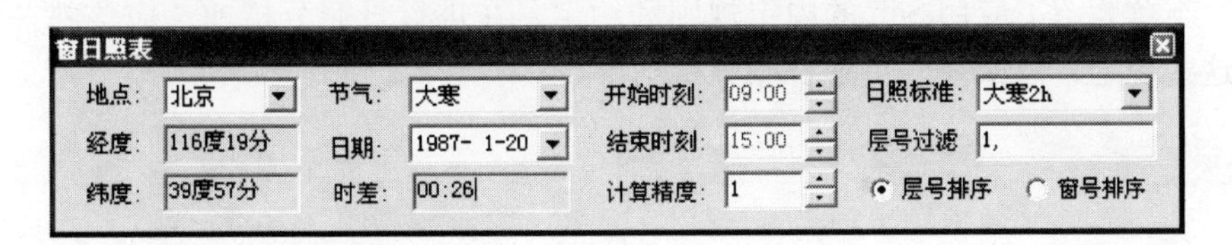

图 8-1　Sun 软件使用者界面

8.3　工作流程

对建筑物进行日照分析的步骤如下：

1）构建日照模型

日照分析需要如下的模型：建筑轮廓、日照窗（通常只需要首层）、复杂屋顶、阳台。其中建筑轮廓是必需的；如果是初期方案或遮挡建筑，可能没有日照窗；屋顶和阳台则根据是否需要考虑其遮挡作用决定建模或不建。

建筑轮廓：用 PLINE 绘制闭合的建筑物外轮廓线，再利用［建筑高度］赋予建筑物外轮廓线给定的高度，生成建筑物体量模型。对于复杂建筑物可以将建筑模型像堆积木一样叠起来。

日照窗：采用软件提供的各种插入方式将需计算日照的窗户插入到建筑模型上。

屋顶：对于复杂形状的坡屋顶，可以利用各种屋顶命令或体量模型生成，并置于“建筑-屋顶”图层中。

阳台：利用［阳台］命令给建筑物添加参与遮挡阳光的阳台对象。

2）获取分析结果

报审时，按当地有关部门的规定，提交所需的日照分析结果图表，如日照窗分析表、等照时线图等。

设计中，利用各种分析手段对已有建筑和拟建建筑进行计算分析，获取需要的分析结果。

对拟建建筑的方案进行优化，获取较佳的建筑形态方案。

综合分析后，调整建筑布局，获取合理合法的规划设计。

3）校核分析结果

利用软件提供的辅助分析工具，如［单点分析］、［日照时刻］、［定点光线］、［线上日照］及［日照仿真］等检验［窗照分析］结果，不同的分析工具，结果应当一致。

4）输出日照报告

利用软件提供的［日照报告］模板输出并完善 Word 格式的日照报告。

8.4 本章小结

本章介绍了应用 Sun 的内定规则和约定，在进行日照分析前，应该熟悉这些规定，以便获取正确日照分析结果。

第 9 章 日 照 设 置

建筑日照分析的结果与建筑物所在的地理位置和当地所执行的日照标准密切相关。因此，Sun 支持日照标准的定制，适于全国不同地区的规划和建筑部门使用。Sun 支持米制和毫米制两种单位制。地理位置的添加也十分方便。

本章内容

- **日照综述**
- **日照标准**
- **地理位置**
- **单位设置**
- **比例设置**

9.1 日照综述

日照分析的量化指标是计算建筑窗户的日照时间，这要在建筑物布局确定之后才可以进行，而建设项目的规划是动态可变的，并且合理地进行拟建建筑的布局修改，可以改善已建建筑和拟建建筑的日照状况。因此还需要一系列的辅助工具来帮助规划师进行建筑的布局规划。

9.2 日照标准

屏幕菜单命令：【定制设置】→【日照标准】(RZBZ)

我国幅员辽阔，因此造成了各地的自然日照时间差别很大，建设主管部门在多个规范中都对建筑日照做出了规定，这些规定是最基本的，不同的地区根据自己的经济发展状况和人民的生活质量，可以制定更严格的日照规定和具体实施细则。

Sun 用［日照标准］来描述日照计算规则，全面考虑了各种常用日照分析设置参数，以满足各地日照分析标准不相同的情况。软件使用者根据当地日照规范建立本地日照标准，并且将其设为当前标准，用于当地项目的日照分析。

日照标准设置对话框如图 9-1 所示：

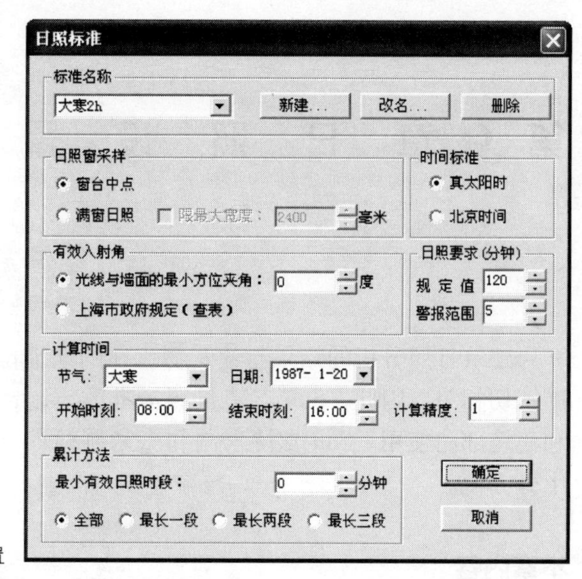

图 9-1　日照标准设置

对话框选项和操作解释：

［标准名称］本系统中已经包含了上海住宅日照规范和系统默认标准，软件使用者也可以设定下列参数自建标准，然后命名存盘。

［日照窗采样］两种采样方法

（1）窗台中点：当日光光线照射到窗台外侧中点处时，本窗的日照即算作有效照射。

（2）满窗日照：当日光光线同时照射到窗台外侧两个下角点时，本窗的日照即算作有效照射。

［有效入射角］日光光线与含窗体的墙面之间的最小方向夹角。或按上海市政府规定的表格内容执行。

［计算时间］进行日照分析的日期、时间段及计算精度设置。计算精度取采样时间间隔的一半。制定日照规范时建议采样时间间隔取偶数，以保证计算精度为整数。计算精度值越小结果越精准，计算耗时也更多，建议总平面分析时采用 2 分钟，单体分析时采用 1 分钟。

［累计方法］有效日照时间的累计计算方法，提供四种方式：

（1）累计全部，累计所有有效日照时间段的时间进行日照分析。

（2）最长一段，按最长连续日照时间计算。

（3）最长两段，以最长两段有效日照时间的累计进行日照分析。

（4）最长三段，以最长三段有效日照时间的累计进行日照分析。

日照时间累计过程中，低于最小有效时间段的时间不参与累计。

［时间标准］真太阳时和北京时间。所谓真太阳时是将太阳处于当地正午时定为真太阳的 12 点，通常应使用真太阳时作为时间标准。

［日照要求］最终判断日照窗是否满足日照要求的规定日照时间，低于此值不合格，日照分析表格中用红色标识。警报时间范围可以设置临界区域，即危险区域，接近不合格规定，日照分析表格中用黄色标识。

9.3 地理位置

日照分析的对象为坐落在具体位置的建筑物，确定了建筑物所在地点，才能获得准确的日照分析结果。在每个分析项中都有选择建筑物所在地理位置的选项（图 9-2）。

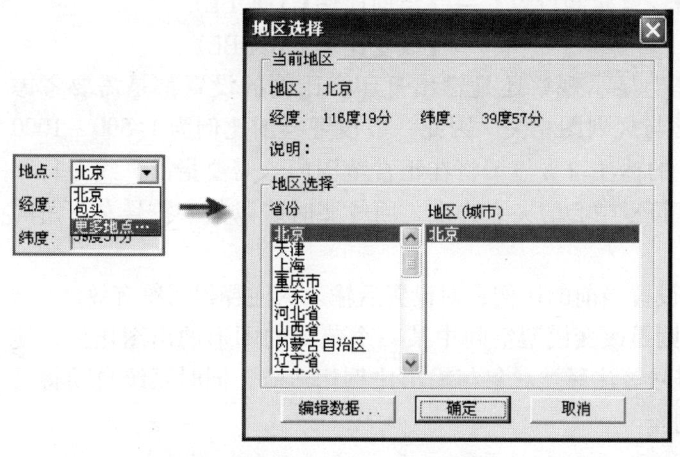

图 9-2　地理位置选择的对话框

Sun 用经纬度描述位置，软件使用者可以进入［编辑数据］来增加新的城市(图 9-3)。

地点数据

省份	城市	经度	纬度	附注
黑龙江省	哈尔滨	126度36分	45度44分	
黑龙江省	阿城	126度58分	45度32分	
黑龙江省	安达	125度18分	46度24分	
黑龙江省	北安	126度31分	48度15分	
黑龙江省	大庆	125度 1分	46度36分	
黑龙江省	富锦	132度 2分	47度15分	
黑龙江省	海林	129度21分	44度35分	
黑龙江省	海伦	126度57分	47度28分	
黑龙江省	鹤岗	130度16分	47度20分	
黑龙江省	黑河	127度29分	50度14分	
黑龙江省	佳木斯	130度22分	46度47分	
黑龙江省	鸡西	130度57分	45度17分	
黑龙江省	密山	131度50分	45度32分	
黑龙江省	牡丹江	129度36分	44度35分	
黑龙江省	讷河	124度51分	48度29分	
黑龙江省	宁安	129度58分	44度21分	
黑龙江省	齐齐哈尔	123度57分	47度20分	

关闭

图 9-3　编辑和增加新地理位置的对话框

9.4 单位设置

屏幕菜单命令：【定制设置】→【单位设置】(DWSZ)

Sun 用于日照分析的建筑模型支持米制和毫米制两种单位制，本命令可用来切换设置当前图形的单位制，也可以在【选项】→【建筑设置】中勾选或不勾选［米制单位］选项来设置当前的单位。

注意【单位设置】命令只修改当前图形用于日照分析计算的系统变量，对图中已有的模型不进行缩放，若要改变已有模型的大小，请使用AutoCAD的“Scale”命令进行缩放。

9.5 比例设置

屏幕菜单命令：【定制设置】→【当前比例】(DQBL)

→【改变比例】(GBBL)

无论是在屏幕上显示观察还是输出打印，比例的设置都是需要考虑的。日照分析通常与规划图相关，因此一般设置绘图比例为1:500～1000较为合适，图面上的标注符号显示将在正常范围内。需要指出，线上日照和区域分析以数字符号中心的夹点为准，而等照时线以数字符号左下角的夹点为准。

【当前比例】设置当前的比例，对设置后输入的注释累字符有效。

【改变比例】则是改变模型空间中某一个范围的图形的出图比例，使其图形内的文字符号等注释类对象与输出比例相适应，同时系统自动将其置为新的当前比例。

操作步骤：

(1) 输入新的出图比例；

(2) 选择要改变比例的图元；

(3) 提供原有的出图比例；

(4) 图形中与标注相关的字符大小随新比例而改变。

9.6 本章小结

本章介绍了应用Sun进行日照分析的流程，相关的日照设置，如日照标准的配置、地理位置的编辑等。

第10章 日照建模

日照分析需要建筑物的模型轮廓、日照窗、屋顶和阳台，对于复杂情况，还需要将建筑物按建设期或隶属的不同业主进行编组。Sun 提供丰富的建模工具快速形成建筑模型和建筑组。

本章内容

- **建筑高度**
- **建日照窗**
- **屋顶**
- **阳台**
- **Z 向编辑**

10.1 建筑高度

屏幕菜单命令：　【建模】→【建筑高度】（JZGD）

本命令有两个功能，一是把代表建筑物轮廓的闭合 PLINE 赋予一个给定高度和底标高，生成三维的建筑轮廓模型，二是对已有模型重新编辑高度和标高。建筑主体部分的三维模型用本命令生成。

建筑物的外轮廓线必须用封闭的 PLINE 来绘制。建筑高度表示的是竖向恒定的拉伸值，如果一个建筑物的高度分成几部分参差不齐，请分别赋给高度。圆柱状甚至是悬空的遮挡物，都可以用本命令建立。生成的三维建筑轮廓模型属于平板对象，软件使用者也可以用［平板］建模，放在相应的图层即可。软件使用者还可以调用 OPM 特性表设置 PLINE 的标高（ELEVAION）和高度（THICKNESS），并放置到相应的图层上作为建筑轮廓。

建筑轮廓在平面上用边界描述，可用夹点拖拽或与闭合的 PLine 作布尔运算进行编辑（图 10-1）；竖向上则用底标高、顶标高和高度描述，菜单上【标高开/关】和【高度开/关】用于控制是否显示这三个参数，当开关打开时，从俯视图上可看到底标高、高度和顶标高数值，直接点击修改标高和高度参数，模型同步联动自动更新。

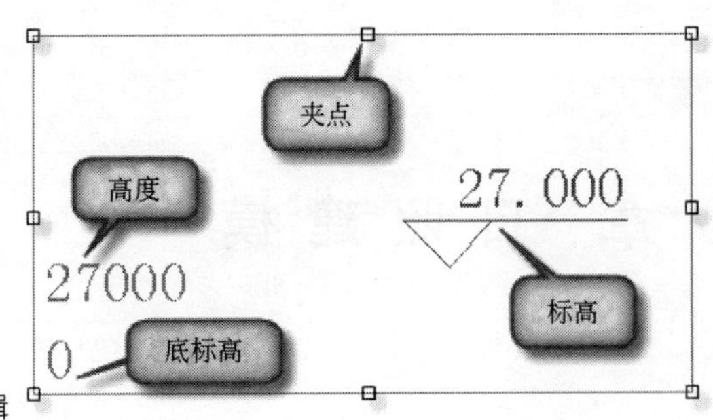

图 10-1　建筑轮廓的编辑

10.2　建日照窗

10.2.1　顺序插窗

屏幕菜单命令：　【建模】→【顺序插窗】　（SXCC）

在建筑物轮廓上点取某个边，在这个边所代表的面上按顺序插入一系列日照窗，并附有编号。对于立面凸凹不平的建筑物，每个面上需要单独插窗，不能连续。

点取轮廓边线后，弹出顺序插窗对话框(图 10-2)：

图 10-2　顺序插窗对话框

对话框选项和操作解释：

［层号］和［窗位］框内数值为本次插入的日照窗的起始编号，其他所有的日照窗以此为起始号顺序排列，编号格式为“层号-窗位”，如“8-2”表示八层 2 号位的窗户。可以在三维或立面视图中查看编号情况，平面图中仅显示窗位号。插入时，窗位号框内的序号随插入而递增更新，下次插入时可不必重新设置。

［重复层数］本次插入的日照窗自动生成的层数。

［窗台标高］本次插入的日照窗的窗台高度，首层自地面算起。

［层高］楼层高度，相邻两层的楼板顶面高差。

［窗高］本次插入的日照窗的高度。

［窗宽］本次插入的日照窗的宽度。

操作步骤：

(1) 点取体量模型的外墙线，系统搜索出插入起点；

(2) 在对话框上填入正确的数据；

(3) 命令栏提示：输入窗间距或［点取窗宽(W)/取前一间距(D)］。按需要输入数值或字母或图中点取；

(4) 可以插入单层，也可以一次插入多层日照窗(图 10-3)。

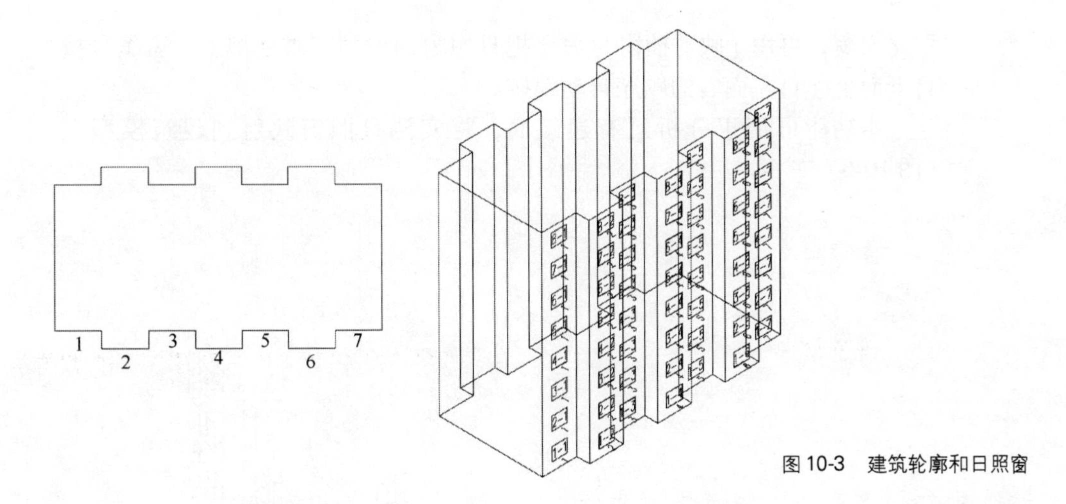

图 10-3　建筑轮廓和日照窗

10.2.2　两点插窗

屏幕菜单命令：　【建模】→【两点插窗】　(LDCC)

在建筑物轮廓上把窗台的左起始点到右结束点作为窗宽，以对话框给定的层号和窗位作为起始编号，插入由重复层数确定的一列日照窗(图 10-4)。

图 10-4　两点插窗对话框

10.2.3　映射插窗

屏幕菜单命令：　【建模】→【墙面展开】　(QMZK)

【建模】→【映射插窗】　(YSCC)

本组命令分为两步插日照窗，【墙面展开】把建筑轮廓的某个墙面按立面展开，在展开的矩形轮廓内绘制日照窗，【映射插窗】把这些窗逐层地映射回墙面上(图 10-5)。

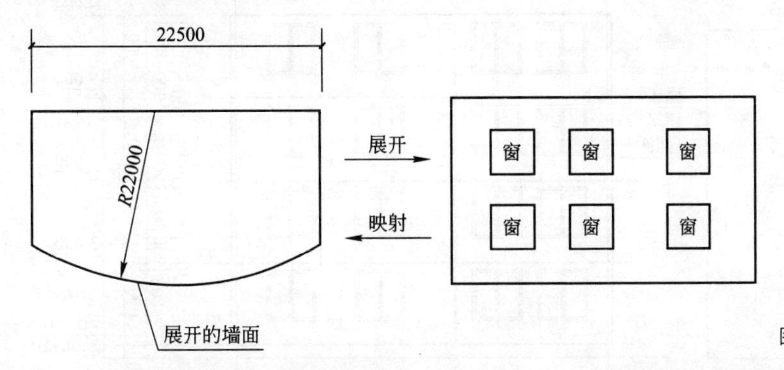

图 10-5　映射插窗示意图

点取准备插窗的墙面后生成一个矩形，其高度等于建筑模型的高度，宽度等于点取的这个边的展开长度，在展开的立面上用 PLine 闭合矩形布置立面窗，再用［映射插窗］命令把日照窗回射到三维模型上，窗编号按自下而上、自左而右的顺序自动编排。

本功能可用于分析已有建筑时，将实测日照窗映射到建筑模型上(图 10-6)。

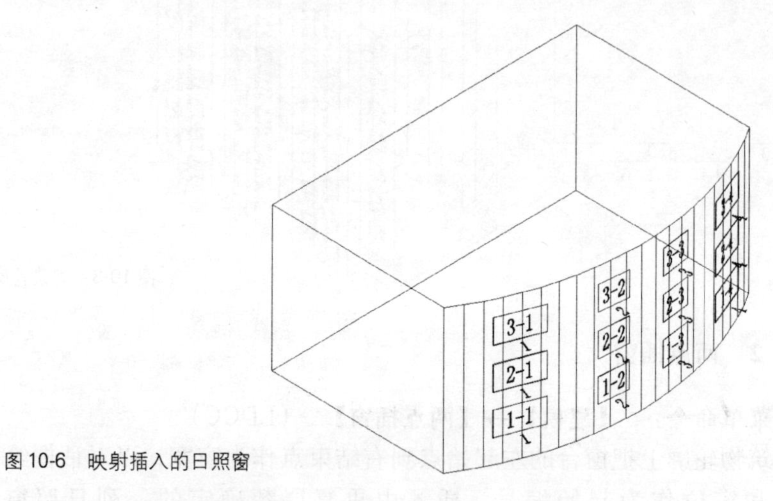

图 10-6　映射插入的日照窗

10. 2. 4　提取立面

屏幕菜单命令：　【建模】→【提取立面】　（TCLM）

【建模】→【投影插窗】　（TYCC）

本组命令分为两步插日照窗，【提取立面】把建筑轮廓的某个墙面按立面展开，在展开的矩形轮廓内，以左下角点为基点插入已有建筑模型立面图(图 10-7)。

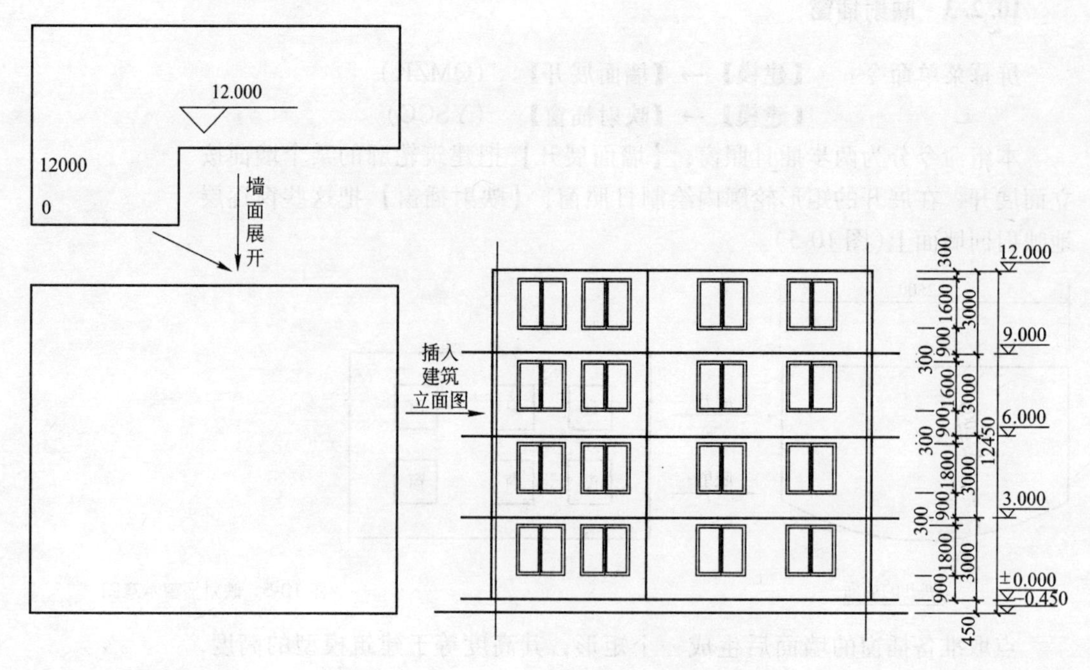

图 10-7　投影示意图

【投影插窗】点取要插入建筑轮廓立面展开左下角点，其高度等于建筑模型的高度，宽度等于点取的这个边的展开长度，根据命令栏提示操作，窗编号按自下而上、自左而右的顺序自动编排。

本功能可用于分析已有建筑时，将实测日照窗映射到建筑模型上(图 10-8)。

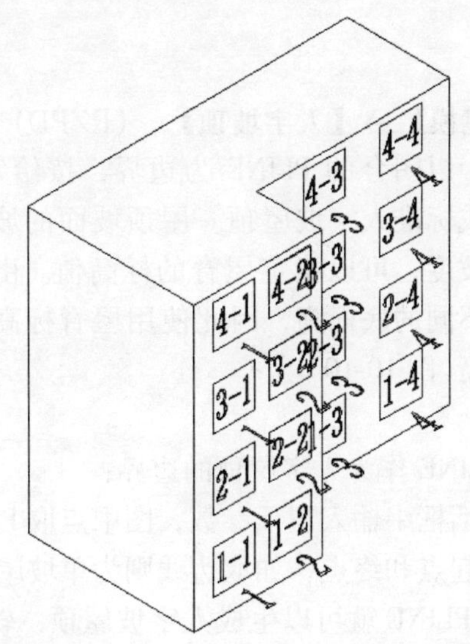

图 10-8　立面映射效果图

10.2.5　窗属轮廓

屏幕菜单命令：　【建模】→【窗属轮廓】　(CSLK)

本命令用于定义某部分建筑轮廓附属于某日照窗，定义后该建筑轮廓对该日照窗的遮挡忽略不计。一般用于转角型窗户简化后的日照窗与转角处建筑轮廓的定义，采用这种计算方法的有上海、杭州、宁波、无锡、东莞、合肥等地。

图 10-9 中的原本 L 型的 5 号转角窗被简化成如图形式，定义 5 号窗附

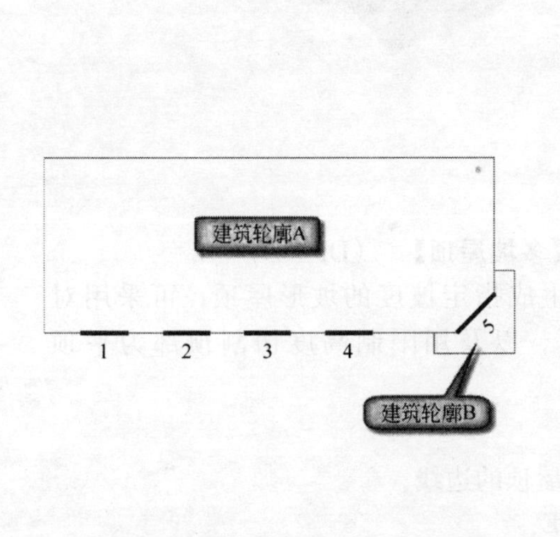

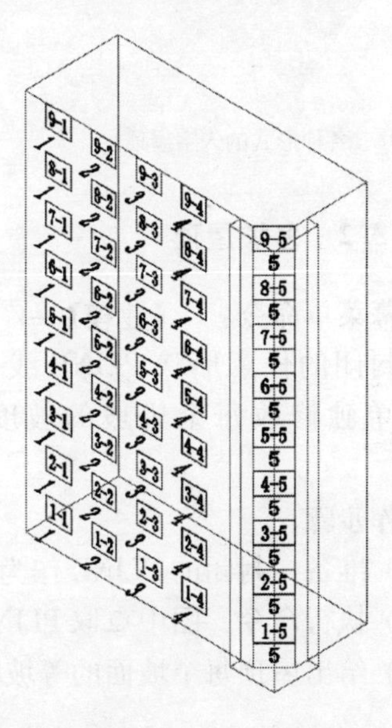

图 10-9　窗属轮廓示意图

属于建筑轮廓B，则轮廓B对5号窗的遮挡忽略不计，但仍保留对其他建筑轮廓的遮挡。

10.3 屋顶

10.3.1 人字坡顶

屏幕菜单命令： **【建模】→【人字坡顶】** (RZPD)

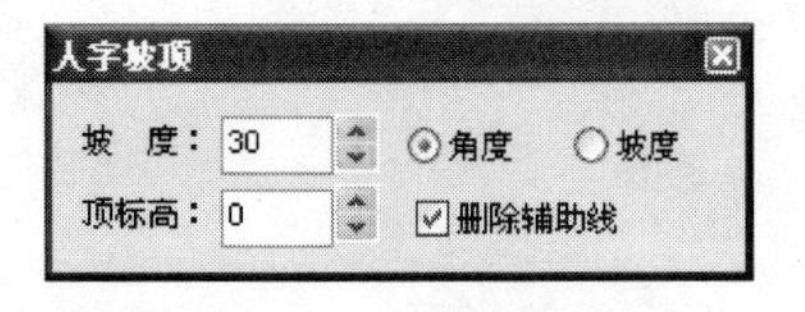

图10-10 人字坡顶的创建对话框

以闭合的PLINE为边界，按给定的屋脊位置，生成标准人字坡屋顶。屋顶坡面的坡度可输入角度或坡度，可以指定屋脊的标高值。由于允许两坡具有不同的底标高，因此使用屋脊标高来确定屋顶的标高(图10-10)。

操作步骤：

(1) 准备一封闭的PLINE作为人字屋顶的边界；

(2) 执行命令，在对话框中输入屋顶参数，图中点取PLINE；

(3) 分别点取屋脊线起点和终点，如取边线则为单坡屋顶。

理论上只要是闭合的PLINE就可以生成人字坡屋顶，软件使用者依据屋顶的设计需求确定边界的形式，也可以生成屋顶后，使用右键中的［布尔编辑］对人字屋顶与闭合的PLine进行布尔运算生成复杂的屋顶(图10-11)。

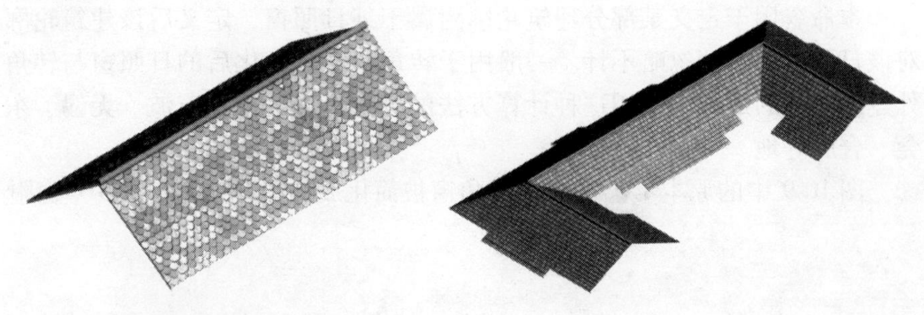

图10-11 各种形式的人字屋顶

10.3.2 多坡屋顶

屏幕菜单命令： **【建模】→【多坡屋顶】** (DPWD)

由封闭的任意形状PLINE线生成指定坡度的坡形屋顶，可采用对象编辑单独修改每个边坡的坡度，以及用限制高度切割顶部为平顶形式。

操作步骤：

(1) 准备一封闭的PLINE作为屋顶的边线；

(2) 执行命令，图中点取PLINE；

(3) 给出屋顶每个坡面的等坡坡度或接受默认坡度，回车生成；

（4）选中“多坡屋顶”通过右键［对象编辑］命令进入坡屋顶编辑对话框（图 10-12），进一步编辑坡屋顶的每个坡面，还可以通过屋顶的夹点修改边界。

在坡屋顶编辑对话框中，列出了屋顶边界编号和对应坡面的几何参数。单击电子表格中某边号一行时，图中对应的边界用一个红圈实时响应，表示当前处理对象是这个坡面。软件使用者可以逐个修改坡面的坡角或坡度，修改完后请点取［应用］使其生效。［全部等坡］能够将所有坡面的坡度统一为当前的坡面。坡屋顶的某些边可以指定坡角为 90°，对于矩形屋顶，表示双坡屋面的情况（图 10-13）。

对话框中的［限定高度］可以将屋顶在该高度上切割成平顶，效果如图 10-14：

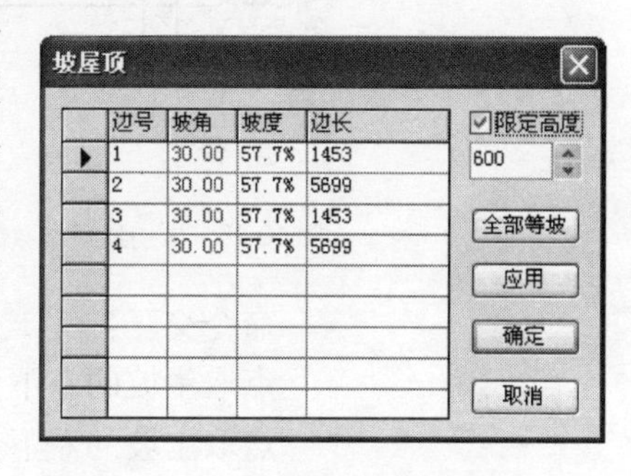

图 10-12　多坡屋顶编辑对话框

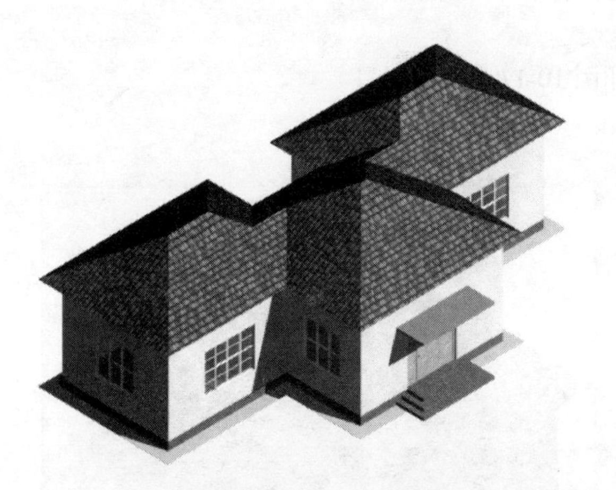
图 10-13　标准多坡屋顶

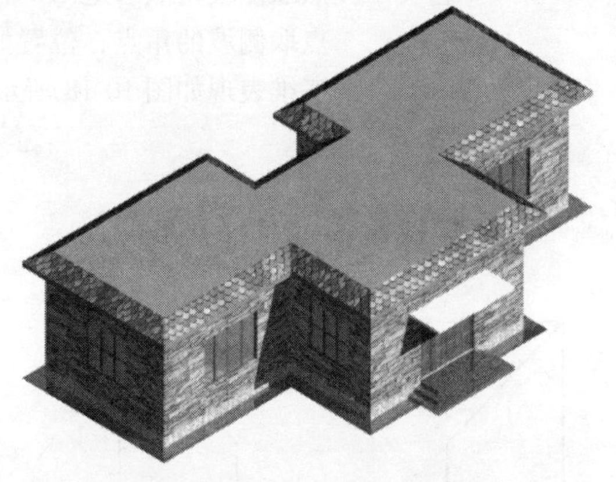
图 10-14　多坡屋顶限定高度后成为平屋顶

10. 3. 3　歇山屋顶

屏幕菜单命令：　【建模】→【歇山屋顶】　（XSWD）

本命令按对话框给定的参数，用光标拖动在图中直接建立歇山屋顶。

对话框如图 10-15：

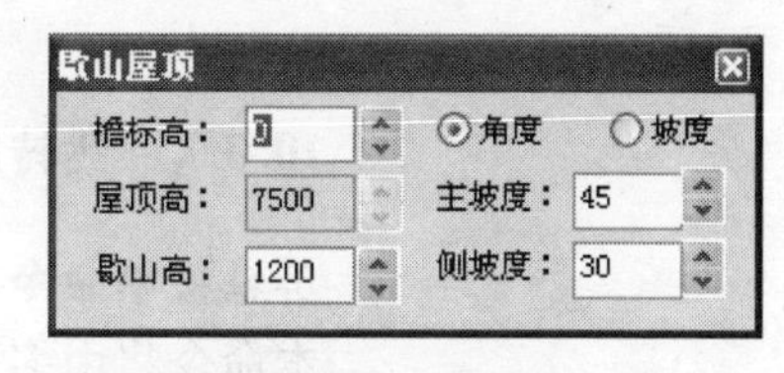

图 10-15　歇山屋顶的创建对话框

对话框选项和操作解释：

如图 10-16 所示。

［檐标高］檐口上沿的标高。

［屋顶高］屋脊到檐口上沿的竖向距离。

［歇山高］歇山底部到屋脊的竖向距离。

［主坡度］屋面主坡面的坡角，单位角度或坡度。

［侧坡度］屋面侧坡面的坡角，单位角度或坡度。

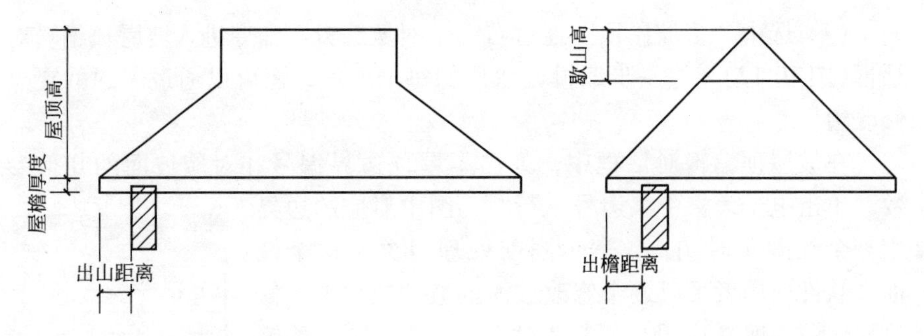

图 10-16　歇山屋顶参数的意义

命令交互：

点取主坡的左下角点 <退出>：

点取主坡的左下角，位置如图 10-17 所示。

点取主坡的右下角点 <退出>：

点取主坡的右下角，位置如图 10-17 所示。

点取侧坡角点 <退出>：

点取侧坡的角点，位置如图 10-17 所示。

三维表现如图 10-18 所示。

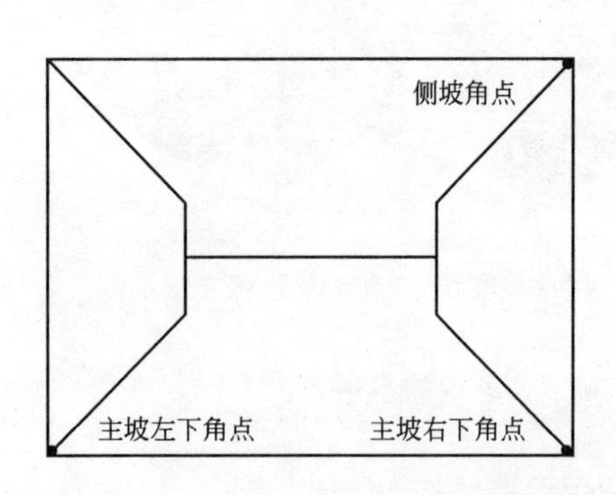

图 10-17　歇山屋顶创建时点取的参考点示意

图 10-18　歇山屋顶的三维表现

10.3.4　线转屋顶

屏幕菜单命令：　【建模】→【线转屋顶】　（XZWD）

本命令将由多个直线段构成的二维屋顶转成三维屋顶模型（PFACE）。

命令交互：

选择二维的线条（LINE/PLINE）：

选择组成二维屋顶的线段，最好全选，以便一次完整生成。

设置基准面高度 <0>：

输入屋顶檐口的标高，通常为 0。

设置标记点高度(大于0) <1000 >:

系统自动搜索除了周边之外的所有交点，用绿色X提示，给这些交点赋予一个高度。

设置标记点高度(大于0) <1000 >:

继续赋予交点一个高度…

是否删除原始的边线?［是(Y)/否(N)］ <Y >:

确定是否删除二维的线段。

命令结束后，二维屋顶转成了三维模型(图10-19)。

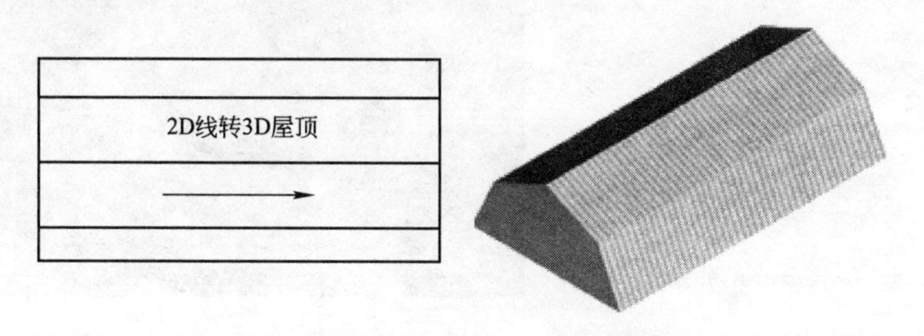

图10-19　二维屋顶转成三维屋顶模型

10.4　阳台

屏幕菜单命令：　【建模】→【阳台】　(YT)

本命令创建阳台模型，当需要阳台参与日照分析时采用本命令创建阳台。提供三种绘制方式，梁式与板式两种阳台类型。本命令一次只能创建一个阳台，同列的相同阳台无需重复创建，使用【Z向编辑】阵列生成即可。

点取命令后弹出如图10-20对话框，确定一种阳台类型，再选择一种绘制方式，进行阳台的设计。如果阳台很多，可以拷贝、阵列，阳台的竖向位置用［Z向编辑］定位。

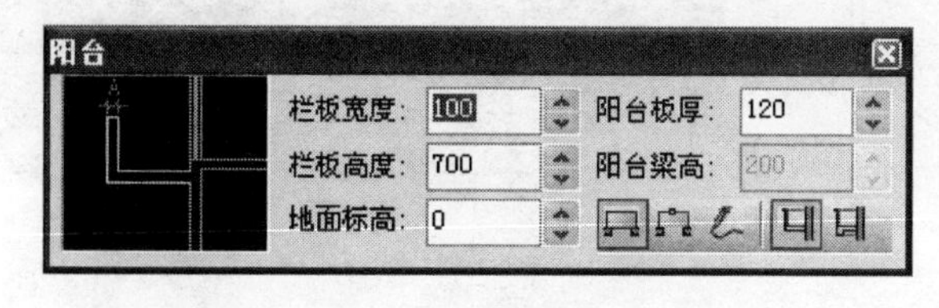

图10-20　阳台创建对话框

在对话框的右下方图标中确定创建方式：

1）外墙偏移生成法

用阳台的起点和终点控制阳台长度，按墙体向外偏移距离作为阳台宽来绘制阳台。此方法适合绘制阳台栏板形状与墙体形状相似的阳台。

生成的阳台有边线和顶点两种夹点，可以拖拽编辑(图10-21、图10-22)。

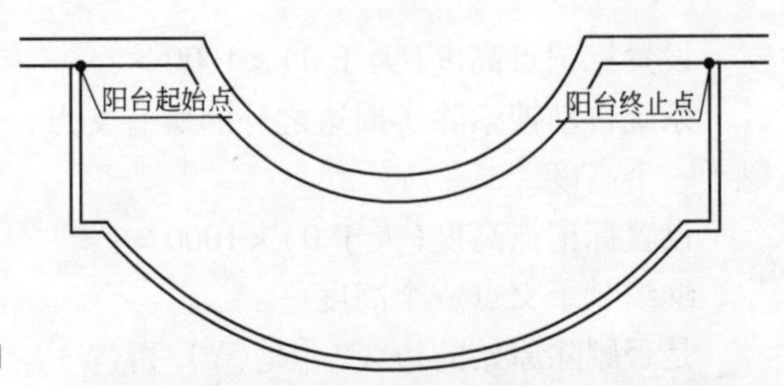

图 10-21　外墙偏移生成的阳台平面图

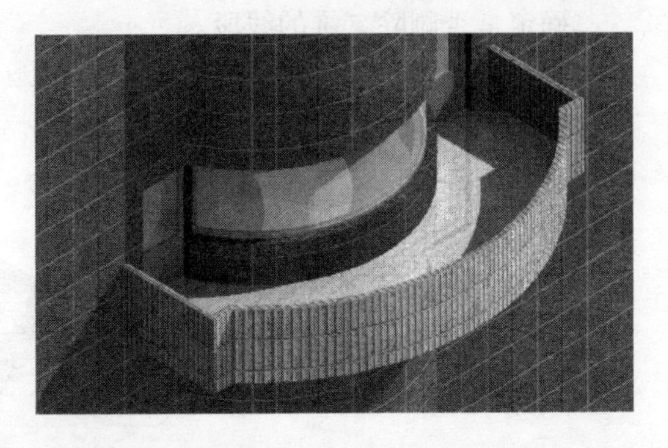

图 10-22　外墙偏移生成的阳台三维图

2）栏板轮廓线生成法

事先绘制好一根代表栏板外轮廓的 PLine 线，两个端点必须与外墙线相交。本方法适用于绘制复杂形式的阳台。

可以拖拽阳台特性夹点进行编辑。

3）直接绘制法

依据外墙直接绘制阳台，适用范围比较广，可创建直线阳台、转角阳台、阴角阳台、凹阳台和弧线阳台，以及直弧阳台。起始点和终止点必须落在外墙的外皮上。

图 10-23 的阳台实例的创建中，栏板轮廓的每个转折点都要点取，对应命令栏提示的“下一点”，终点点取结束后回车生成(图 10-24)。

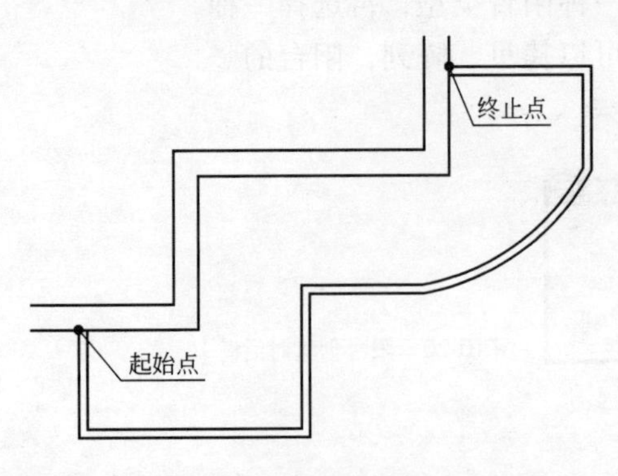

图 10-23　直接绘制阳台的平面图

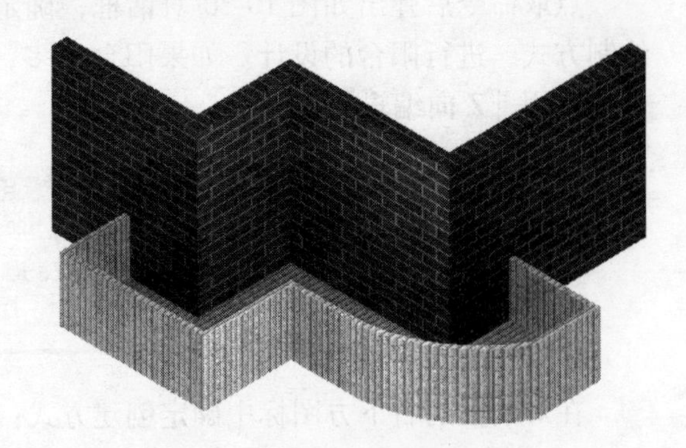

图 10-24　直接绘制阳台的三维图

10.5　Z 向编辑

屏幕菜单命令：【建模】→【Z 向编辑】　（ZXBJ）

本命令在 Z 轴方向快速编辑对象，由位移和阵列两个分支命令组成。便于软件使用者于平面视图下在 Z 轴方向上移动对象或阵列对象。

如图 10-25 中的阳台和屋顶，采用本命令定位就十分方便，三维操作中的竖向移动最为频繁，[Z 向编辑] 比任何一个工具都方便。

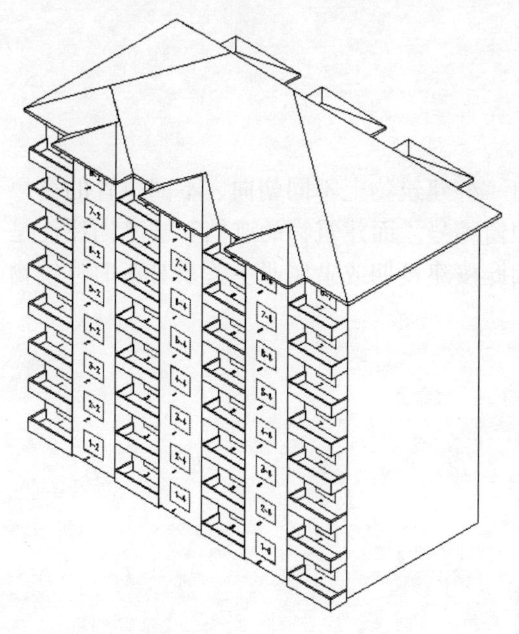

图 10-25　建筑轮廓上的阳台和屋顶定位

10.6　本章小结

本章介绍了日照建模的方法，包括建筑轮廓、日照窗、屋顶、阳台的创建方法。

第 11 章 编号与命名

日照分析时需要清晰地列出一栋建筑物上不同朝向、不同位置的窗户的日照状况，因此，需要给日照窗编号。而建筑物的遮挡和被遮挡往往是由不同建筑物和建筑群引起，因此按建设期或隶属业主关系对新旧建筑物进行命名和编组是必要的。

本章内容

- **日照窗编号**
- **建筑命名**

11.1 日照窗编号

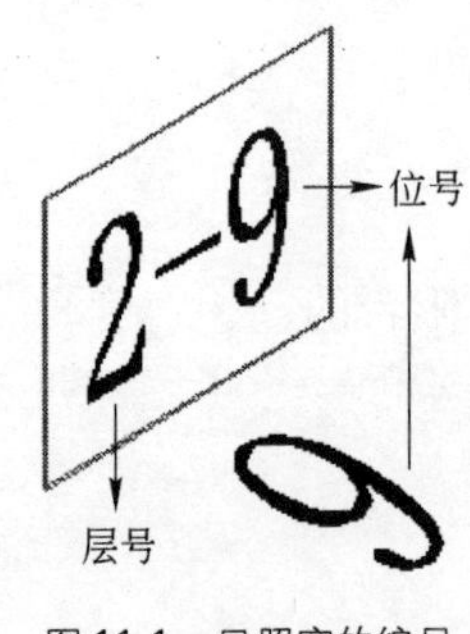

图 11-1 日照窗的编号

日照窗的编号在创建时自动产生，但可能有重号或排序不连贯，在正式进行日照窗分析前，需要对这些编号进行再编辑。

完整的窗编号由位号和层号表示，位号代表平面上的位置，层号代表竖向的位置。在一个日照窗上有三个数字，立面上的格式为“X-Y”，X 为层号，Y 为位号，平面上只有位号 Y，如图 11-1 中的窗编号。成组的日照窗默认编号排序是从左到右、从下到上。

11.1.1 修改窗号

屏幕菜单命令： 【编号命名】→【改窗层号】 (GCCH)
【编号命名】→【改窗位号】 (GCWH)

这两个命令用于编辑已有日照窗的层号或位号，可以单个也可以成组编辑。

11.1.2 重排窗号

屏幕菜单命令： 【编号命名】→【重排窗号】 (CPCH)

本命令重新排列一个或多个建筑物轮廓上给定的日照窗编号。选择一组日照窗后回车，本命令即将所有窗户重新排序编号。如果要对不同朝向的窗进行分析，必须确保每个窗编号是唯一的，插入后进行本命令的操作，使日照窗计算后生成的表格中，不会因为窗编号相同产生混淆。图 11-2 左侧是重排窗号前的图示，同一自然层窗号是重复的，经过窗号重排后，同一层窗号就是唯一的了。

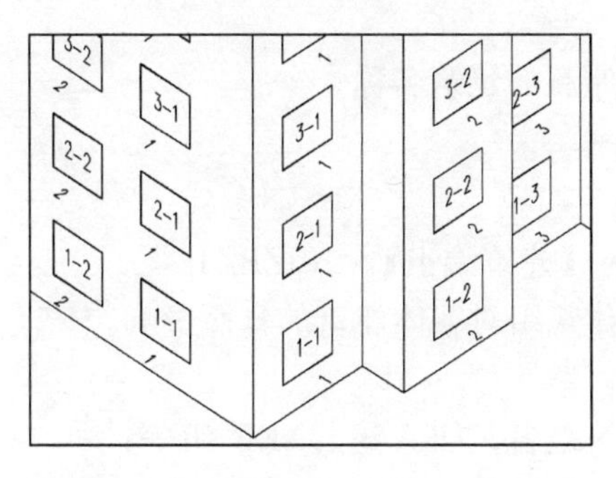

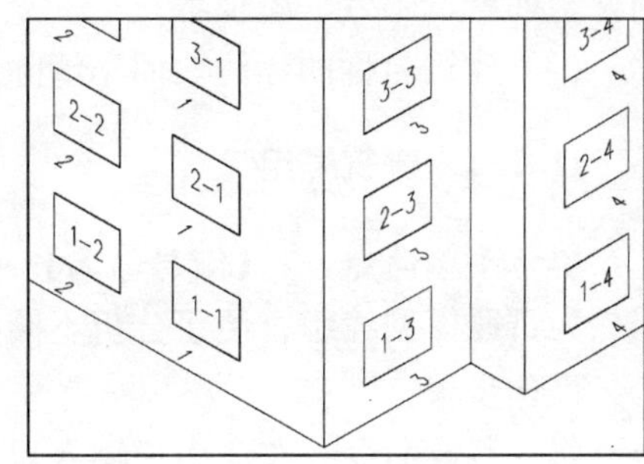

图 11-2　日照窗重新排号前后图例

11.1.3　窗分户号

屏幕菜单命令：　【编号命名】→【窗分户号】　（CFHH）

本功能把同属于一套住宅的多个日照窗附加上住户号，如把三层中的某几个日照窗定义为分户号名“301”。附加户号后生成的日照窗表将带有住户号，可以直观地按相关规范判定每套住宅至少应有几个窗户满足日照要求，这种情况可人工判定，因此，本命令不是一个必备的功能。

11.2　建筑命名

对于情况复杂的建筑群需要进行编组和命名，以便理清日照遮挡关系和责任。建筑命名包括建筑名称和建筑编组，建筑名称能够区分不同客体建筑的日照状况，建筑编组能够区分不同建设项目对客体建筑的日照影响。建筑命名和编组信息分别记载于组成日照模型的图元上，但系统无法保证编组和命名的完全合理，软件使用者应当恰当地维持这种逻辑上的合理性，即拥有同一个建筑命名的图元只能属于一个编组，而不应当出现组成同一建筑物的图元某些属于一个编组另一些属于其他编组的混乱局面。【命名查询】和【编组查询】可以帮助避免这种逻辑错误。

11.2.1　建筑名称

屏幕菜单命令：　【编号命名】→【建筑名称】　（JZMC）

一个日照模型可能有多个建筑轮廓(包括日照窗和附属构件)构成，建筑命名把这些“零散”的部分归到同一名称下，再者，进行【遮挡关系】分析时也需要给建筑物赋予一个唯一的 ID。

操作步骤：

（1）点取命令，按系统提示输入建筑名称，如A1、B2等；

（2）选择命名的建筑对象，即选择建筑轮廓以及隶属于该建筑的其他附件，如窗、阳台、屋顶等；

（3）建筑名称的标注。回车清除原有的建筑名称。

11.2.2　建筑编组

屏幕菜单命令：　【编号命名】→【建筑编组】　（JZBZ）

为日照模型编组，便于分析不同建筑组对客体建筑的日照影响。

操作步骤：

（1）点取命令，在命令栏输入建筑组名，如A组、NEW组等；

（2）选择编组对象，包括建筑轮廓及隶属于该建筑的其他附件，如窗、阳台、屋顶等图元。

回车清除原有的编组。

本命令执行后屏幕没有可见的信息反馈，只能从编组查询中查看结果。通常按下列原则编组：拟建建筑分为一组，已建建筑分为一组；或者根据项目的建设时期或业主隶属关系进行编组。建议编组名称的顺序和建设时期的顺序保持一致，这样在日照窗报表中不同建筑组对客体建筑的日照影响才能正确叠加。

11.2.3　命名查询

屏幕菜单命令：　【编号命名】→【命名查询】　（MMCX）

对已经命名的日照模型图元进行同名查询，查询结果同名图元全部亮显，并报告图元数目和其中的日照窗数目。

11.2.4　编组查询

屏幕菜单命令：　【编号命名】→【编组查询】　（BZCX）

对已经命名的日照模型图元进行同组查询，查询结果同组图元全部亮显，并报告图元数目和其中的日照窗数目。

11.3　本章小结

本章介绍了日照窗的编号，建筑物的命名和编组，以及它们的编辑方法。

第 12 章 日照分析

本章节是 Sun 的核心内容。Sun 提供一系列定量日照分析手段，这些手段既可单独使用作为分析工具，也可以组合使用相互验证分析结果的正误。软件还提供了独特的日照仿真功能，直观地检查建筑物的日照状况。

本章内容

- 日照分析
- 窗日照分析
- 阴影分析
- 点域分析
- 光线分析
- 推算限高
- 方案优化
- 导出建筑
- 日照仿真
- 结果擦除
- 信息标注
- 日照报告

12.1 日照分析

Sun 提供对建筑布局的各种分析手段，有日照窗分析、阴影分析、给定标高平面上的单点或区域分析、特定点的光线分析以及可视化的日照仿真，这些手段从不同角度考察建筑物的日照状况，为确定合理的建筑布局服务。

12.2 窗日照分析

12.2.1 窗照分析

屏幕菜单命令：　【常规分析】→【窗照分析】　（CZFX）

本命令分析计算选定的日照窗的日照状况，是日照分析的重要工具（图 12-1），在很多地区是建设项目报批的主要内容，计算结果以表格形式表达。

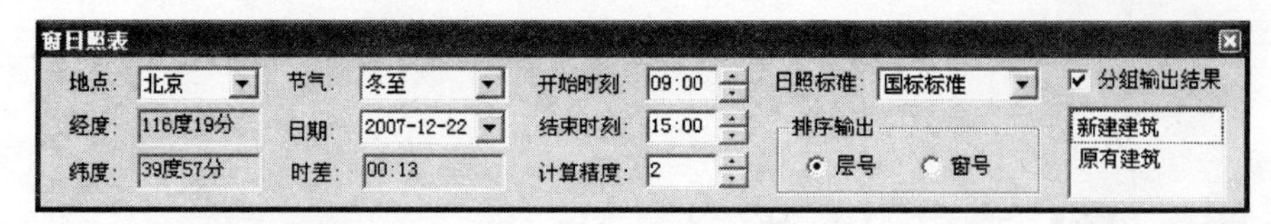

图 12-1　窗日照表对话框

如果考虑了建筑物的建设期或业主隶属关系，即建筑物进行了编组，则对话框右侧显示编组清单。编组的顺序表示了遮挡关系，如图 12-2 对话框中的两个建筑组分别为新建建筑和原有建筑，窗日照分析表中对日照窗的影响为“新建建筑”和“新建建筑 + 原有建筑”，可用光标拖拽改变清单顺序，从而改变遮挡的叠加关系。

分析标准: 国标标准; 地区: 北京; 时间: 2007年12月22日(冬至)09:00~15:00; 计算精度: 2分钟

楼窗日照分析表

层号	窗位	窗台高(米)	原有建筑		原有建筑+新建建筑	
			日照时间	总有效日照	日照时间	总有效日照
1	1	0.90	09:42~15:00	05:18	09:42~10:06 14:22~14:30	00:32
	2	0.90	09:26~15:00	05:34	09:26~10:26	01:00
	3	0.90	09:50~15:00	05:10	09:50~11:10	01:20
	4	0.90	09:58~15:00	05:02	09:58~11:42	01:44
	5	0.90	10:26~15:00	04:34	10:26~12:22	01:56
	6	0.90	10:42~15:00	04:18	10:42~12:50	02:08
	7	0.90	11:42~15:00	03:18	11:42~13:22	01:40

图 12-2　窗日照分析表实例

对话框选项和操作解释：

[地点] 日照分析的项目所在地。

[经度] 和 [纬度] 日照分析的项目所在地方的经度和纬度。

[节气] 和 [日期] 选择作日照分析的特定时间，通常选择冬至或大寒。

[时差] 时差 = 北京时间 - 真太阳时，软件缺省采用真太阳时。

[开始时间] 和 [结束时间] 规范规定的有效日照时间段，各地可能不同，比如上海规定有效日照时间为 9:00 ~ 15:00，也就是说，在这个区间内的日照才可以累计。另外有效日照还要受入射角度的约束，上海采用查表的方法，南向之外的其他朝向的窗户有效时间段更短(系统自动确定)。

[计算精度] 计算时的采样时间段，单位为分钟。

[日照标准] 日照分析所采用的规则。

[排序输出] 确定输出的日照分析表格是按日照窗的层号还是窗号进行排序。

操作步骤：

(1) 执行本命令之前，可为建筑物编组，也可不编组。

(2) 按命令栏提示选取待分析的日照窗。

(3) 如果建筑编组且勾选了对话框上的 [分组输出结果] 系统将自动

搜索编组的遮挡建筑物，并得出窗日照分析表，此时未编组的建筑不参与遮挡计算；如果未编组或未勾选［分组输出结果］，需要手工选取遮挡建筑物，日照窗所在建筑物也应选择，因为建筑自身也有遮挡。

（4）将输出的窗日照分析表放置到图中合适的位置，表中红色数据代表日照时间低于标准，黄色数据代表临近标准，处于警报状态。

12.2.2 窗照对比

屏幕菜单命令：【常规分析】→【窗照对比】（CZDB）

本命令是计算出拟建前、拟建后建筑物日照窗的一个对比情况(图 12-3)。

注意：在分析的时候要先把建筑轮廓命名，定义名称。

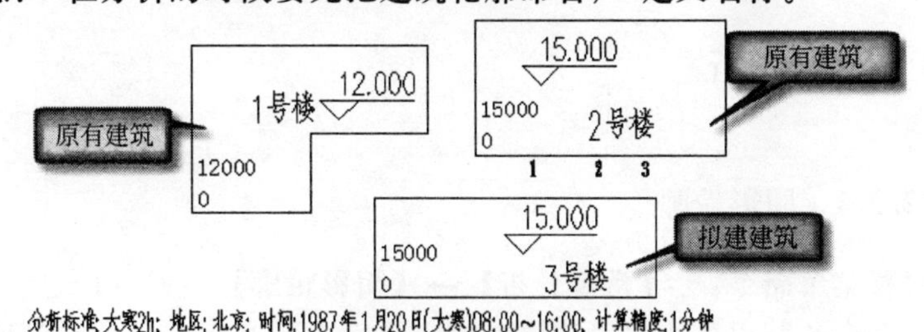

2楼窗日照分析表

层号	户号	窗位	窗台高(米)	建设前		建设后		朝向
				日照时间	总有效日照	日照时间	总有效日照	
1		1	0.90	08:00~16:00	08:00	0	00:00	正南
		2	0.90	08:00~16:00	08:00	08:00~09:21	01:21	
		3	0.90	08:00~16:00	08:00	08:00~12:21	04:21	

图 12-3　拟建前后窗日照分析表

12.2.3 窗日照线

屏幕菜单命令：【辅助分析】→【窗日照线】（CRZX）

本命令求算出某个指定日照窗在最大有效日照时段内的光线通道，由这个时间段内的第一缕光线和最后一道光线组成。

操作步骤：

（1）首先选取遮挡建筑物，包括待分析的建筑物本身。

（2）在弹出的图 12-4 所示对话框中选取或配置日照标准，设置其他相关选项，对话框的选项意义同【窗照分析】中的介绍。

图 12-4　日照设置

（3）选取一个日照窗，程序自动计算出该窗在最大有效日照时段内的第一缕光线和最后一缕光线。

（4）光线用三维射线表达，并标注出光线的照射时刻(图 12-5)。

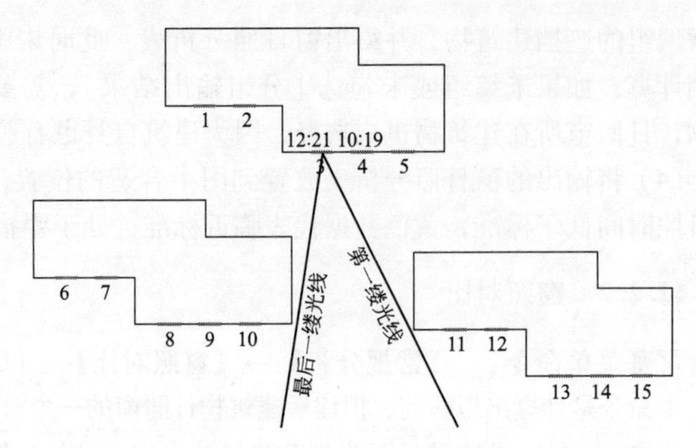

图 12-5　窗日照线实例

12.3　阴影分析

12.3.1　阴影轮廓

屏幕菜单命令：　【常规分析】→【阴影轮廓】　（YYLK）

本命令绘制出各遮挡建筑物在给定平面上所产生的各个时刻或某一时刻的阴影轮廓线，用不同颜色的曲线表示。

阴影轮廓的对话框(图 12-6)：

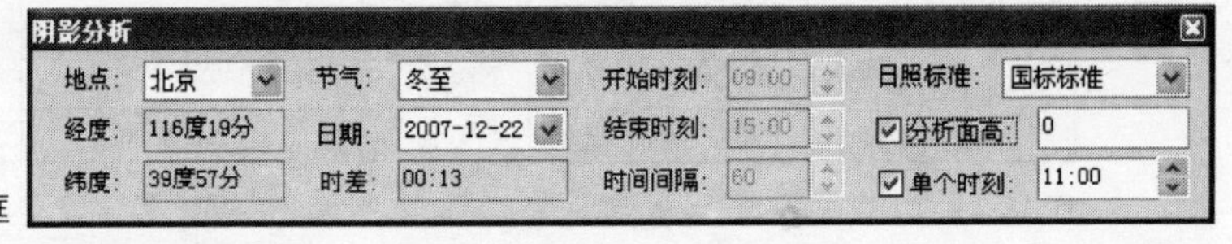

图 12-6　阴影分析对话框

对话框选项和操作解释：

多数选项和操作与【窗照分析】相同，参见 12.2.1 章节。

［分析面高］选此项并设置阴影投射的平面高度，生成平面阴影，否则生成投射到某墙面上的立面阴影。

［单个时刻］选此项并给定时间，计算这个时刻的阴影。不选此项，计算开始到结束的时间区段内，按给定的时间间隔计算各个时刻的阴影。

日照阴影轮廓线的实例如图 12-7 所示。

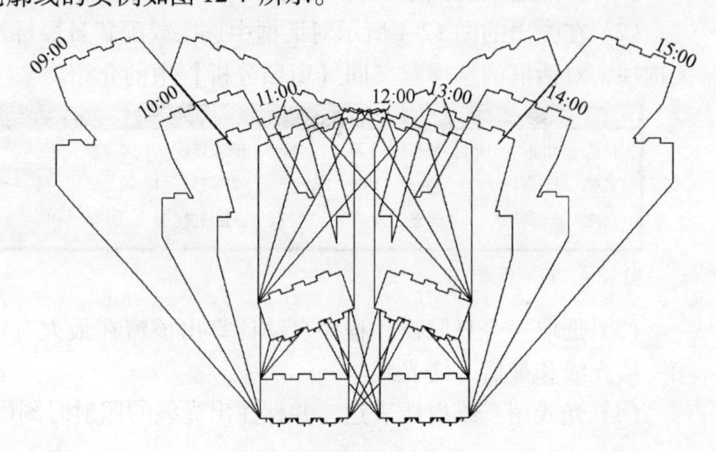

图 12-7　日照阴影轮廓线的实例

12.3.2 阴影范围

屏幕菜单命令：【常规分析】→【阴影范围】（YYFW）

计算并绘制出建筑物主体在某日从开始时刻到结束时刻在给定平面上的连续阴影包络线。在对话框(图 12-8)中正确设置相关数据，尤其注意“分析面高”的数值，即本轮廓包络线是投影在哪个平面上。在某些地区的日照标准和某些日照分析软件中有“客体范围”这个提法，与本功能的概念一致。阴影范围实例如图 12-9 所示。

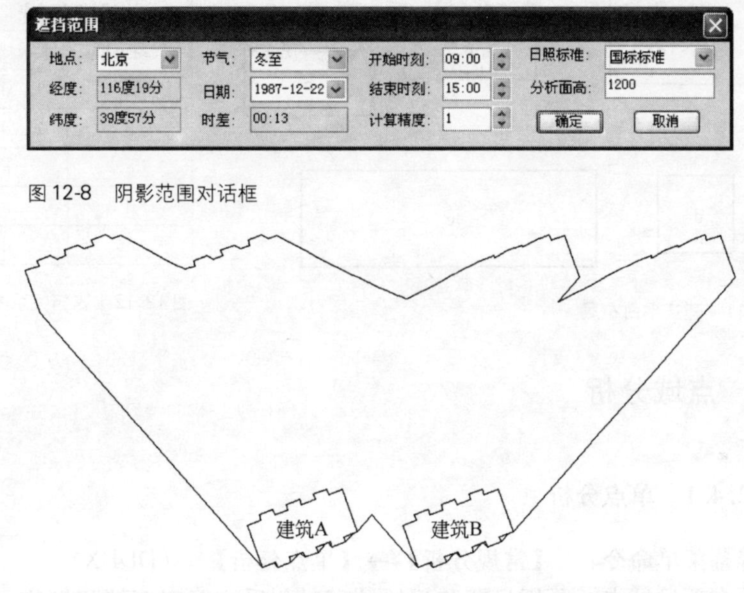

图 12-8　阴影范围对话框

图 12-9　阴影范围的实例

12.3.3 遮挡关系

屏幕菜单命令：【常规分析】→【遮挡关系】（ZDGX）

本功能分析求解建筑物作为被遮挡物时，哪些建筑对其产生遮挡，分析结果给出遮挡关系表格，为该建筑群的进一步日照分析划定关联范围，指导规划布局的调整和加快分析速度。执行本命令前必须对参与分析的建筑物进行命名，否则建筑无 ID 分析无法进行。

遮挡关系的对话框(图 12-10)：

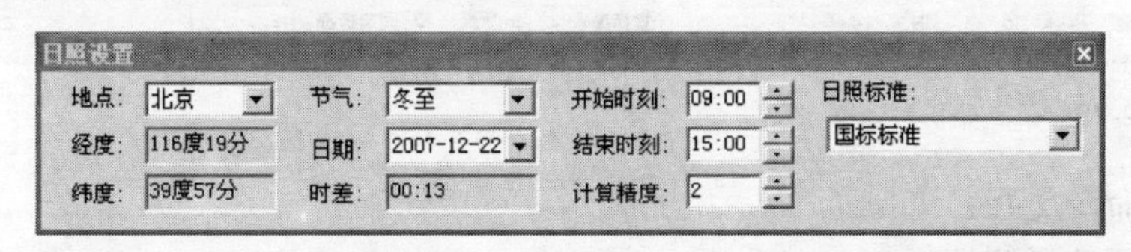

图 12-10　遮挡关系的对话框

操作步骤：

(1) 首先对参与遮挡分析的每个建筑物命名；

（2）在对话框中进行日照参数的设置；

（3）在图中选取待分析的客体建筑，再选取主体建筑，为了不遗漏遮挡关系，主客体建筑可以全选；

（4）获得遮挡关系的表格。

图12-11、图12-12中为一个实例，这六栋建筑的遮挡关系在表格中一目了然，据此可分析出a和b建筑是受遮挡的重点，对a、b建筑和遮挡它们的建筑进行规划布置的调整，改善日照状况。

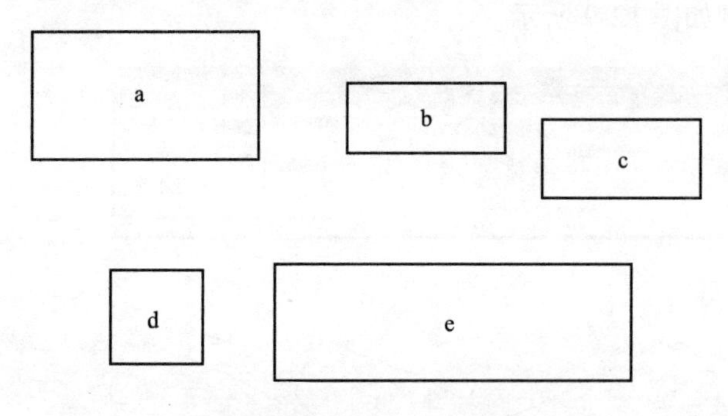

图12-11　建筑平面布局

遮挡关系表	
被遮挡建筑	遮挡物建筑
a	b，d，e
b	c，d，e
c	e
d	e
e	d

图12-12　遮挡关系的实例

12.4　点域分析

12.4.1　单点分析

屏幕菜单命令：　【常规分析】→【单点分析】　（DDFX）

给定项目地点、分析日期和起始结束时刻后，确定遮挡建筑物，求算［固定标高］值给定的平面上某个测试点的详细日照情况。本功能即可以动态也可以静态计算，在命令栏上切换状态。动态时该点的日照情况随光标的移动而实时变化并有预览显示，对话框中的右框里显示实时的日照数据，点取后日照数据标注到图纸上，静态时则没有预览，点取标注后才能看到日照数据。

单点分析的对话框(图12-13)：

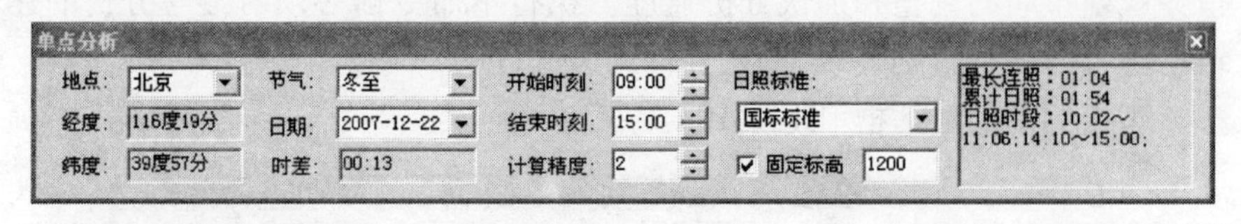

图12-13　单点分析对话框

命令交互：

请选择遮挡物：

框选可能对分析点产生遮挡的多个建筑物，回车结束选择。

点取测试点或［动态计算开关(D)］<退出>：

光标点取准备分析的某点

键入 D 可开关动态显示，打开动态，拖动光标动态显示当前点的日照数据，关闭开关则不动态显示。

单点分析通常用于检查和校核日照分析的结果是否正确，或者用于查验客体建筑物轮廓线上的某些点的日照数据。

12.4.2 线上日照

屏幕菜单命令：【常规分析】→【线上日照】 (XSRZ)

本功能通常用于没有日照窗的建筑轮廓日照分析，在给定的高度上按给定的间距计算并标注出日照时间。初期方案阶段建筑物的具体窗位尚未确定，计算建筑物轮廓上某个特定高度(一般取首层窗台高或距室内地坪 +0.9m 标高)的日照时间，后续详细设计中需将日照窗放置到满足日照要求的位置(图 12-14)。

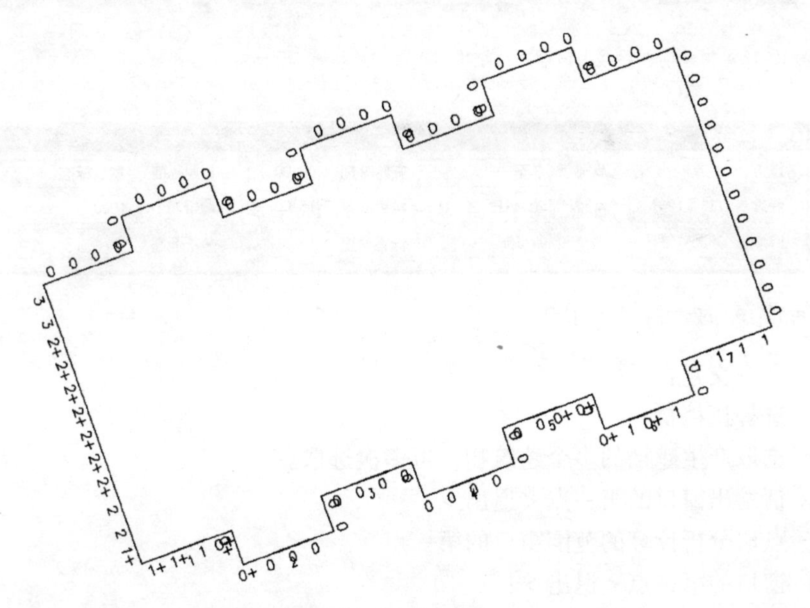

图 12-14 线上日照分析的结果图

12.4.3 线上对比

屏幕菜单命令：【常规分析】→【线上对比】 (XSDB)

本功能是对拟建前、拟建后，对某栋建筑物的线上日照进行对比分析(图 12-15)。

12.4.4 区域分析

屏幕菜单命令：【常规分析】→【区域分析】 (QYFX)

分析并获得某一给定平面区域内的日照信息，按给定的网格间距进行标注。

区域分析的对话框(图 12-16)：

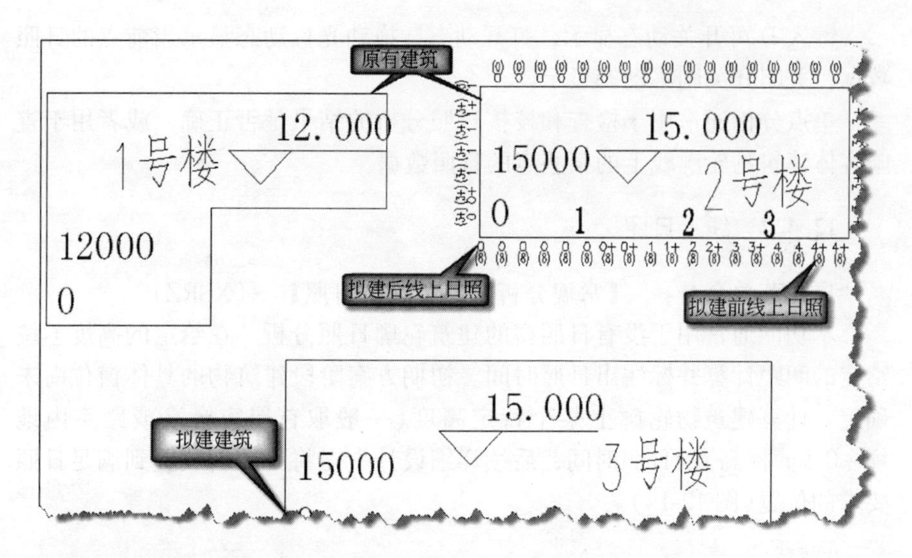

图 12-15　拟建前、后线上日照对比结果

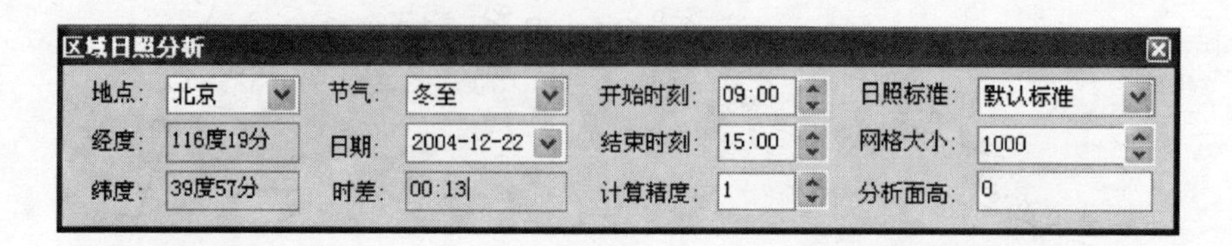

图 12-16　区域日照分析对话框

命令交互：

选择遮挡物：

选取产生遮挡的多个建筑物，可多次选取。

请给出窗口的第一点 <退出>：

点取分析计算的范围窗口的第一点。

窗口的第二点 <退出>：

点取分析计算的范围窗口的第二点。

对话框选项和操作解释：

多数选项和操作与【窗照分析】相同，参见 12.2.1 章节。

[网格大小] 计算单元和结果输出的划分间距。

[分析面高] 进行区域分析的平面高度。

程序开始计算，计算结束后，在选定的区域内用彩色数字显示出各点的日照时数。

实例区域日照分析

特别提示：

- 多点分析结果中的 N 表示大于或等于 N 小时到小于 N + 0.5 小时的日照，N + 表示大于或等于 N + 0.5 小时到小于 N + 1 小时的日照（图 12-17）。

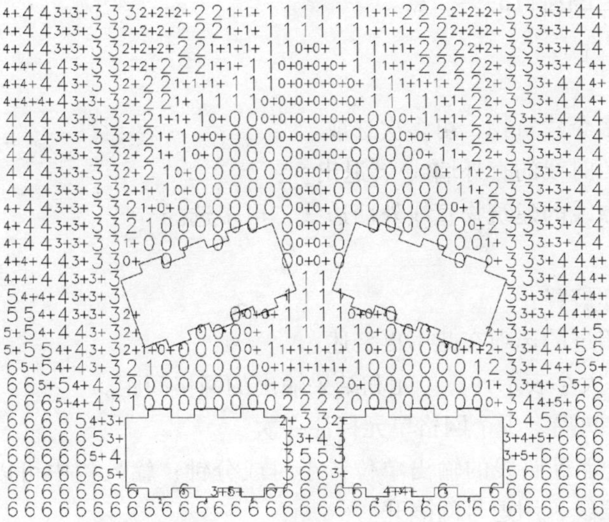

图 12-17　多点分析结果

12.4.5　等日照线

屏幕菜单命令：【常规分析】→【等日照线】　(DRZX)

本命令在给定的平面上绘制出等日照线，即日照时间满足与不满足规定时数的区域之间分界线。N 小时的等日照线内部为少于 N 小时日照的区域，外部为大于或等于 N 小时日照的区域。需要指出的是，“等日照线”是“区域分析”结果的另一种表达形式，二者的本质是一致的，所以可以让两个结果重叠显示，相互校核。

分析等日照线的对话框(图 12-18)：

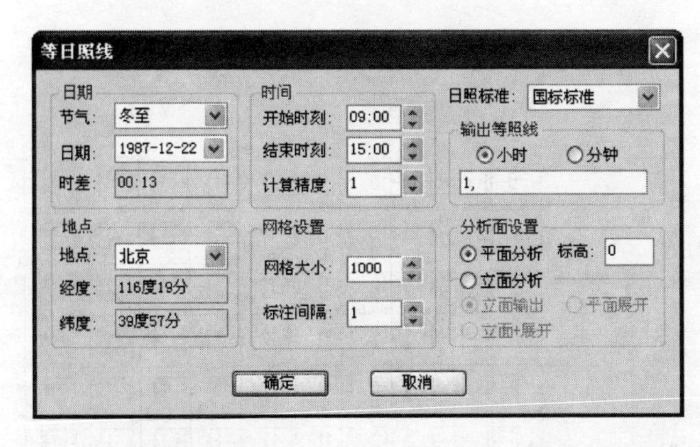

图 12-18　等日照线对话框

设置好选项参数后，按确定按钮对话框关闭，命令栏提示：

对于平面分析：

选择遮挡物：

选取产生遮挡的多个建筑物，可多次选取。

请给出窗口的第一点 <退出>：

点取分析计算的范围窗口的第一点。

窗口的第二点 <退出>：

点取分析计算的范围窗口的第二点。

对于立面分析：

选择遮挡物：

选取产生遮挡的多个建筑物，可多次选取。

请点取要生成等照时线的直外墙线 <退出>：

点取准备计算等照线的建筑物直线外墙边线，可多选。

共耗时 0 秒。

对话框选项和操作解释：

前面章节已经介绍过的选项在此不再赘述。

[网格设置] 网格大小表示计算单元和结果输出的网格间距。

[标注间距] 表示间隔多少个网格单元标注一次。

[输出等照线] 设定等照线的输出单位，小时或分钟；输入栏中可以设定同时输出多个等照线，用逗号间隔开。

[分析面设置] 平面分析，在给定的标高平面上计算等照线(图 12-19)；立面分析，在给定的直墙平面上计算等照线(图 12-20)，可根据需要选择在墙立面上输出或平面展开输出等日照线，也可同时按两种方式输出；

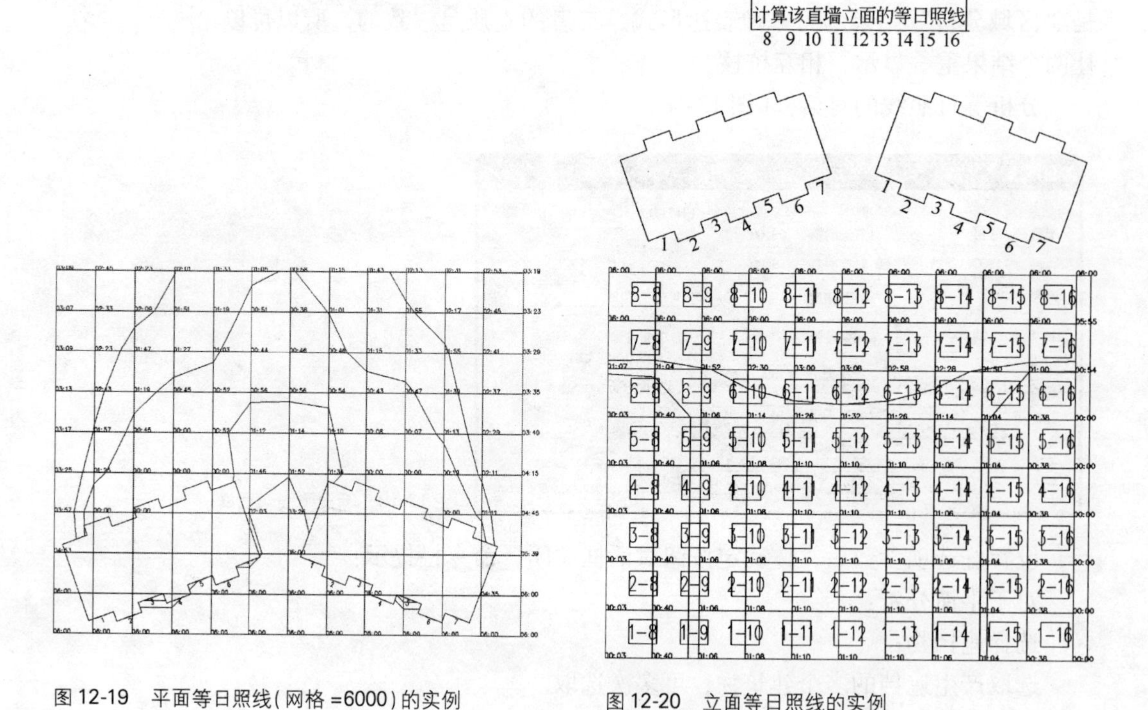

图 12-19 平面等日照线(网格 =6000)的实例　　图 12-20 立面等日照线的实例

推荐的日照分析结果验证方法：

- 如果布局很复杂且机器配置不高，请先进行低精度的粗算；

- 比较细算和粗算的结果大体上是否一致；
- 用单点验证关键点；
- 用区域分析和本命令计算结果重叠进行验证。

12.5 光线分析

12.5.1 定点光线

屏幕菜单命令：【辅助分析】→【定点光线】（DDGX）

本命令求解给定的位置在给定时刻的光线。可以计算单个时刻的光线也可以计算从开始到结束时刻按给定时间间隔的各个时刻的一组光线。光线用标注有时刻的射线表示。

定点光线的对话框如图 12-21 所示。一组定点光线实例如图 12-22 所示。

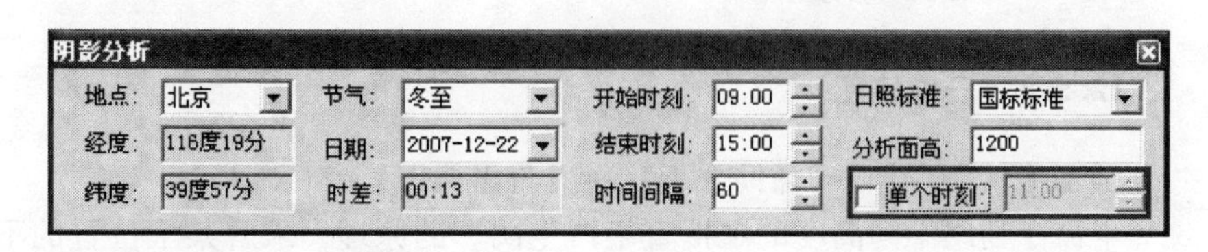

图 12-21 定点光线对话框

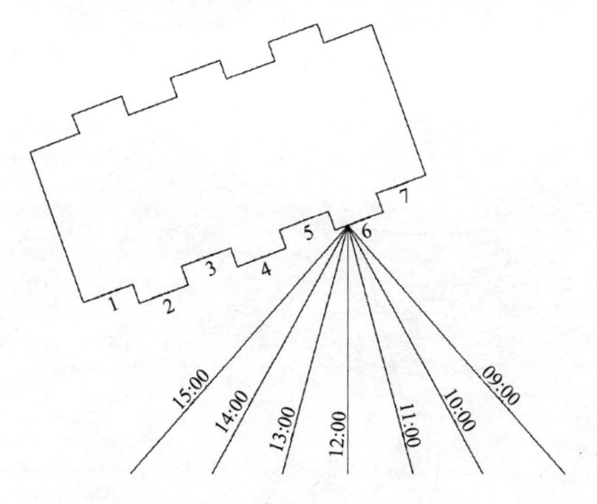

图 12-22 一组定点光线实例

12.5.2 日照时刻

屏幕菜单命令：【辅助分析】→【日照时刻】（RZSK）

本命令由光线方向求发生该角度日照的时刻，并在命令栏上给出结果。光线的方向由两点确定，第一点和第二点的点取顺序要与光线的入射角方向一致。如果确定的光线照射时刻在开始到结束时刻的范围之外，则命令栏提示“未知时刻”（图 12-23、图 12-24）。

图 12-23　日照时刻对话框

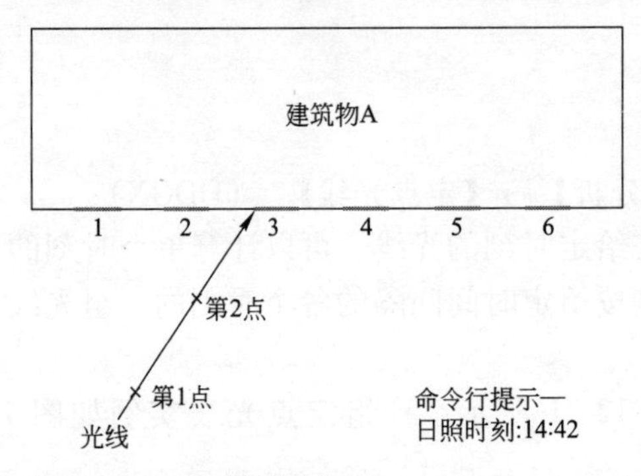

图 12-24　日照时刻的实例

12.5.3　日影棒图

屏幕菜单命令：　【辅助分析】→【日影棒图】　(RYBT)

本命令利用不同高度的虚拟直竿产生阴影的原理，求解某个位置的不同杆高在给定间隔时间内的一系列日影长度的曲线(图 12-25)。

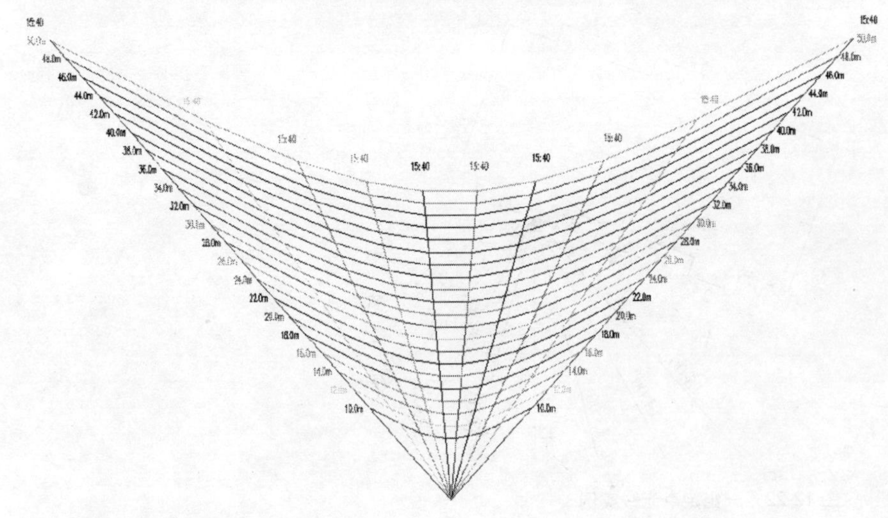

图 12-25　日影棒图的实例

12.6　推算限高

屏幕菜单命令：　【高级分析】→【推算限高】　(TSXG)

在满足客体建筑日照要求规定值前提下，根据给定边界推算出新建筑参考高度(图 12-26)。

命令交互：

请选取待分析的建筑外廓、封闭 PLine 或 circle：

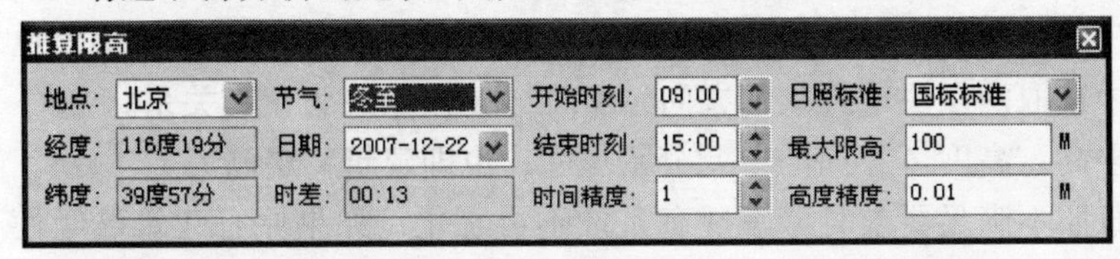

图 12-26　推算限高对话框

选择待进行限高推算的建筑边界。

选择日照窗：

选择可能被待推算高度的新建建筑遮挡的日照窗。

选择遮挡物：

待分析计算的日照窗可能不只受新建建筑的遮挡，选择与待分析的日照窗存在遮挡关系的其他已有建筑，系统将按已有建筑与新建建筑对日照窗的综合作用计算新建建筑的参考高度。

对话框选项和操作解释：

多数选项和操作与【窗照分析】相同，参见 12.2.1 章节。

［最大限高］待分析的新建建筑高度推算范围(0～最大限高)，单位为米。

［高度精度］高度推算时高度数值的精度误差。

系统首先计算现有建筑对日照窗的影响，若现有条件下的日照窗已不能满足日照要求，则结束命令，同时命令栏提示“目前条件已不满足日照条件!”。若待分析新建筑在计算最大限高条件下，日照窗仍能满足日照要求，则提示“限高 100m 条件下满足日照条件，是否以此生成建筑？［是(Y)/否(N)］<Y>:”，回应“N”不生成，否则按当前限高生成建筑轮廓。若计算结果在限高范围内，则依计算的参考高度生成建筑轮廓，同时在命令栏提示推算出来的新建建筑参考高度。

12.7　方案优化

屏幕菜单命令：　【高级分析】→【方案优化】　(FAYH)

本功能用于对新建建筑的外形进行优化，在满足被其遮挡的日照窗前提下，获得最大的建筑面积。事实上，当 XY 分割足够大时，本功能可取代【推算限高】。对话框如图 12-27 所示。

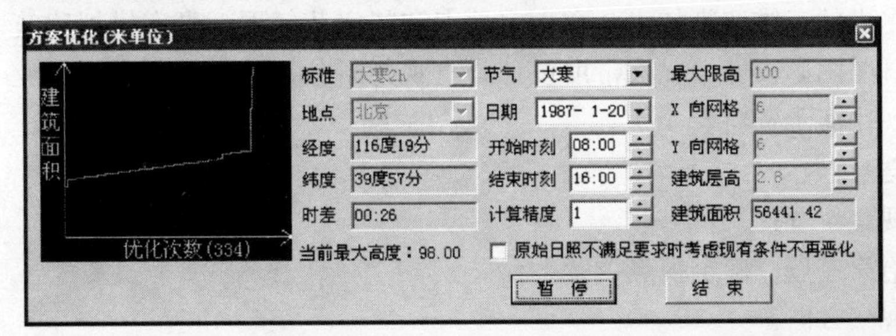

图 12-27　方案优化对话框

最大限高：该值为米单位，有两个功用，一是规划部门规定的最大高度，二是为防止结果为无穷大而设置一个限值。

XY 向网格：优化时在 X 和 Y 方向上的最小分割单元尺寸，一般用房间开间进深的模数较合理。默认的分割方向为世界坐标的 X 轴和 Y 轴，也可以在图中选取两点决定分割的方向，X 向与 Y 向始终为正交关系。

建筑层高：高度 Z 方向的单元分割尺寸，也即建筑物层高。

原始日照不满足要求时考虑现有条件不再恶化：如果原有建筑已经使得日照窗不满足要求，则方案优化的结果将正好保留先前的不满足，不再使情况更恶化。

操作步骤：

（1）请选取待分析的建筑外廓、封闭 PLine 或 Circle：选择准备进行优化的建筑物，可以是封闭 PLine 或 circle，也可以是建筑轮廓。

（2）确定 XY 的分格方向，可输入角度，也可以图中点取两点确定。

（3）可以事先用 Lin 线和 Pline 分格，然后点取分支命令［预先分块］执行。

（4）选择日照窗：选择优化建筑的遮挡所能影响到的日照窗，也就是说，优化后这些日照窗的日照要满足当前日照标准的要求，可以用【窗照分析】验证。

（5）选择遮挡物：选择对前面提到的日照窗能够产生遮挡的全部建筑物。

（6）优化计算停止后，点击结束退出，也可以暂停获取一个相对优化的方案即退出。

12.8 导出建筑

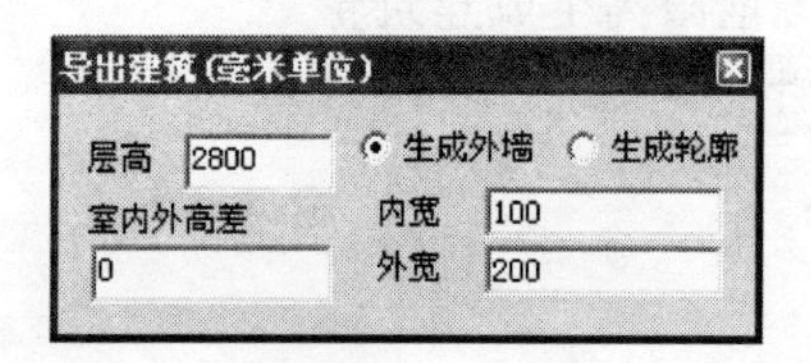

图 12-28　导出建筑对话框

屏幕菜单命令：　【高级分析】→【导出建筑】（DCJZ）

经过分析后或优化后满足日照要求的建筑轮廓，可导入建筑软件 Arch 中继续设计，生成的图形为外墙围合的建筑简图(图 12-28)。

12.9 日照仿真

屏幕菜单命令：　【高级分析】→【日照仿真】　（RZFZ）

采用先进的三维渲染技术，在指定地点和特定节气下，真实模拟建筑场景中的日照阴影投影情况，帮助设计师直观判断分析结果的正误，给业主提供可视化演示资料。

命令交互：

初始观察位置：

图上给第一点，确定视点位置。

初始观察方向：

图上给第二点，确定视图方向，指向建筑群。

在平面图中，从观察点指向建筑群方向给出两点，确定初始观察方向，弹出的【日照仿真】窗口如图 12-29。

图 12-29　日照仿真

界面说明：

(1) 对话框左侧为参数区，软件使用者在此给定观察条件，诸如日照标准、地理位置和日期时间等。

(2) 日照阴影在缺省情况下，只计算投影在地面或是不同标高的平面上。将选项［平面阴影］去掉后，系统进入真实的全阴影模式，建筑物和地面全部有阴影投射。

(3) 建筑模型编辑后，点击［更新模型］按钮，就可以重新载入模型刷新仿真视窗。由于日照仿真窗口为浮动对话框，软件使用者编辑建筑模型时无需退出仿真窗口。

(4) 仿真窗口的观察视角采用鼠标和键盘进行调整，过程类似于实时漫游，鼠标与键盘操作原则：

鼠标键操作：控制原则是直接针对场景

左键 - 转动，中键 - 平移，滚轮 - 缩放。

键盘键操作：控制原则是针对观察者

← - 左移，↑ - 前进，↓ - 后退，→ - 右移；

Ctrl + ← - 左转 90°，Ctrl + ↑ - 上升，Ctrl + ↓ - 下降，Ctrl + → - 右转 90°；Shift + ← - 左转，Shift + ↑ - 仰视，Shift + ↓ - 俯视，Shift + → - 右转。

(5) 拖动视窗上方的时间进程滚动条，可以实时观察动态日照阴影，左框中显示实时的时间。

在性能不好的机器上进行三维阴影仿真，响应速度可能不理想，如果三维阴影仿真速度太慢，可以改用二维阴影仿真，此时受影面高度动态可调。可以二维阴影仿真进行初步观察，确定观测角度和分析时刻后，用三维阴影精确观测。

影响三维阴影仿真速度的因素：

（1）较复杂的模型，特别是复杂的曲面模型对速度不利，可以用较大的分弧精度减少面数以提高仿真速度；

（2）OpenGL 加速显示卡和高性能 CPU 能够大幅度提高仿真速度。

12.10 结果擦除

屏幕菜单命令：【常规分析】→【结果擦除】 （JGCC）

本命令快速擦除日照分析产生的阴影轮廓线和多点分析生成的网格点，以及其他命令在图上标注的日照时间等数据，这是一个过滤选择对象的删除命令。通常分析后的图线或数字对象数量很大，软件使用者可以选择键入 ALL、框选或点选等方式进行。

12.11 信息标注

屏幕菜单命令：【常规分析】→【信息标注】 （XXBZ）

输出如下的日照分析基础参数—

分析标准：北京

城市名称：北京

计算时间：1987 年 1 月 20 日(大寒)08:00~16:00(真太阳时)

计算精度：2 分钟

累计方法：总有效日照分析，全部累计

窗户采样：窗台中点

分析软件：日照分析 Sun2008

12.12 日照报告

屏幕菜单命令：【常规分析】→【日照报告】 （RZBG）

输出 Word 格式的日照分析报告。

12.13 本章小结

本章是本教程的核心内容，重点介绍了各种日照分析手段的应用，这些分析结果可以相互验证，同时介绍了可视化的日照仿真。

第 13 章 太阳能分析

建筑中的太阳能系统设计主要是确定集热板的参数、辐照计算、集热需求计算和经济评价。本章节介绍集热板的建模和倾角计算，集热面的辐照分析和单点的辐照计算，以及集热量和集热面的计算，最后介绍对建筑太阳能系统进行的经济分析。

本章内容

- **建集热面**
- **两点 UCS**
- **倾角分析**
- **辐照分析**
- **单点辐照**
- **集热需求**
- **经济分析**

13.1 建集热面

屏幕菜单命令：【太阳能】→【建集热面】 (JJRM)

本命令用于创建三维集热板对象，将集热板投影在水平面上的边界闭合 PLine 赋予朝向角、倾角和板上某个特征点标高使其转换成空间集热面(图 13-1)。

图 13-1 建集热面对话框

朝向角和倾角定义(图 13-2)：

朝向角——屏幕正右向与集热面法向水平投影线之间的逆时针夹角。

倾角——板面与水平面的夹角。

可以在平面或三维视图下创建集热板(图 13-3)，操作步骤如下：

(1) 绘制集热面水平投影的闭合 PLine；

(2) 执行命令后弹出对话框，输入集热板的朝向角和倾角，以及板上某个特征点的标高；

(3) 命令栏提示：请选择平面上的集热器 PL 边界区域，单选或多选 PLine；

(4) 命令栏提示：点取标高定位点。即该点 Z 标高 = 对话框 Z 标高值。

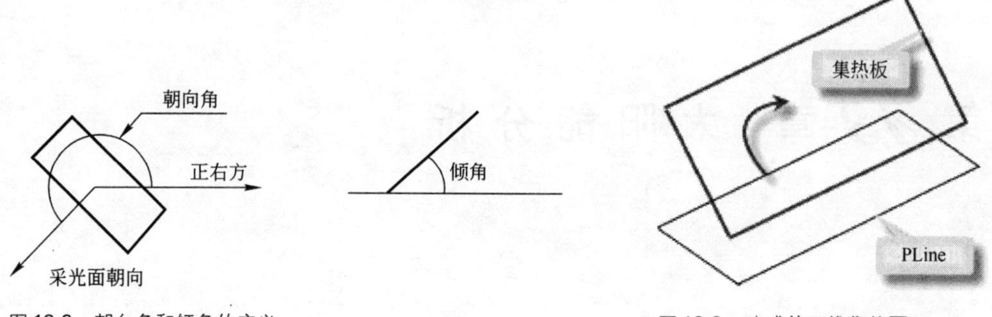

图 13-2　朝向角和倾角的定义　　　　　　　　　　　　　　图 13-3　建成的三维集热面

13.2　两点 UCS

屏幕菜单命令：　【太阳能】→【两点 UCS】　（LDUCS）

本命令将软件使用者坐标系（UCS）设置到平面两点所确定的立面上。通常用于当建筑物为非正南正北时，如果想观察建筑物正面或设置正面为当前 UCS，采用［两点 UCS］即可方便地实现。图 13-4 右侧的插图即为建筑物得正立面视图。

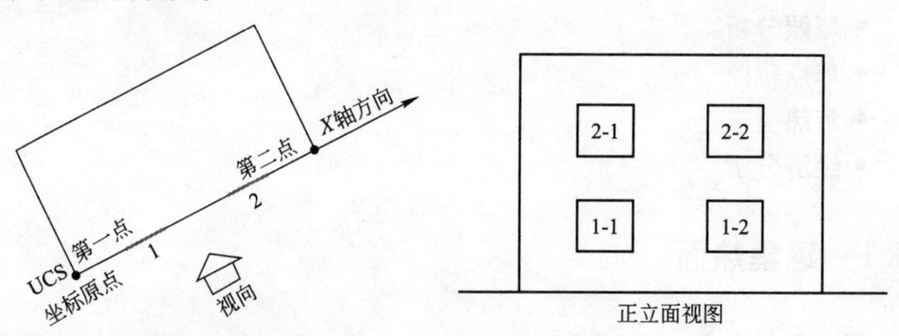

图 13-4　两点确定 UCS 示意图

13.3　倾角分析

屏幕菜单命令：　【太阳能】→【倾角分析】　（QJFX）

本命令按对话框（图 13-5）给定的条件，计算分析太阳能最有利的集热面倾角。所谓“最有利”就是在计算时间段内，集热面获取的辐照最大。

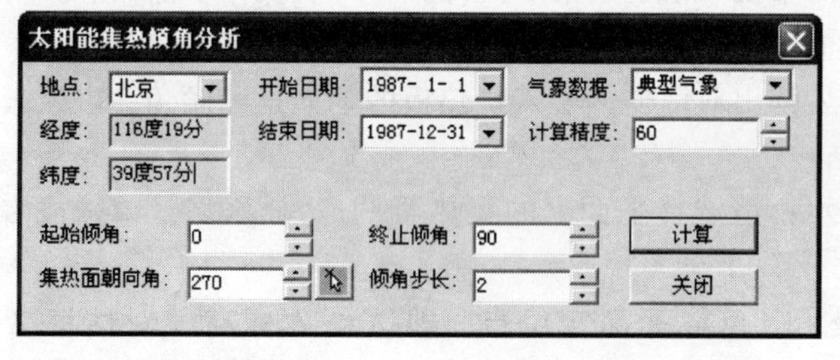

图 13-5　倾角分析对话框

倾角计算需要在对话框内给出如下计算条件：

计算地点：选定工程所在地的城市。

计算时段：开始和结束日期。

计算精度：计算采样的间隔时间，单位为分钟。

辐射数据：

典型气象——利用统计方式确定的接近“真实”的气象条件。

理想气象——纯理想的天气，不考虑阴天，全年按晴天考虑。

倾角范围：起始倾角和终止倾角。

倾角步长：间隔多少倾角计算一次。

集热面朝向：集热板采光面的朝向角度，通常取南向即270°。

倾角计算结果为计算说明和表格，获取最大辐射值的倾角为“最有利”的倾角，建议采纳该角度设计集热板。倾角计算结果实例(图13-6)：

角度分析结果

序号	倾角（度）	辐射强度（KJ/（m².天））	能量差异（%）
1	0.0	19008.58	9.16
2	2.0	19226.70	8.12
3	4.0	19433.30	7.13
16	30.0	20906.78	0.09
17	32.0	20922.76	0.01
18	**34.0**	**20925.83**	**0.00**
19	36.0	20914.33	0.05

图13-6 倾角分析结果表格

倾角分析结果说明：

地点：北京

经度：116度19分

纬度：39度57分

起始日期：1987年1月1日

终止日期：1987年12月31日

计算步长：60分钟

辐射数据：典型气象

所用气象文件地点：北京

集热面方位角：270.00°

其中序号18一行为最有利的结果，辐射强度“20925.83KJ/m^2·天”为最大值，对应的倾角34°，就是北京市典型气象条件下，集热板的最佳倾角。

13.4 辐照分析

屏幕菜单命令：【太阳能】→【辐照分析】 (FZFX)

本命令用于计算已有集热面各点的太阳辐射量，对话框如图13-7所示：

图 13-7　多点辐照计算对话框

与倾角分析一样，计算时也需要给定计算条件，请参考【倾角分析】小节的相应介绍。其中“网格大小”参数用来从集热面的左下角起始分割集热面，划分成若干个单元面，系统分别计算每个单元面的太阳辐射量，并标注在这个单元中。换言之，一系列计算结果中的某个数值代表的是“网格大小”确定的每个单元区域的辐照值。

本命令对集热面作辐照计算，计算的结果直接输出在集热面上，其中辐照数字左下角的夹点位于单元中心(图 13-8)。

图 13-8　辐照计算的结果

13.5　单点辐照

屏幕菜单命令：　【太阳能】→【单点辐照】　(DDFZ)

本命令用于计算空间某个位置点的太阳辐射量。与多点辐照分析相似，除了相同的参数外，单点计算需要给定计算点的标高，以及该点所在的集热面朝向和倾角(图 13-9)。

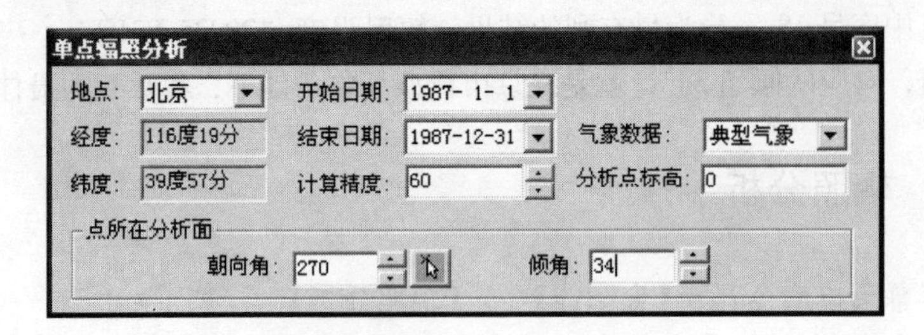

图 13-9　单点辐照计算对话框

13.6 集热需求

屏幕菜单命令：【太阳能】→【集热需求】（JRXQ）

本命令计算太阳能热水系统所需要的集热面积或集热量。

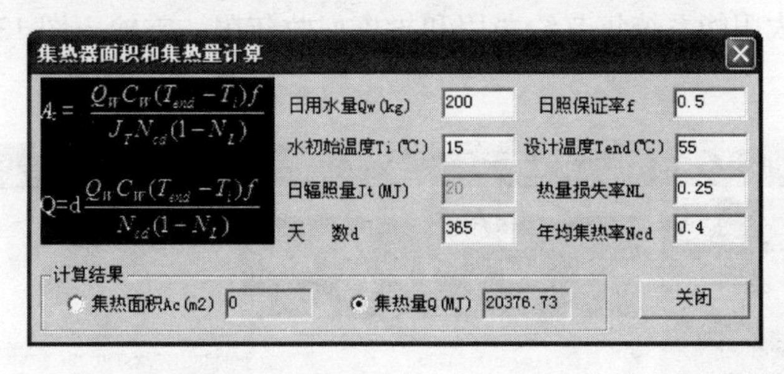

图 13-10　集热需求计算对话框

集热需求计算需要图 13-10 所示的相关参数。

13.7 经济分析

屏幕菜单命令：【太阳能】→【经济分析】（JJFX）

本命令用于对所设计的太阳能系统进行经济分析，包括系统节约的能量、节约的费用、投资回报期以及二氧化碳的减排量。

■　节约的能量：

当集热器面积很大的时候(例如整个屋面都做成集热器)，各个位置的太阳辐射情况，可能有比较大的差异，用辐射计算就不易给出日平均太阳辐照量，事实上设计的原始要求是集热量。软件使用者可以用多种设计方案(例如多个集热面)，用计算集热面接收到的能量，比较集热量是否满足要求。

计算太阳能系统年节约能量，需输入图 13-11 所示的相关参数。

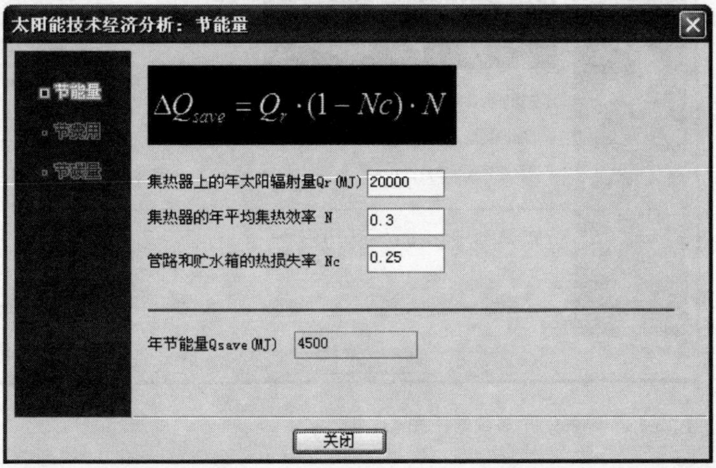

图 13-11　经济分析-节能量计算

■ 节约的费用和投资回报期：

与常规热源热水系统相比，太阳能热水系统增加了集热系统的投资。所增加的投资除以年节能费用，就是投资回收年限。在太阳能资源丰富区，其简单投资回收期宜在 5 年以内，资源较丰富区宜在 8 年以内，资源一般区宜在 10 年以内，资源贫乏区宜在 15 年以内。

计算太阳能系统年节约费用和投资回收年限，需输入图 13-12 所示的相关参数。

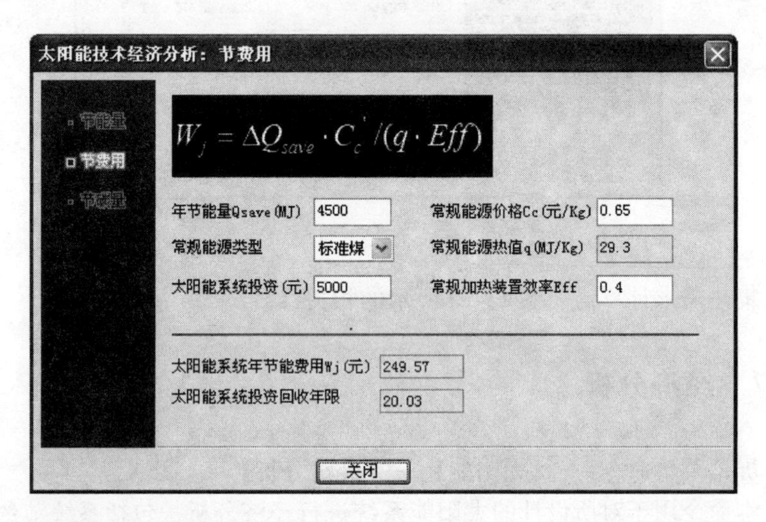

图 13-12 经济分析-节约费用计算

■ 二氧化碳的减排量：

太阳能热水系统设计除了考虑经济效益，还要考虑社会效益，即从二氧化碳的减排方面考虑。

计算太阳能系统的二氧化碳减排量，需输入图 13-13 所示的相关参数。

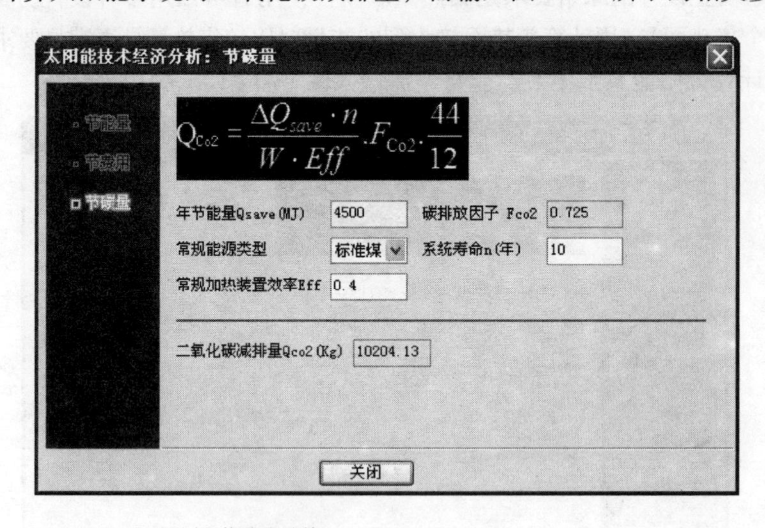

图 13-13 经济分析-节碳量计算

第14章　注释工具

与一般工程图纸一样，日照分析图纸也需要进行一些必要的标注、注释，如文字、符号、尺寸和表格，在日照分析文档编辑中这些工具都不可缺少，本节介绍这些注释对象。

本章内容

- **文字**
- **工程符号**
- **尺寸标注**
- **坐标和标高**
- **表格**

14.1　文字与符号

14.1.1　单行文字

屏幕菜单命令：【注释工具】→【单行文字】(DHWZ)

本命令输入单行文字和字符，输入到图面的文字独立存在，特点是灵活，修改编辑不影响其他文字。

单行文字输入对话框(图14-1)：

对话框选项和操作解释：

［文字输入框］录入文字符号等。可记录已输入过的文字，方便重复输入同类内容，在下拉选择其中一行文字后，该行文字移至首行。

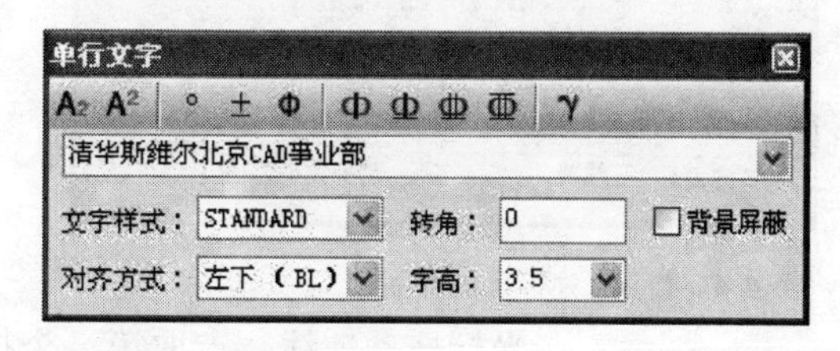

图14-1　单行文字对话框

［文字样式］在下拉框中选用已有的文字样式。

［对齐方式］选择文字与基点的对齐方式。

［转角］输入文字的转角。

［字高］最终图纸打印的字高，而非在屏幕上测量出的字高数值，两者相差绘图比例值。

［特殊符号］在对话框上方选择特殊符号的输入内容和方式(图14-2)。

图 14-2　特殊文字符号实例　上标：388m²　钢筋符号：二级钢Φ18和三级钢Φ32

［上下标输入方法］光标选定需变为上下标的部分文字，然后点击上下标图标。

图 14-3　特殊字符选取对话框

［钢筋符号输入］在需要输入钢筋符号的位置，点击相应得钢筋符号。

［其他特殊符号］点击 γ 进入特殊字符集(图 14-3)。

［背景屏蔽］为文字增加背景屏蔽功能，用于剪切复杂背景，例如存在图案填充等场合，本选项利用 AutoCAD 的 WIPEOUT 图像屏蔽特性，屏蔽作用随文字移动存在。打印时如果不需要屏蔽框，右键点击【屏蔽框关】。

14.1.2　多行文字

屏幕菜单命令：【注释工具】→【多行文字】

本功能与【单行文字】相似，不同的是支持多个段落的多行文字，可以设定页宽与回车换行位置，并随时拖动夹点改变页宽。

14.1.3　箭头引注

屏幕菜单命令：【注释工具】→【箭头引注】(JTYZ)

图 14-4　箭头引注符号的对话框

本命令在图中以国标规定的样式标出箭头引注符号(图 14-4)。

命令交互：

起点〈退出〉

标注从箭头开始，点取起点。

下一点〈退出〉

光标拖动连线，点取第一个折点。

下一点或［弧段(A)/回退(U)］〈退出〉

继续点取折点。

下一点或［弧段(A)/回退(U)］〈退出〉

也可回应 A 变连线为弧线，位置合适后回车结束。

对话框选项和操作解释：

［文字内容］符号中的说明文字内容，特殊符号点取上方图标输入。

［文字高度］说明文字打印输出的实际高度。

［箭头样式］采用何种箭头样式。

［箭头大小］箭头的打印输出尺寸大小。

箭头引注符号由箭头、连线和说明文字组成，样式如图 14-5：

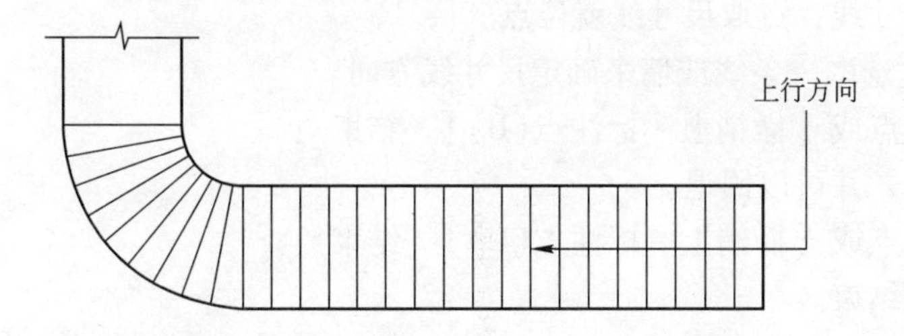

图 14-5　箭头引注符号的标注实例

14.1.4　指北针

屏幕菜单命令：【注释工具】→【指北针】(ZBZ)

本命令在图中以国标规定的样式标出指北针符号。由两部分组成，指北符号和文字“北”，两者一次标注出，但属于两个不同对象，文字“北”为单行文字对象。

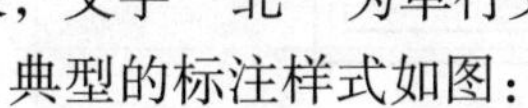

典型的标注样式如图：

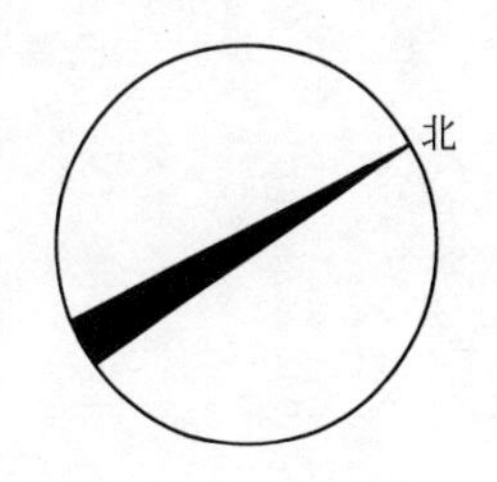

图 14-6　指北针标注实例

14.1.5　图名标注

屏幕菜单命令：【注释工具】→【图名标注】(TMBZ)

本命令在图中按国标和传统两种方式自动标出图名(图 14-7)。

标注样式有两种形式可以选择，一种是传统样式，还有国标样式，都可以选择是否附带出图比例。图名标注样式如图 14-8 所示：

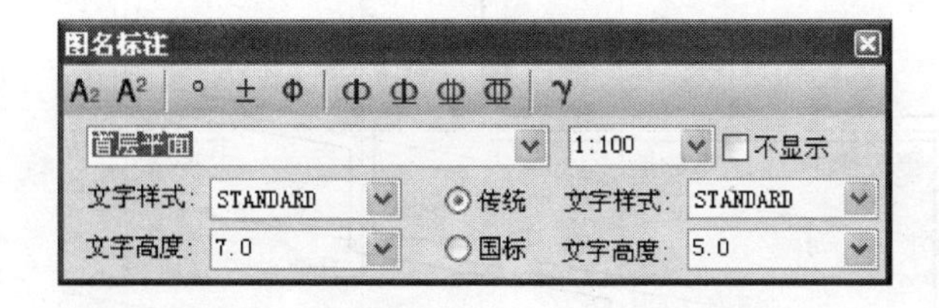

图 14-7　图名标注的对话框

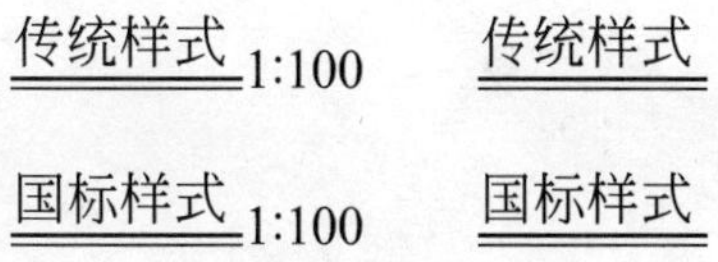

传统样式 1:100　　传统样式

国标样式 1:100　　国标样式

图 14-8　图名标注的四种实例

14.1.6　尺寸标注

屏幕菜单命令：【注释工具】→【尺寸标注】(CCBZ)

本命令是一个通用的灵活标注工具，对选取的一串给定点沿指定方向和选定的位置标注尺寸。特点是灵活，适于定点标注的情况。

本标注为 TH 对象，基于 AutoCAD 的标注样式发展而成，因此，软件使用者可以利用 AutoCAD 标注样式命令修改 Sun 尺寸标注对象的特性，比如夹点拖拽编辑。

命令交互：

起点或［参考点(R)］〈退出〉：

点取第一个标注点作为起始点。

第二点〈退出〉：

点取第二个标注点。

请点取尺寸线位置或［更正尺寸方向(D)］〈退出〉:

这时动态拖动尺寸线，点取尺寸线就位点。

或者键入D通过选取一条线或墙来确定尺寸线方向。

请输入其他标注点或［撤销上一标注点(U)］〈结束〉:

逐点给出标注点，并可以回退。

请输入其他标注点或［撤销上一标注点(U)］〈结束〉:

反复取点，回车结束。

实例如图14-9、图14-10所示。

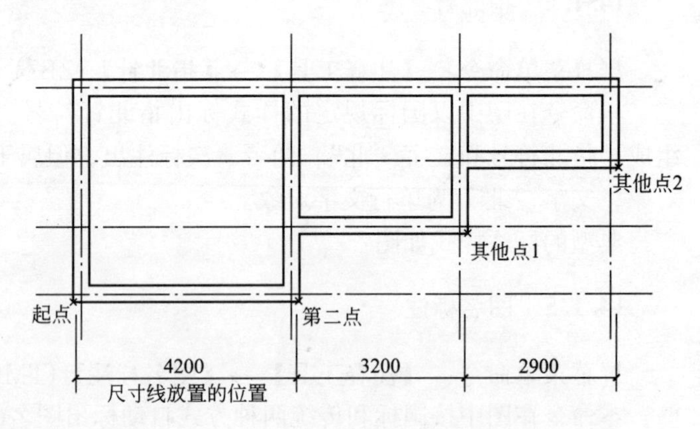

图14-9　尺寸标注实例1

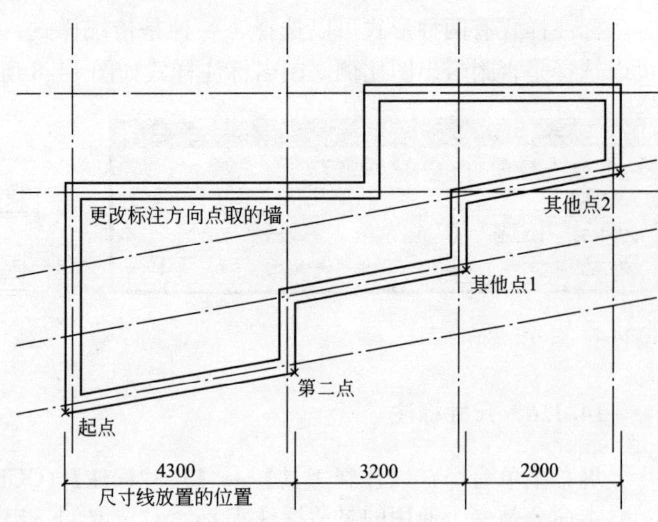

图14-10　尺寸标注实例2

14.1.7　标高标注

屏幕菜单命令：【注释工具】→【标高标注】(BGBZ)

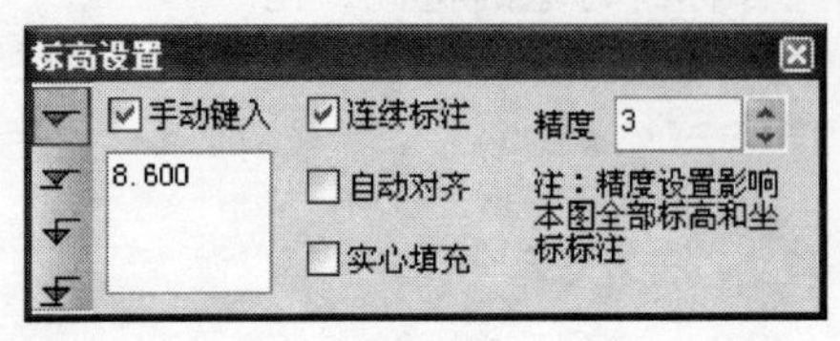

图14-11　标高标注对话框

本命令在图中以国标规定的样式标出一系列给定点的标高符号。

标高标注的对话框(14-11):

对话框选项和操作解释:

［手动键入］选择本项后，标高值由手工

输入到对话框数据栏内。不选此项，标高值参考前一个点自动产生，但点取标注点后也容许改值。

［连续标注］标注连续进行，每个标注点的标高值以前一个点作参考点。

［自动对齐］按第一个标注符号的位置使后续标注纵向强行对齐。

［实心充填］标注符号的三角部分以实心方式显示。

［精度］标高值的精度，为小数点后保留的位数。

14.1.8　建筑标高

屏幕菜单命令：【注释工具】→【建筑标高】(JZBG)

本命令自动计算并标注日照建筑物轮廓的顶面标高。点取建筑物轮廓模型内任意一点，系统自动标出该建筑物的顶标高，如果建筑物由多层不同标高构成可一一标出，标注文字放置在点取处(14-12)。

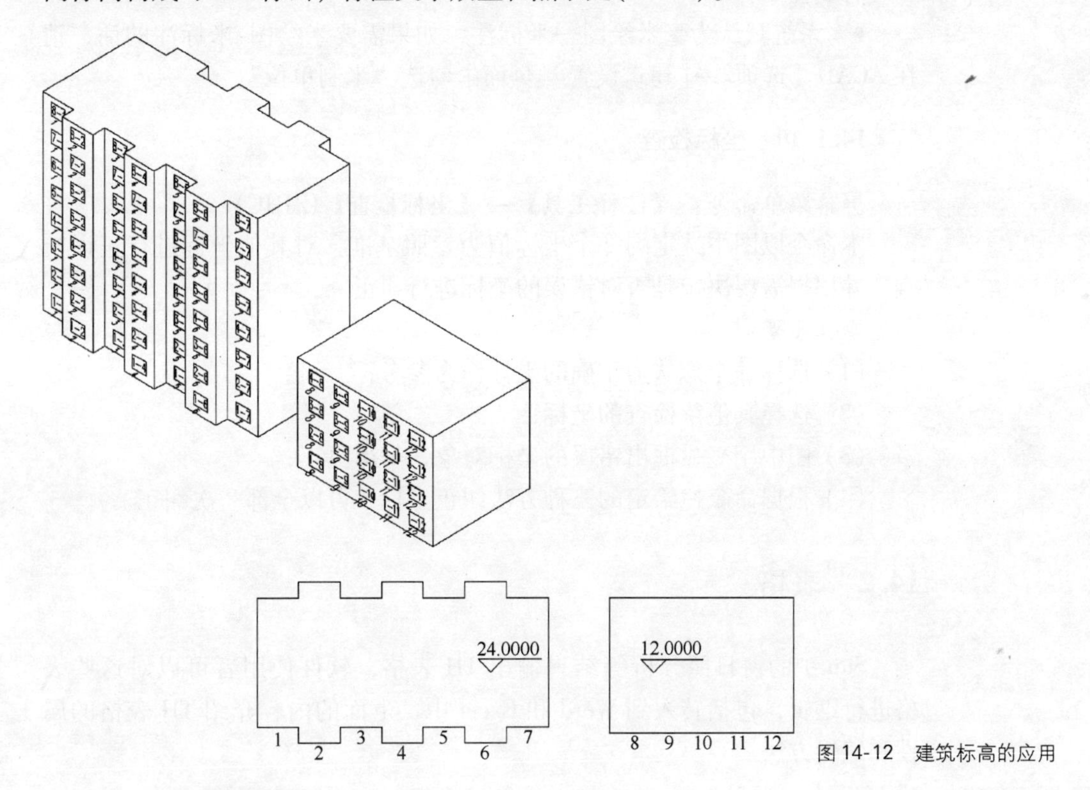

图 14-12　建筑标高的应用

14.1.9　坐标标注

屏幕菜单命令：【尺寸标注】→【坐标标注】(ZBBZ)

本命令在平面图中根据“基准坐标”标出若干个测量或施工坐标系，支持毫米单位绘图米制标注和米单位绘图米制标注。

操作步骤：

(1) 执行命令后，命令栏提示：输入或两点确定北向角度或［选指北针(T)］〈90.0〉：指定第二点：

输入两点坐标或点取两点或选取指北针确定本坐标的北向。

(2) 确定北向角度后，命令栏提示：输入或两点确定布局转角〈0.0〉：

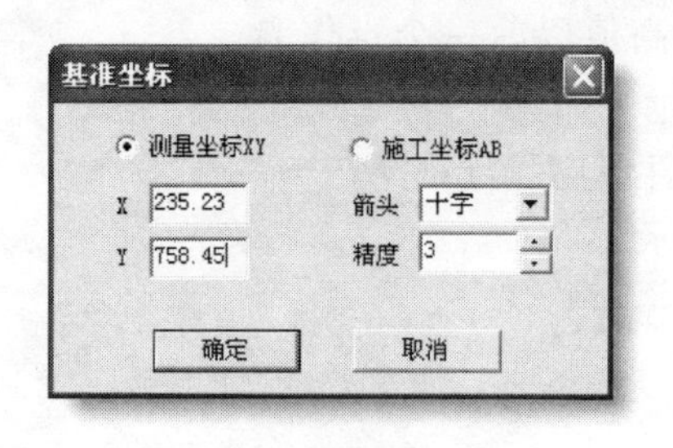

图 14-13 坐标标注对话框

用确定北向角度相同的方法确定本坐标标注的布局转角，如果图纸不是扭转一个角度出图，此布局转角接受默认 0 即可。

(3) 接着，按命令栏提示标注基准坐标的位置，此时弹出对话框(14-13)：

基准坐标是坐标系的基准点，因此务必保证基准坐标值和指北方向的正确性。其他坐标值均以基准坐标为参考进行标注。

当在一张图中绘制多个总图，需要给每张图建立一个坐标系，每个坐标值只能隶属唯一一个基准坐标。

特别提示：

- 系统默认为毫米绘图—米标注，如果需要米绘图-米标注的话，请在 ACAD［选项］→［建筑设置］页面中勾选“米制单位”。

14.1.10 坐标检查

屏幕菜单命令：【注释工具】→【坐标检查】(ZBJC)

本命令以图中选定的一个坐标值为参照基准，对其他坐标进行正误检查，并根据需要决定是否对错误的坐标进行纠正。

操作步骤：

(1) 选择一个您认为正确的坐标作为参考；

(2) 选择其他待检查的坐标；

(3) 图中用亮显框出错误的坐标对象，等待更正；

(4) 根据命令栏给定的三种方法纠正坐标，可以全部一次纠正。

14.2 表格

Sun 中的窗日照分析等结果输出 TH 表格，软件使用者可以对这些表格进行编辑，包括转入到 Word 和 Excel 中，下面的内容介绍 TH 表格的属性和编辑方法。

14.2.1 表格对象

Sun 表格是一个层次结构严谨的 TH 对象。

表格的构成：

(1) 表格的功能区域组成：标题、表头和内容三部分(图 14-14)。

(2) 表格的层次结构：由高到低的级次为：①表格；②标题、表头、表行和表列；③单元格和合并格。

外观表现：文字、表格线、边框和背景。

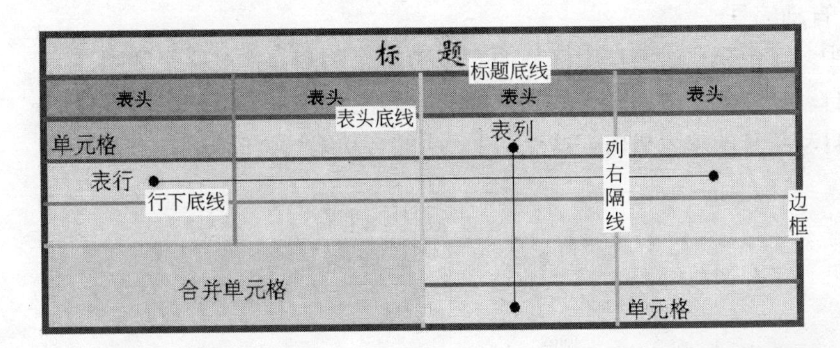

图 14-14　表格的构成

14.2.2　表格编辑

1）单格编辑

右键菜单命令：〈选中一个单元〉→【单元编辑】

可以对单元内的文字进行编辑（和“在位编辑”效果等同），输入特殊符号以及文字、背景、对齐方式等方面的修改（图 14-15）。

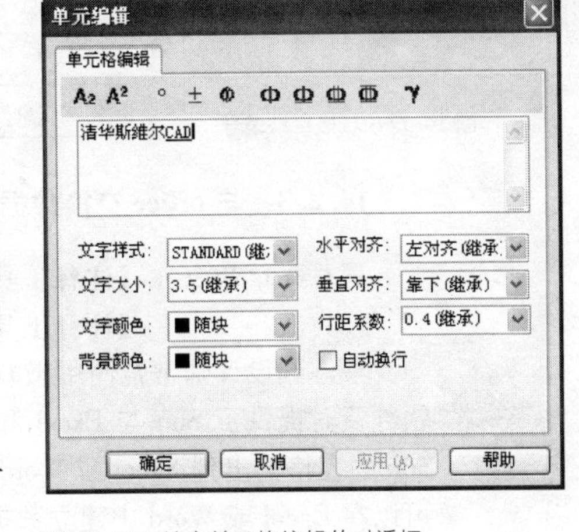

图 14-15　单个单元格编辑的对话框

2）多格属性

右键菜单命令：〈选中多个单元〉→【单元属性】

本命令对同时选取的多个单元格进行编辑，与前一个命令相似，只是由于面向多个单元，不能编辑单元文字内容。

3）单元合并

右键菜单命令：〈选中多个单元〉→【单元合并】

本命令将选中的相邻的多个单元格合并为一个独立的单元格，合并后的单元格文字内容取合并前左上角单元格的内容。

4）单元拆分

右键菜单命令：〈选中 1 个单元〉→【单元拆分】

把合并格拆分成合并前的样子。

5）夹点编辑

与其他 TH 对象一样，表格对象也提供了专用夹点用来拖拽编辑，各夹点的用处如图 14-16：

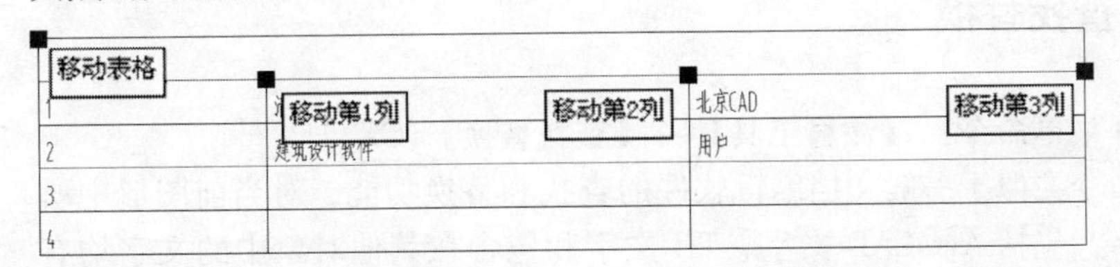

图 14-16　表格的夹点用途示意图

6）自动编号

选中多个单元格时，选中区域的右下角有个圆圈，拖放这个圆圈，可以实现自动递增或递减编号，放开鼠标的时候注意使得关闭位置落到最后一个要自动编号的单元格内。这点和 Excel 的自动编号类似(图 14-17)。

房间统计表格			
序　号	房间编号	面积	备注
1			
2	圆圈		
3	拖放		
4			
合 计			

图 14-17　表格自动编号

14. 2. 3　与 office 交换数据

屏幕菜单命令：【注释工具】→【导出表格】(DCBG)

【注释工具】→【导入表格】(DRBG)

考虑到设计师常常使用微软强大的办公软件 Office 统计工程数据，本软件及时提供了 Sun 与 Excel 和 Word 之间交换表格文件的接口。可以把 Sun 的表格输出到 Excel 或 Word 中进一步编辑处理，然后再更新回来；还可以在 Excel 或 Word 中建立数据表格，然后以 TH 表格对象的方式插入到 AutoCAD 中。

1）导出表格

本命令将把图中的 Sun 表格输出到 Excel 或 Word 中。执行命令后在分支命令上选择导出到 Excel 或 Word，系统将自动开启一个 Excel 或 Word 进程，并把所选定的表格内容输入到 Excel 或 Word 中。

2）导入表格

本命令即把当前 Excel 或 Word 中选中的表格区域内容更新到指定的表格中或导入并新建表格，注意不包括标题，即只能导入表格内容。如果想更新图中的表格要注意行列数目匹配。

特别提示：

- 为了实现与 Office 交换数据，事先必须在系统内安装 Microsoft Excel和 Word。

14. 3　查找替换

屏幕菜单命令：【注释工具】→【查找替换】(CZTH)

本命令类似于一般文档编辑软件的查找和替换功能，对当前图形中所有的文字，包括 AutoCAD 文字、TH 文字和包含在其他对象中的文字均有效(图 14-18)。

操作步骤：

(1) 确定要查找和替换的字符串内容，打开对话框；

(2) 在［查找内容］栏中输入准备查找或准备被替换掉的字符；

(3) 在［替换为］栏中输入替换的新字符串；

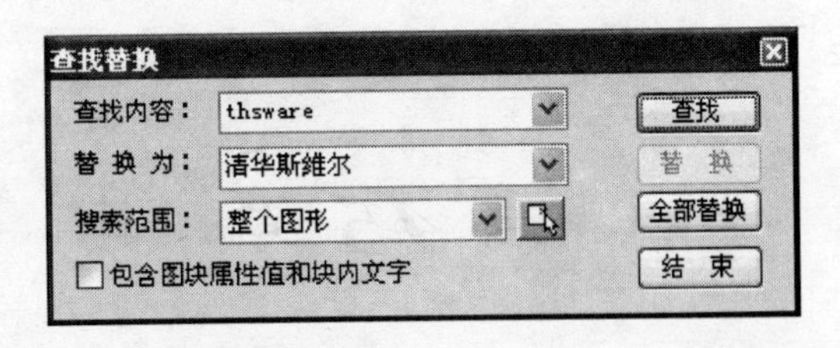

图 14-18 查找替换对话框

(4) 确定［搜索范围］，三种方式：整个图形、当前选择和重新选择；

(5) 如果仅仅是查找，操作对话框右侧的［查找］逐个观察即可；

(6) 如果要替换新内容，有全部替换和逐个替换两种方式供选择；

(7) 勾选［包含图块属性值和块内文字］，可对图块的属性值及块内文字进行替换。

特别提示：

- 应用本命令前适当缩放视图以便看清文字。系统在找到平面外的文字时自动移动视图，使得文字在屏幕内，但并不缩放视图。

14.4 本章小结

本章介绍了用于日照分析图档的标注系统，包括文字、尺寸、符号等，并介绍了分析表格如何导入 Word 和 Excel 中。

第15章 其 他 工 具

本章介绍 Sun 提供的视口工具、对象工具、图层工具和图形导出，这些工具对提高操作效率非常有用。

本章内容

- 视口工具
- 图层工具
- 对象工具
- 图形输出

15.1 视口工具

15.1.1 满屏观察

屏幕菜单命令：【其他工具】→【满屏观察】(MPGC)

本功能将屏幕绘图区放大到屏幕最大尺寸，便于更加清晰地观察图形，ESC 退出满屏观察状态。需要特别指出，在 AutoCAD 2006 平台下，满屏观察下也可以键入命令进行图形编辑。其他 AutoCAD 平台，由于用来交互的命令栏窗口被关闭，因此不适合编辑。

15.1.2 立面观察

屏幕菜单命令：【其他工具】→【立面观察】(LMGC)

本命令将软件使用者坐标系(UCS)和观察视图设置到平面两点所确定的立面上，以便查看建筑轮廓立面上的等照时线。

15.1.3 视口拖放

Sun 采用最方便的光标拖拽方式建立和取消多个视口，将光标指针置于视口边缘，当出现双向箭头时按住鼠标左键向需要的方向拖拽，达到添加或取消视口的目的(图 15-1)。从概念上讲，AutoCAD有模型视口和布局视口之分，本章所说的视口专指模型空间的视口。

操作要点：

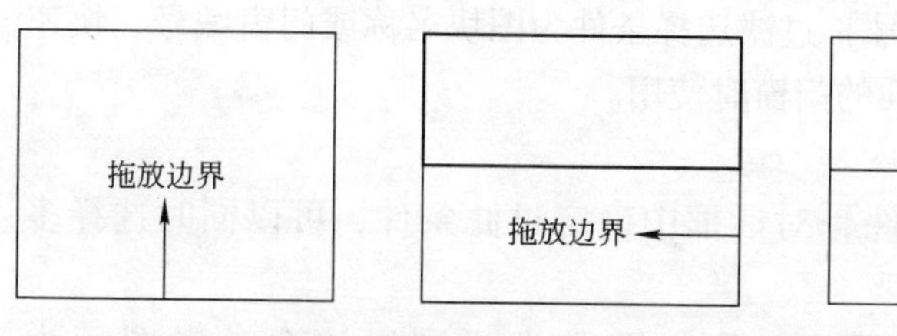

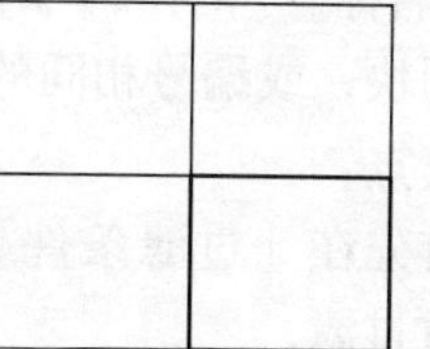

图 15-1　拖动建立视口

（1）将光标指针置于视口边缘，当出现双向箭头时按住鼠标左键向需要的方向拖拽，达到添加或取消视口的目的。

（2）在多个视口的边界交汇处，光标变成四向箭头时，可拖拽交汇相关的视口边界同时移动。

（3）按住〈Ctrl〉键可以只拖拽当前视口边界而不影响与其并列的其他视口。

15.2　图层工具

屏幕菜单命令：【观察查询】→【关闭图层】(GBTC)
【观察查询】→【隔离图层】(GLTC)
【观察查询】→【图层全开】(TCQK)

本组命令提供对图层的快速操作，提高日照分析效率。

【关闭图层】：将选中的图元所在的图层关闭；

【隔离图层】：保留选中的图元所在的图层，其余图层全部关闭；

【图层全开】：将关闭的所有图层全部打开。

15.3　对象工具

15.3.1　过滤选择

屏幕菜单命令：【其他工具】→【过滤选择】(GLXZ)

本命令提供过滤选择对象功能。首先选择过滤参考的图元对象，再选择其他符合参考对象过滤条件的图形，在复杂的图形中筛选同类对象建立需要批量操作的选择集（图 15-2）。

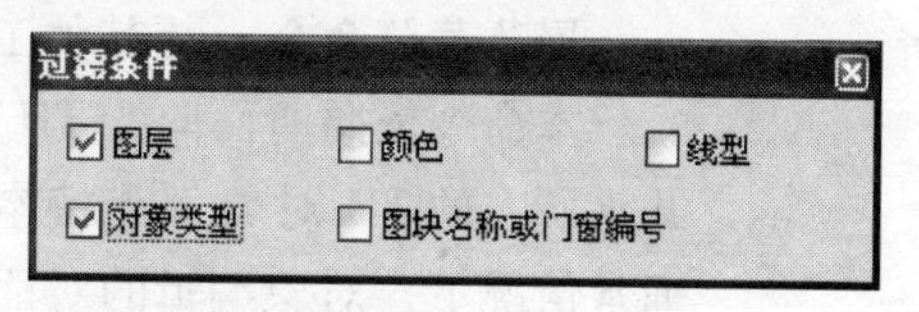

图 15-2　过滤选择对话框

对话框选项和操作解释：

［图层］过滤选择条件为图层名，比如过滤参考图元的图层为 A，则选取对象时只有 A 层的对象才能被选中。

［颜色］过滤选择条件为图元对象的颜色，目的是选择颜色相同的对象。

［线型］过滤选择条件为图元对象的线型，比如删去虚线。

［对象类型］过滤选择条件为图元对象的类型，比如选择所有的 PLINE。

［图块名称］/［门窗编号］过滤选择条件为图块名称或门窗编号，快速选择同名图块，或编号相同的门窗时使用。

操作要点：

(1) 首先在［过滤条件］对话框中确定过滤条件，可以同时选择多个，即多重过滤；

(2) 在图中选取参考图元，下一步的选择则以这个参考图元为依据；

(3) 过滤条件确定后，空选直接回车则全选符合过滤条件的图元；

(4) 也可以连续多次使用［过滤选择］，多次选择的结果自动叠加。

命令结束后，同类对象处于选择状态，可以继续运行其他编辑命令，对选中的物体进行批量编辑。

15.3.2 对象查询

屏幕菜单命令：【其他工具】→【对象查询】(DXCX)

利用光标在各个对象上面移动，动态查询显示其信息(图 15-3)。

调用命令后，光标靠近对象屏幕就会出现数据文本窗口，显示该对象的有关数据，对于基本的日照模型，显示相应的属性信息，如建筑轮廓将显示相应的建筑组别、名称、标高、面积等信息，对于日照分析结果，显示更加具体的计算中间结果或计算有关的参数设置情况。

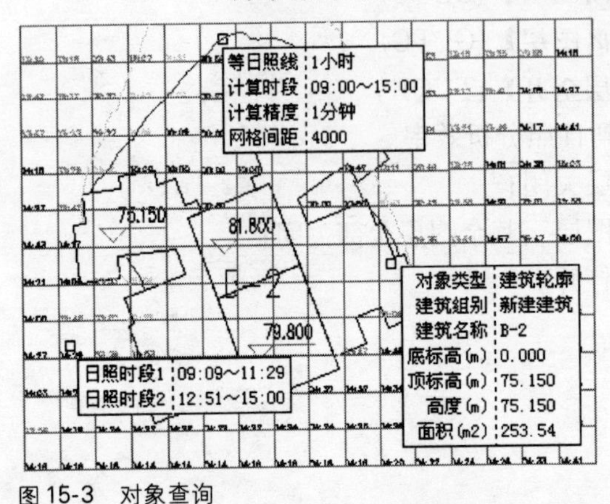

图 15-3 对象查询

15.3.3 对象编辑

屏幕菜单命令：【其他工具】→【对象编辑】(DXBJ)

本命令依照所面向的 TH 对象，自动调出对应的编辑功能进行再编辑，几乎所有的 TH 对象都支持本功能，双击对象也能进入对象编辑对话框。通常情况下，对象编辑的对话框内容与当初创建该对象时一致。

15.4 图形输出

15.4.1 三维变线

屏幕菜单命令：【其他工具】→【三维变线】(SWBX)

本命令用于在三维视图下，将日照模型二维化形成二维图形，粘贴到日照文档中作为插图。

15.4.2 图形导出

屏幕菜单命令：【其他工具】→【图形导出】(TXDC)

本命令可以按天正6.0格式导出斯维尔日照模型。

15.5 本章小结

本章介绍了一些辅助工具，包括视口工具、图层管理工具、对象工具和图形导出功能，这些虽不是核心功能，却也很常用，灵活使用这些工具能够使您更方便、更快速地完成日照分析工作。

第 16 章 日照实例建模

本章主要介绍实例工程关于建筑轮廓、日照窗、屋顶阳台等对象的建模方法。

本章内容

- 建筑建模
- 日照窗建模
- 屋顶建模
- 阳台建模
- 编号命名

16.1 建筑建模

16.1.1 搜索轮廓

获取建筑轮廓的方法有两种：①可用闭合的 pline 沿建筑的外墙皮绘制一遍；②点取菜单命令：【建模】→【建筑轮廓】(JZLK)，框选待要生成建筑轮廓的平面图，软件自动生成外包轮廓。

实例中我们采用第一种方法获取建筑外轮廓，如图 16-1 所示。

在学习的过程中，对于一些命令的使用可以参考软件用户手册部分，仍然不清楚的，可致电斯维尔全国统一客服热线 95105705，或登录我公司的网站 http：//www. thsware. com 和 http：//www. i. thsware. com 论坛发帖提问。

16.1.2 建筑高度

建筑主体部分的三维模型通过点取菜单命令:【建模】→【建筑高度】(JZGD)，生成。点取生成的轮廓线，在命令栏输入实例建筑的高度：10800，底标高：0. 同时可以通过菜单命令【标高开/关】和【高度开/关】用于控制是否显示建筑物的底标高、高度、标高这三个参数。当开关处理开启状态时，我们可以直接通过在位编辑方式修改参数，模型自动联动(图 16-2)。

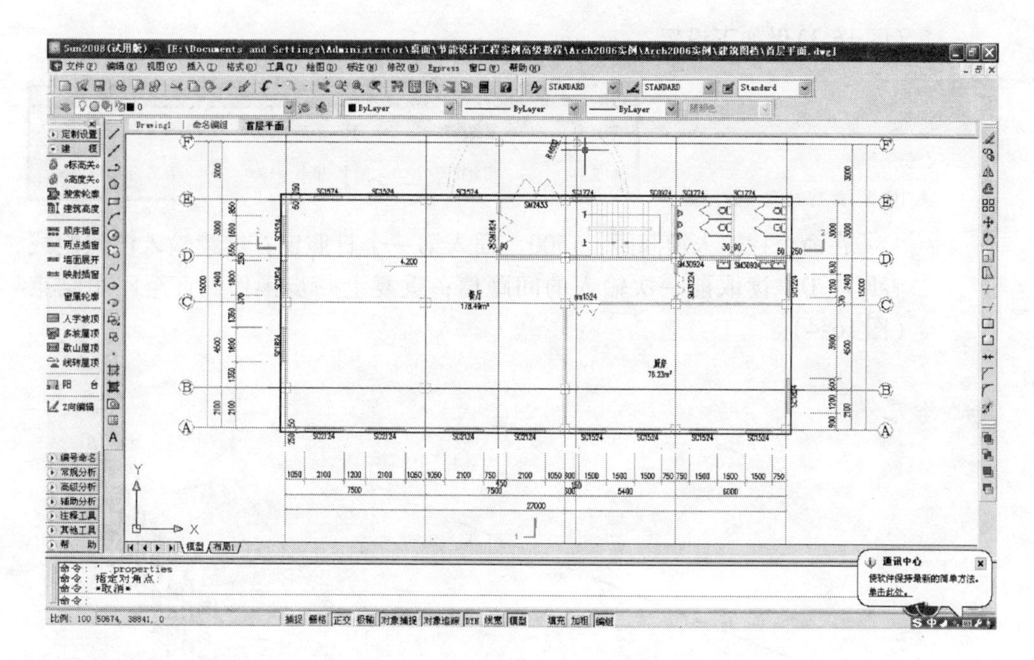

图 16-1　建筑轮廓

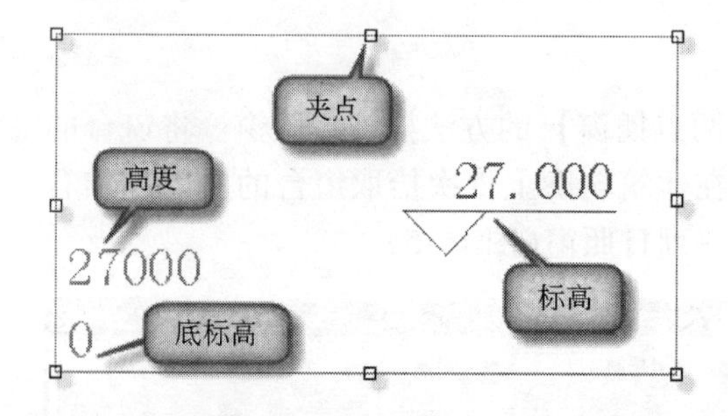

图 16-2　建筑高度编辑

16.2　日照窗建模

Sun 可以对各个方向的窗户进行日照计算，并提供了两种日照窗的建模方法，手动建模和映射插窗。

1）手动建模

可以通过【顺序插窗】或【两点插窗】的方式沿着建筑外轮廓线插入日照窗。

2）映射插窗

如果给出了窗位图，可以通过映射插窗的方式在建筑的某个立面上绘制日照窗。

16.2.1　手动建模

顺序插窗和两点插窗是日照分析中对日照窗建模最常用的两种方式。首先采用【顺序插窗】的方式建模点取菜单命令：【建模】→【顺序插窗】(SXCC)，选取需插入日照窗的建筑物轮廓某一边线，对弹出的对话框

(图 16-3)做如下设置：

顺序插窗							
层号	1	重复层数	3	层高	3000		
窗位	1	窗台标高	900	窗高	1500	窗宽	1800

图 16-3　顺序插窗参数设置

在命令栏输入窗间距：1500，插入第一个日照窗；继续输入窗间距或者回应 D，读取前一次输入的间距值；重复上一步操作，直至回车结束(图 16-4)。

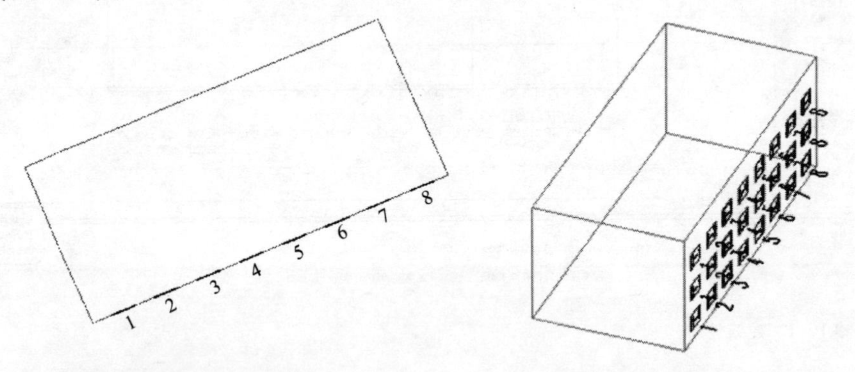

图 16-4　顺序插窗

接下来对同样的模型采用【两点插窗】的方法插入日照窗。将窗台的左起始点到右结束点作为窗宽，在建筑轮廓上依次拾取窗台的左起点和右结束点，插入由重复层数确定的一列日照窗(图 16-5)。

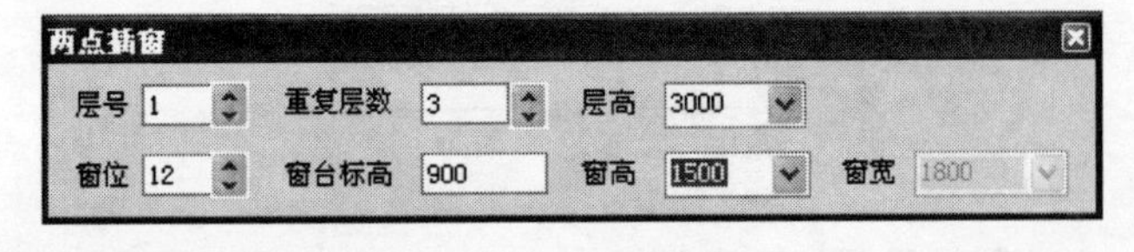

图 16-5　两点插窗参数设置

16.2.2　映射插窗

Sun 提供的另外一种插日照窗的方式：映射插窗。该功能分为两步插日照窗，【墙面展开】把建筑轮廓的某个墙面按立面展开，在展开的矩形轮廓内绘制日照窗，【映射插窗】把这些窗逐层地映射回墙面上。点取菜单命令【建模】→【墙面展开】(QMZK)，点取欲插窗的墙面，生成一个矩形；在展开的矩形面上用 PLine 闭合矩形布置立面窗(图 16-6)。

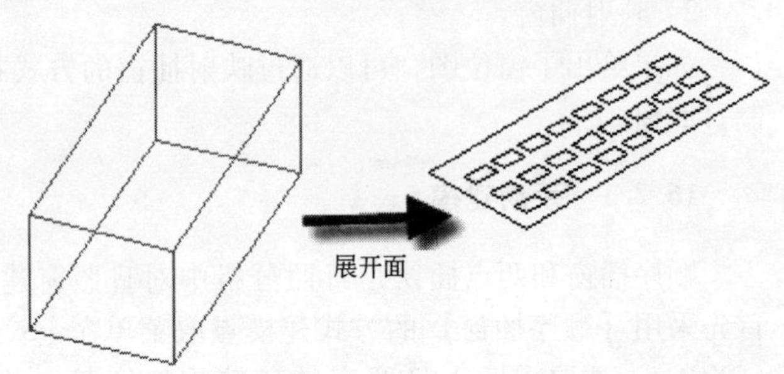

图 16-6　墙面展开

接着通过点取点取菜单命令【建模】→【映射插窗】(YSCC)，将平面上的日照窗映射到建筑轮廓的墙面上。(1)点取要插入门窗的外墙线；(2)点取立面展开图的左下角点，输入起始窗号：1，输入起始层号：1；(3)在展开的立面矩形上框选待映射到第1层上的窗轮廓。

重复第三步的操作，将2层、三层的日照窗映射到墙面上。效果见图16-7。

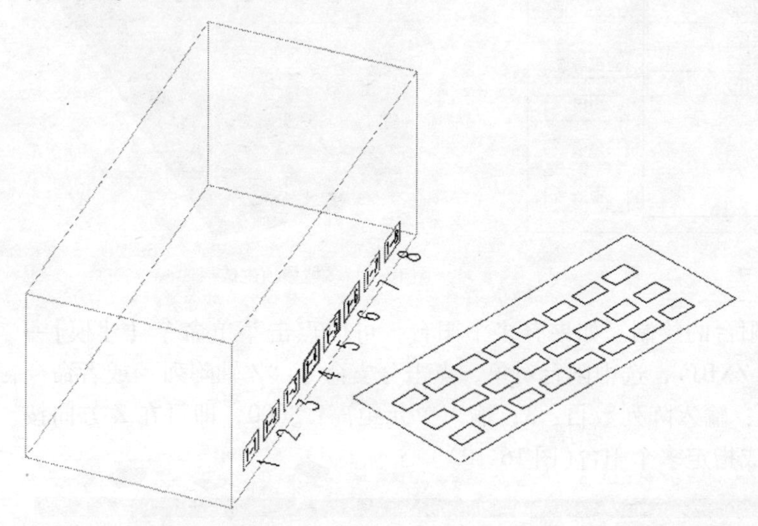

图16-7 首层窗映射后的效果

16.3 屋顶阳台建模

Sun提供了多种形态的复杂屋顶，丰富的阳台建模方式。

16.3.1 屋顶建模

对屋顶建模的首要条件是要获得屋顶轮廓线，获得屋顶轮廓线的方法有两种。第一，可以通过【搜索轮廓】生成建筑的外包轮廓，然后“offset”向外偏移600，得到屋顶轮廓线。第二，也可以用闭合的pline线描绘出屋顶轮廓线。点击菜单命令【建模】→【多坡屋顶】(DPWD)，根据命令栏提示选取闭合的屋顶轮廓线，给出屋顶每个坡面的等坡坡度，生成多坡屋顶。选中“多坡屋顶”通过右键对象编辑命令进入坡屋顶编辑对话框，进一步编辑坡屋顶的每个坡面，还可以通过屋顶的夹点修改边界。

本实例中的坡屋顶角度如图16-8所示，点击确定生成的坡屋顶。接下来对生成的屋顶对象赋予高度，点击菜单命令【建模】→【Z向编辑】(ZXBJ)，输入竖移距离：10800mm。如图16-9所示。

16.3.2 阳台建模

Sun提供“直线阳台”、“偏移生成”、“基线生成”、“自绘阳台”四种阳台绘制方式，分为“梁式”和“板式”两种阳台类型。

点击菜单命令【建模】→【阳台】(YT)，在弹出的对话框中，选择阳台

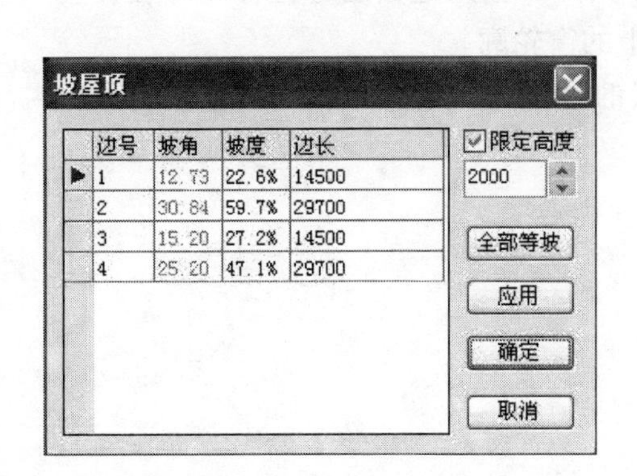

图 16-8　坡屋顶参数调节

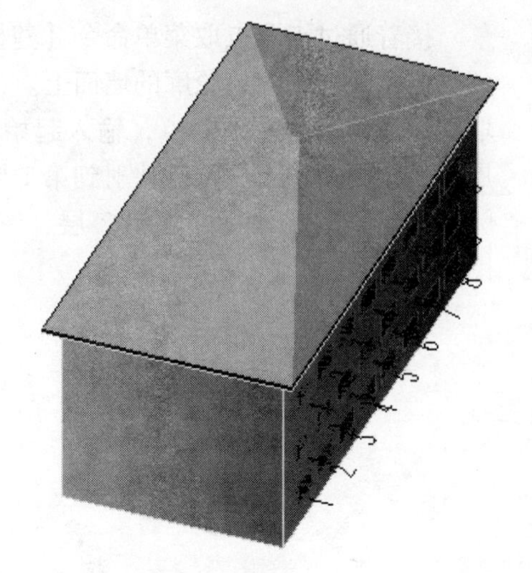

图 16-9　多坡屋顶生成

类型，进行阳台的绘制。如果有多个阳台，可以点击菜单命令【建模】→【Z 向编辑】(ZXBJ)，选中阳台对象，点击分支命令“Z 轴阵列”或者命令栏回应“A”；输入阵列数目：3；输入单元距离：3000，即可在 Z 方向按指定间距生成指定多个阳台(图 16-10)。

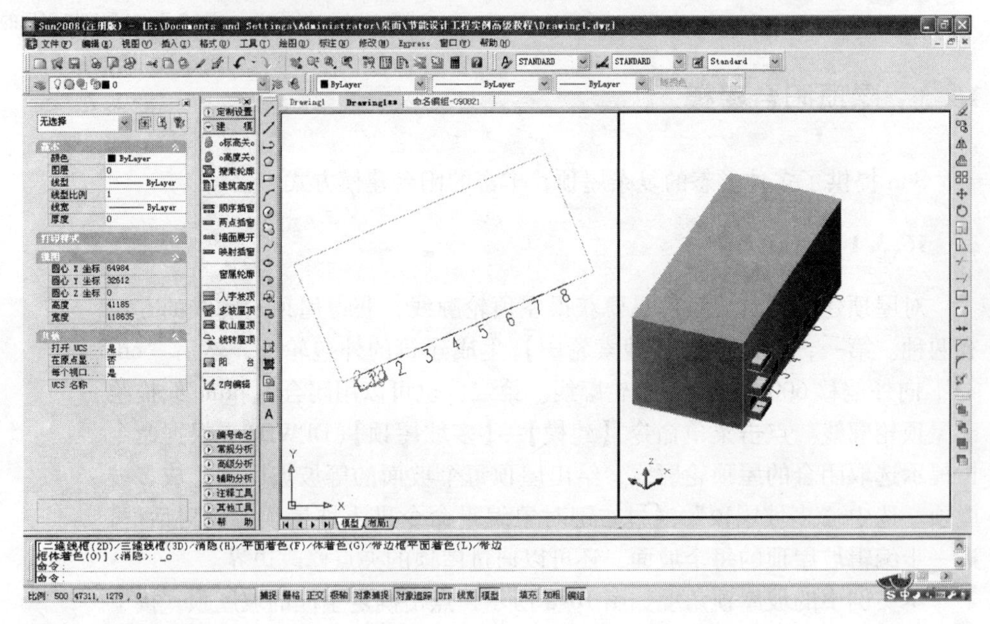

图 16-10　阳台建模

16.4　编号命名

16.4.1　建筑命名

当日照模型建立完成，接下来就可以对建筑模型命名。对建筑命名主要是为了区分不同客体建筑的日照状况。点击菜单命令【编号命名】→【建筑命名】(ZJMM)，在命令栏输入建筑名称：办公楼；选择建筑轮廓以及隶属于该建筑的日照窗、屋顶、阳台等附件；最后选择标注位置。对于我们命名好的建筑，可以通过菜单命令【编号命名】→【命名查询】(MMCX)，点取参考物后，同名的图元高亮显示，并且在命令栏可以查到同属于这栋建筑物的图元数目以及日照窗个数(图 16-11)。

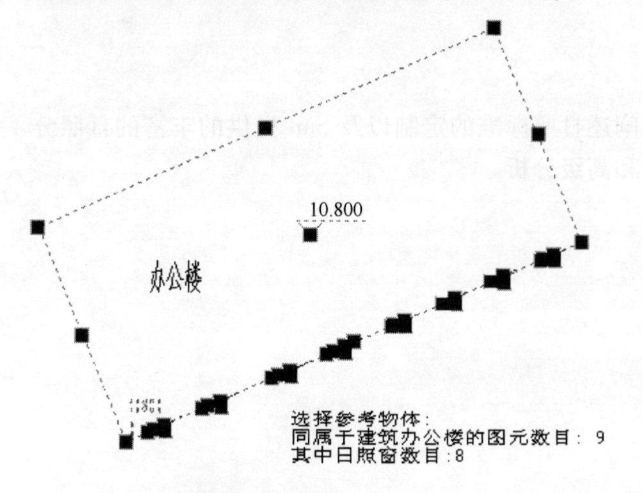

图 16-11　命名查询

16.4.2　建筑编组

为了便于分析不同建筑组对客体建筑的日照影响，须对建筑进行编组。点击菜单命令【编号命名】→【建筑编组】(ZJMM)，在命令栏输入建筑名称：新建建筑；选择同属于一组的所有建筑构件。对于编好组的建筑，可以通过菜单命令【编号命名】→【编组查询】(BZCX)，点取参考物后，同组的图元高亮显示，并且在命令栏可以查到同属于该组的图元数目以及日照窗个数(图 16-12)。

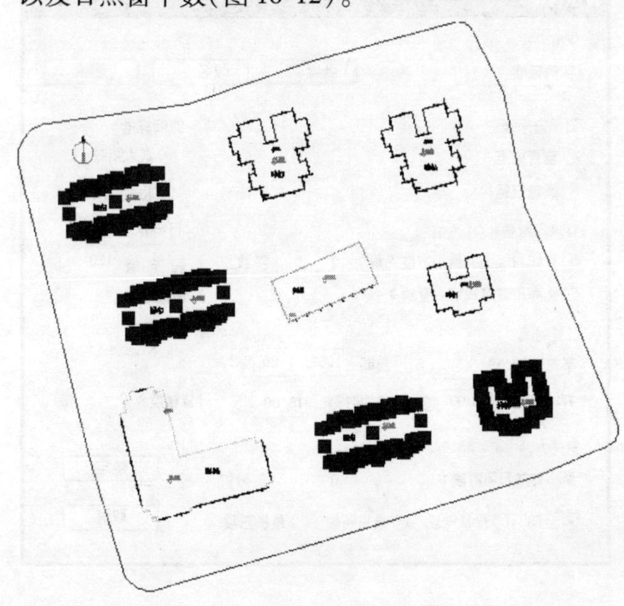

图 16-12　编组查询结果

第17章 实例日照分析

本章通过实例详尽阐述日照标准的定制以及Sun提供的丰富的日照分析工具，包含常规分析和高级分析。

本章内容

- **标准设置**
- **日照分析**
- **高级分析**

17.1 标准设置

Sun用［日照标准］来描述日照计算规则，下面介绍日照标准的设置。点击菜单命令【定制设置】→【日照标准】(RZBZ)，在弹出的对话框中设置计算所采用的“标准名称”,“日照窗采样样式”、“采用的时间标准”、太阳光的有效入射角、日照标准对日照窗要求的“日照时间”、计算时间及精度、日照时间的累积方法等信息(图17-1)。

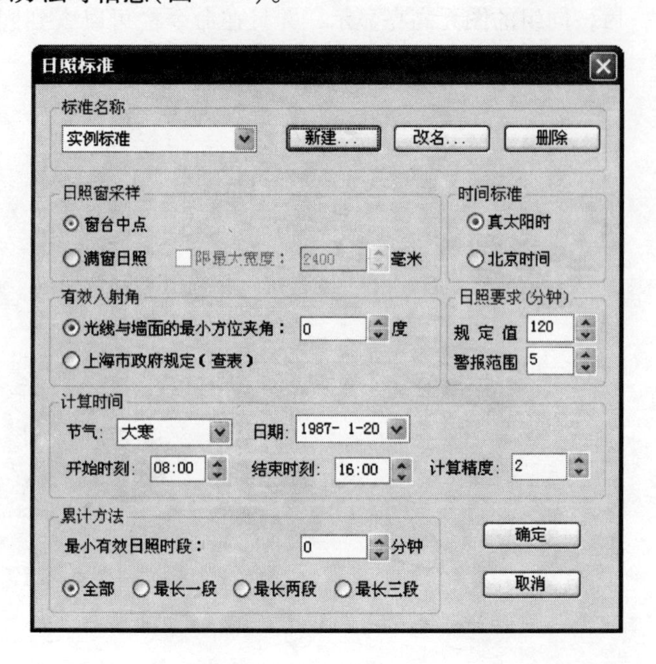

图17-1　日照标准设置

17.2 日照分析

Sun 提供对建筑布局的各种分析手段，这些手段从不同角度考察建筑物的日照状况，为确定合理的建筑布局服务。

17.2.1 窗照分析

窗照分析是日照分析的重要工具，分析计算选定的日照窗的日照状况，结果以表格的形式输出，是很多地区建设项目报审的主要内容。

点击菜单命令【常规分析】→【窗照分析】(CZFX)，弹出如图 17-2 所示对话框：

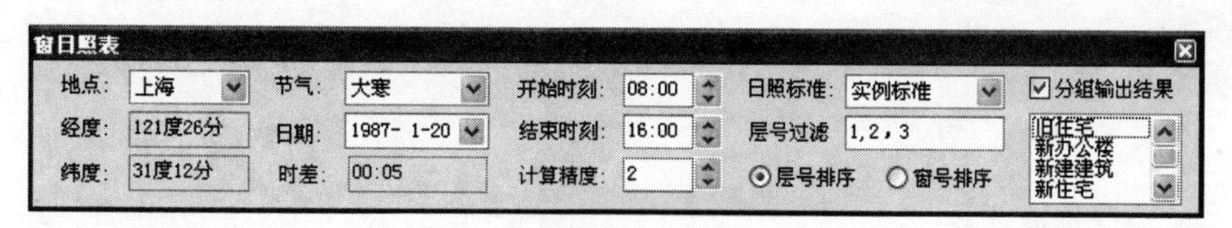

图 17-2 窗照分析对话框

选择待计算的日照窗，点取表格放置位置，将计算结果插入图中。日照时间小于标准要求时，结果会以红色提示(图 17-3)。

[illegible]; 地区:上海; 时间:1987年 1月20日(大寒)[illegible]~16:01; 计算精度:2分钟

办公楼楼窗日照分析表										
层号	窗位	[illegible]	[illegible]		[illegible]		[illegible]		[illegible]	
			日照时间	总有效日照	日照时间	总有效日照	日照时间	总有效日照	日照时间	总有效日照
1	1	1.91	08:11~16:11	08:11	08:11~16:11	08:11	08:00~12:26	14:26	11:02~12:26	01:24
	2	1.91	08:11~16:11	08:11	08:11~16:11	08:11	08:00~12:38	14:38	08:00~08:26 11:16~12:38	01:58
	3	1.91	08:11~16:11	08:11	08:11~16:11	08:11	08:00~12:51	14:51	08:00~08:51 11:46~11:02 11:11~12:51	02:46
	4	1.91	08:11~16:11	08:11	08:11~16:11	08:11	08:00~12:58	14:58	08:11~09:14 11:58~12:58	03:14
	5	1.91	08:11~16:11	08:11	08:11~16:11	08:11	08:11~13:11	15:11	08:26~09:34 11:34~13:10	13:44
	6	1.91	08:11~16:11	08:11	08:11~16:11	08:11	08:11~13:18	15:18	08:42~09:58 11:46~13:18	03:48
	7	1.91	08:11~16:11	08:11	08:11~16:11	08:11	08:00~13:26	15:26	09:12~13:26	14:24
	8	1.91	08:11~16:11	08:11	08:11~16:11	08:11	08:11~13:34	15:34	09:18~13:34	14:16

图 17-3 窗日照分析结果示意

17.2.2 阴影分析

Sun 提供阴影轮廓和阴影范围的分析。点击菜单命令【常规分析】→【阴影轮廓】(YYLK)，弹出如图 17-4 对话框：

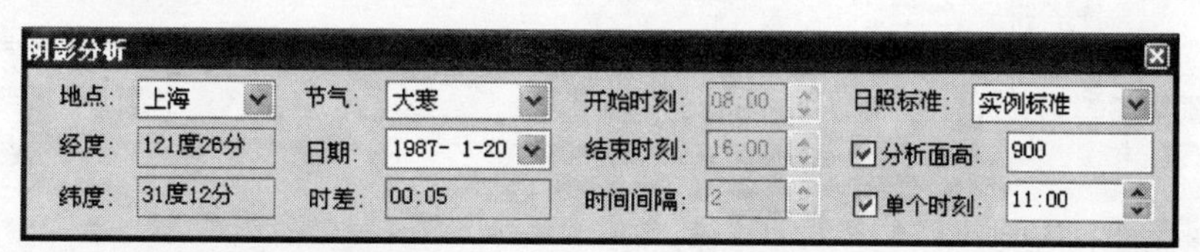

图 17-4 阴影轮廓对话框

在对话框上选择之前设置好的日照标准：实例标准；选择分析面高：900mm；选择要分析的时刻：11：00，勾选单个分析时刻，开始时刻、结束时间和时间间隔的设置将不再生效。选择遮挡物，软件将自动绘制出给定时刻，给定面高建筑物产生的阴影轮廓线(图 17-5)。

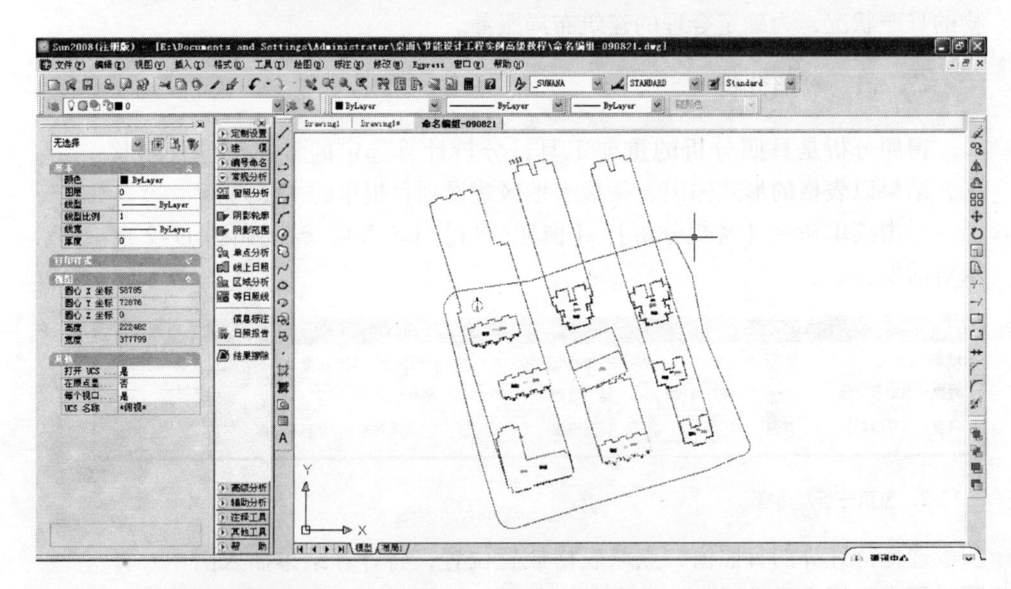

图 17-5　阴影轮廓分析结果

点击菜单命令【常规分析】→【阴影范围】(YYFW)，我们可以通过【阴影范围】命令绘制建筑物主体在某日从开始时刻到结束时刻在给定平面上的连续阴影包络线(图 17-6)。

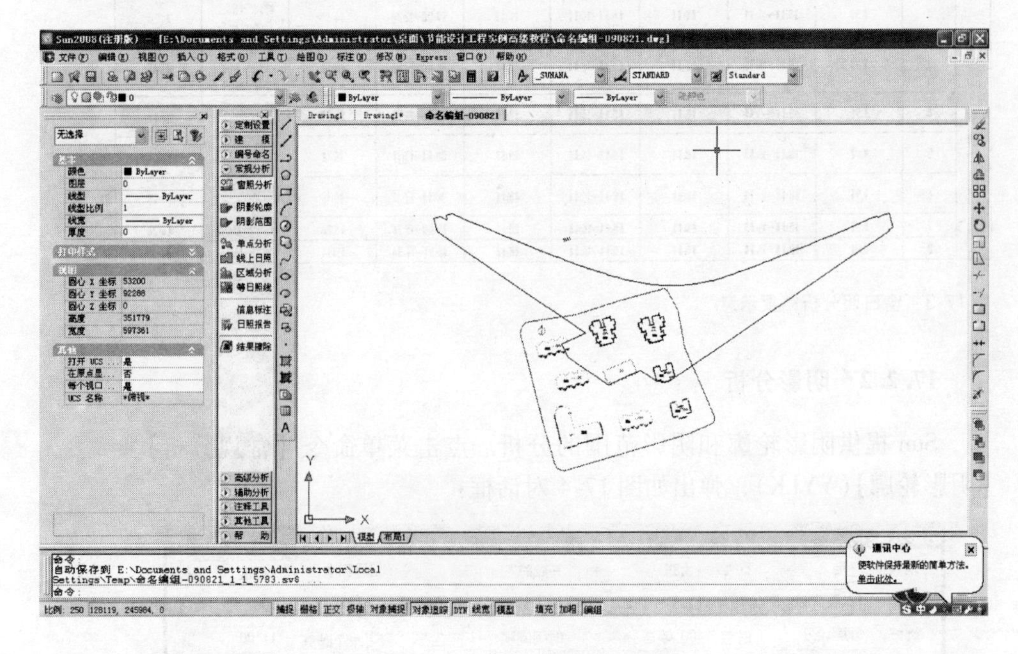

图 17-6　阴影范围分析结果

17.2.3　线上日照

【线上日照】功能是在方案初期阶段没有确定具体日照窗位置的时候，我们通过此功能对建筑轮廓上给定高度的采样点求解日照时间，来辅助我们在后续的设计中将窗放置在符合日照要求处。点击菜单命令【常规分析】→【线上日照】(XSRZ)，弹出对话框(图 17-7)：

轮廓日照分析

地点: 上海	节气: 大寒	开始时刻: 08:00	日照标准: 实例标准
经度: 121度26分	日期: 1987- 1-20	结束时刻: 16:00	分析间距 2000
纬度: 31度12分	时差: 00:05	计算精度: 2	分析面高: 900

图 17-7　线上日照对话框

选择产生遮挡的多个建筑物，点取待计算的建筑轮廓。软件将建筑物轮廓上按指定间距生成采样点的日照时间(图 17-8)。

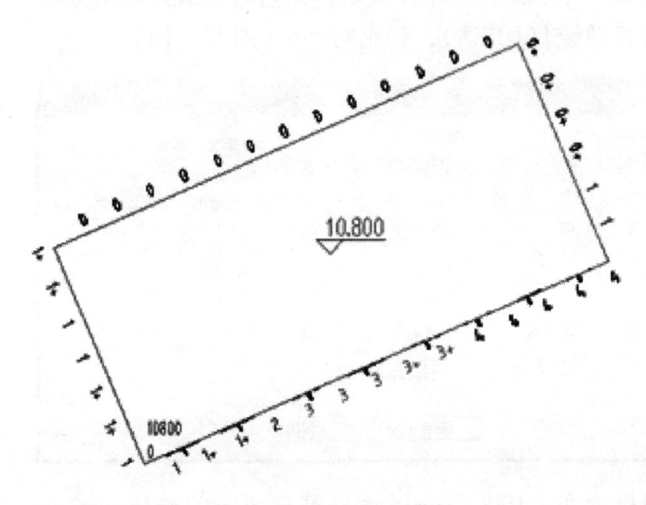

图 17-8　线上日照分析结果

17.2.4　区域分析

点击菜单命令【常规分析】→【区域分析】(QYFX)，弹出对话框(图 17-9)：

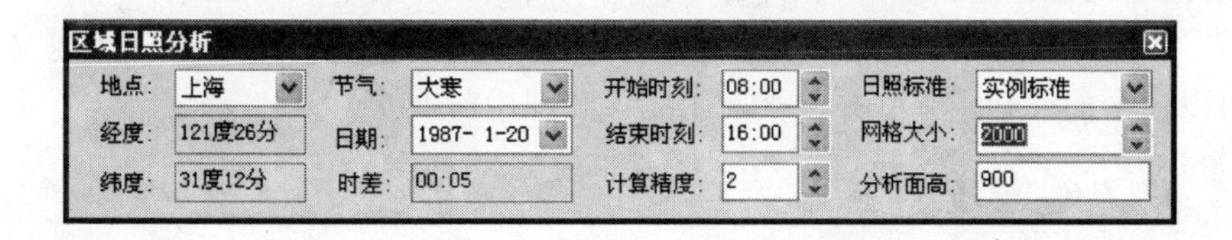

图 17-9　区域日照分析对话框

选择产生遮挡的多个建筑物，指定分析计算的窗口范围。软件将分析给定平面区域内的日照信息，按给定的网格间距进行标注(图 17-10)。

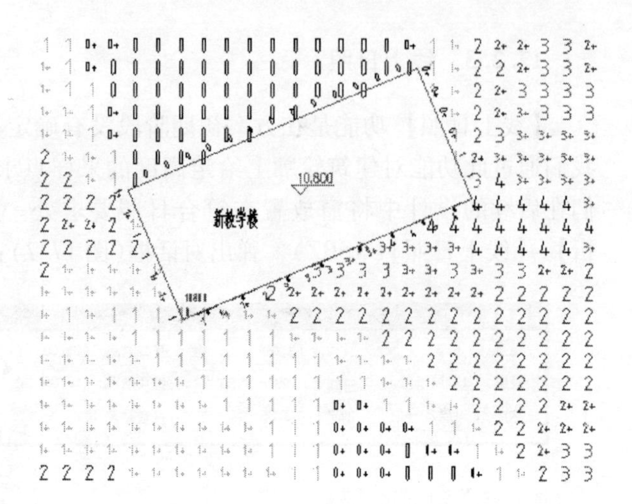

图 17-10　区域日照分析结果

17.2.5　等日照线

对于区域分析的结果我们可以用【等日照线】来进行验证。点击菜单命令【常规分析】→【等日照线】(DRZX)，弹出对话框(图 17-11)：

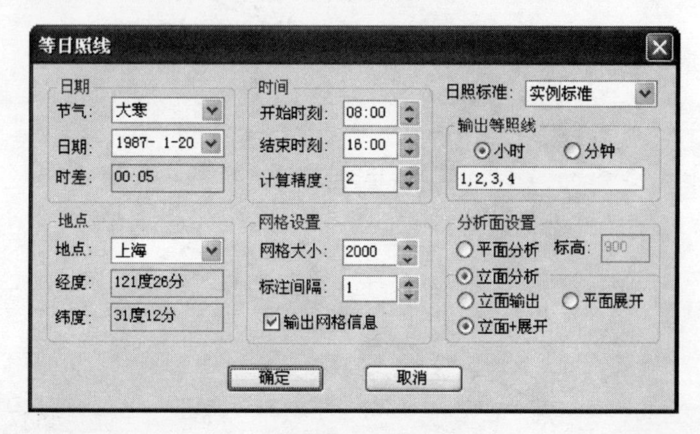

图 17-11　等日照线对话框

在对话框中设置网格大小：1000；选择输出等日照线的单位：“小时”；输入栏中可以设定同时输出多个等照线，用逗号间隔开；对分析面作设置：选择“立面 + 展开”。

如果分析面选择的是“平面分析”，选择产生遮挡的多个建筑物，指定分析计算的窗口范围。软件将在给定平面区域内绘制等日照线。

本实例的分析面选择的是“立面 + 展开”，既在立面绘制等日照线又可以在平面展开结果，并将平面图插入到图中(图 17-12)。

17.2.6　辅助分析

Sun 提供了一组光线分析工具。

求日照窗在给定时刻内发生最大有效日照时段内的光线通道是通过【窗日照线】实现的。点击菜单命令【辅助分析】→【窗日照线】(DRZX)，弹出对话框(图 17-13)：

平面展开
3-1
3-2
3-3
3-4
3-5
3-6
3-7
3-8
2-1
2-2
2-3
2-4
2-5
2-6
2-7
2-8
1-1
1-2
1-3
1-4
1-5
1-6
1-7
1-8

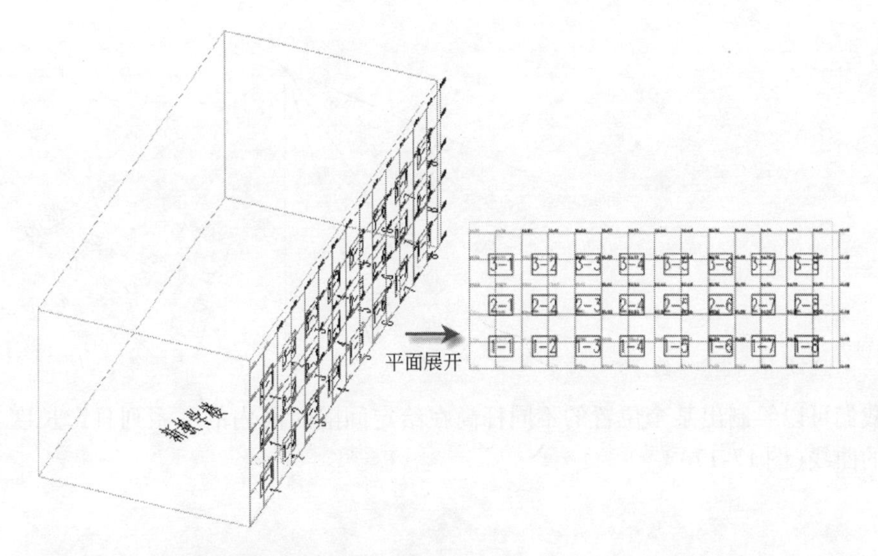

图 17-12 立面等日照线分析结果

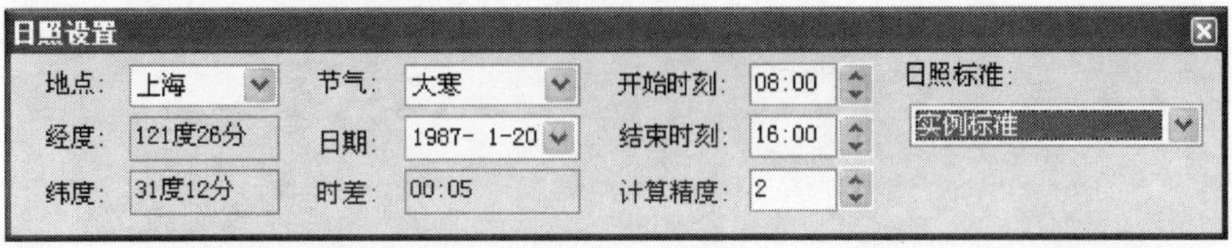

日照设置
地点：
上海
节气：
大寒
开始时刻：
08:00
日照标准：
经度：
121度26分
日期：
1987- 1-20
结束时刻：
16:00
实例标准
纬度：
31度12分
时差：
00:05
计算精度：
2

图 17-13 窗日照线对话框

选取包括待分析建筑物在内的所有遮挡物，点选日照窗或通过两点确定日照窗的位置，软件在点取日照窗位置，程序绘制出该窗在最大有效日照时段内的第一缕光线和最后一缕光线，并标注出光线的照射时刻(图 17-14)。

13:1808.46
7
6
5
13:0208.14
4

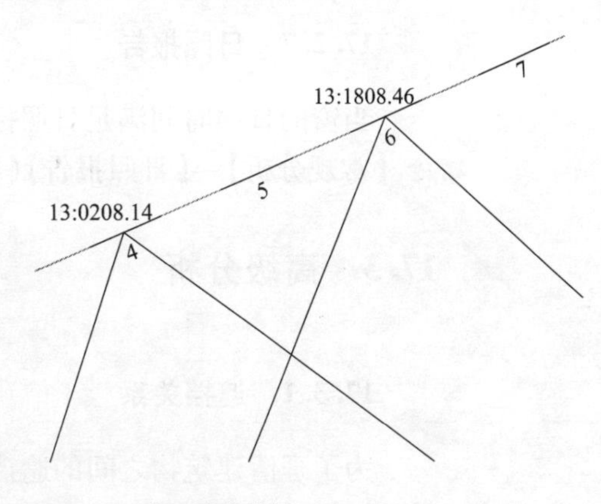

图 17-14 窗日照线分析

求解给定时刻或从开始时刻至结束时刻时间段通过某一位置的光线，是通过【定点光线】实现的。点击菜单命令【辅助分析】→【定点光线】(DDGX)，弹出对话框(图 17-15)：

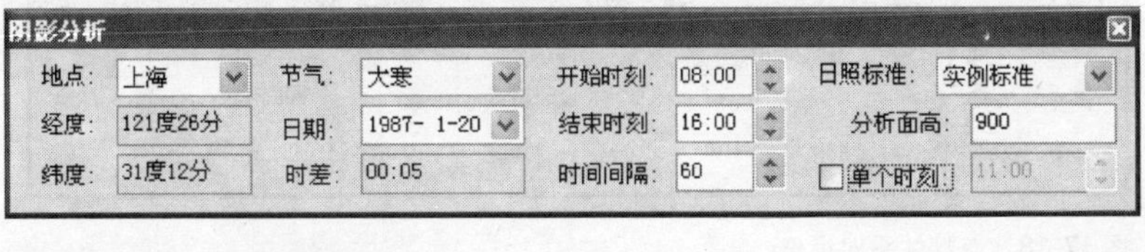

阴影分析
地点：
上海
节气：
大寒
开始时刻：
08:00
日照标准：
实例标准
经度：
121度26分
日期：
1987- 1-20
结束时刻：
16:00
分析面高：
900
纬度：
31度12分
时差：
00:05
时间间隔：
60
单个时刻
11:00

图 17-15 定点光线对话框

在对话框上勾选“单个时刻”分析的结果将是给定时刻的光线，反之则是从开始到结束时刻按给定时间间隔的各个时刻的一组光线(图 17-16)。

点击菜单命令【辅助分析】→【日影棒图】(RYBT)，通过【日影棒图】

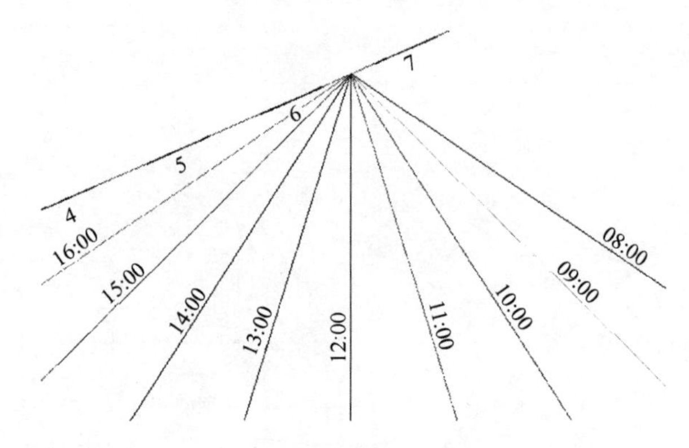

图 17-16　定点光线分析

我们可以绘制出某个位置的不同杆高在给定间隔时间内的一系列日影长度的曲线(图 17-17)。

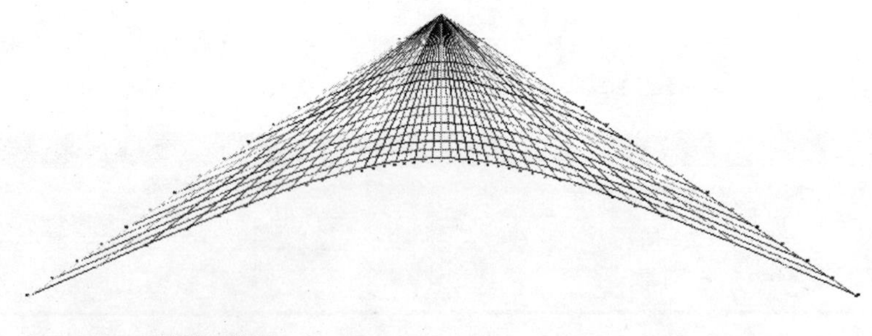

图 17-17　日影棒图效果

17.2.7　日照报告

当窗的日照时间满足日照标准要求时可以输出日照报告。点击菜单命令【常规分析】→【日照报告】(RZBG)，输出 Word 格式的日照分析报告。

17.3　高级分析

17.3.1　遮挡关系

为了理清建筑物之间的遮挡关系，为点击菜单命令【高级分析】→【遮挡关系】(ZDGX)，弹出对话框(图 17-18)：

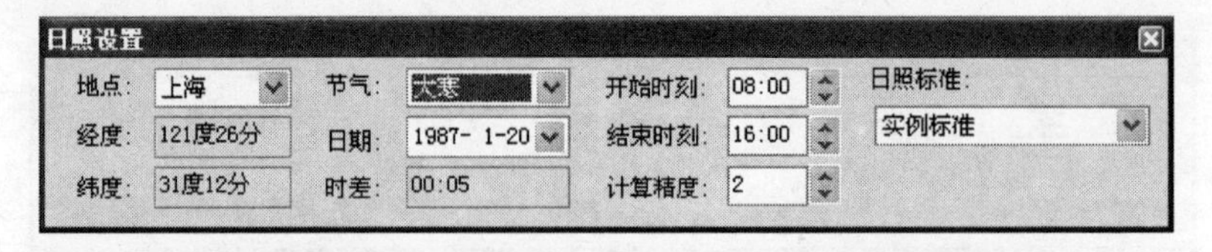

图 17-18　遮挡关系对话框

执行本命令的前提是对待分析的建筑物命名。执行命令，分别选取主客体建筑，为了不遗漏遮挡关系，主客体建筑可以全选；软件自动生成遮挡关系表格，点取插入位置(图 17-19)。

遮挡关系表	
被遮挡建筑	遮挡物建筑
旧住宅1	新办公楼，新住宅1，新住宅4
旧住宅3	旧住宅1，新办公楼，新教学楼，新住宅2，新住宅3，新住宅4
旧住宅4	旧住宅1，旧住宅3，新办公楼，新教学楼，新住宅2，新住宅4
新办公楼	
新教学楼	旧住宅1，新办公楼，新住宅1，新住宅4
新住宅1	新办公楼
新住宅2	新办公楼，新住宅1
新住宅3	新办公楼，新教学楼，新住宅1，新住宅2，新住宅4
新住宅4	新住宅1

图 17-19　遮挡关系表格

17.3.2　推算限高

在满足客体建筑日照要求规定值前提下，根据给定边界推算出新建筑参考高度。点击菜单命令【高级分析】→【推算限高】(TSXG)，弹出对话框(图 17-20)：

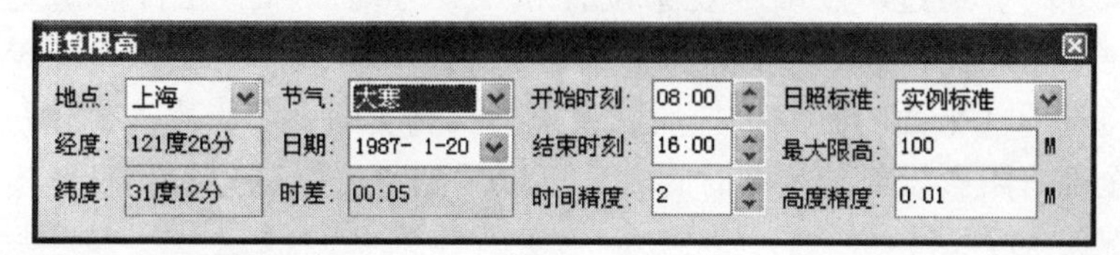

图 17-20　推算限高对话框

在对话框中设置“最大限高”：100m；“高度精度”：0.01m；选取待分析的建筑轮廓；选择可能被待推算高度的新建建筑遮挡的日照窗；选择与待分析的日照窗存在遮挡关系的其他已有建筑，软件将按已有建筑与新建建筑对日照窗的综合作用计算新建建筑的参考高度。

17.3.3　方案优化

为了将开发商利益最大化，可以在被新建建筑遮挡的窗满足日照要求的条件下对其建筑轮廓进行优化，计算出最大建筑面积。点击菜单命令【高级分析】→【方案优化】(FAYH)，选取待优化的建筑轮廓；选取被优化建筑所遮挡的日照窗；选择所有对日照窗产生遮挡的建筑物。软件将根据设定条件进行优化计算(图 17-21)。

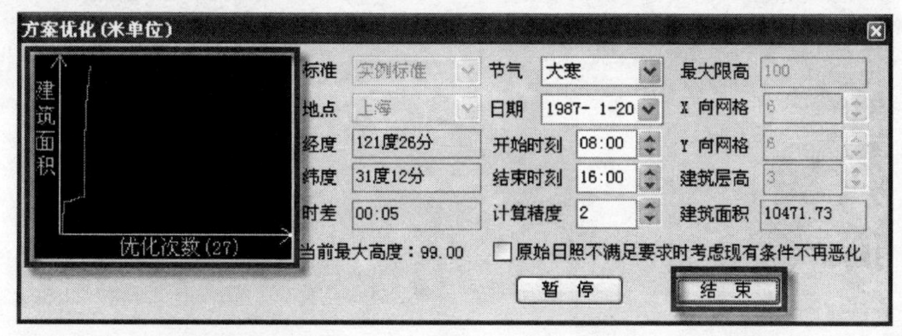

图 17-21　方案优化对话框

点击结束，命令栏输出最大高度以及最大建筑面积(图 17-22)。

计算最大高度：99米 ，建筑面积：10471.7平米

图 17-22　方案优化结果输出

17.3.4　导出建筑

将我们上面进行过优化的建筑轮廓导出，在建筑软件 Arch 中进行后续的设计。点击菜单命令【高级分析】→【导出建筑】(DCJZ)，弹出对话框(图 17-23)：

在对话框中设置好层高及外墙的内外宽度等信息，软件即可导出由外墙围合的简易建筑图。

图 17-23　导出建筑对话框

17.3.5　日照仿真

最后通过【日照仿真】真实模拟建筑物在给定条件下的日照阴影投影情况，直观判断分析结果的正误。点击菜单命令【高级分析】→【日照仿真】(RZFZ)，通过两点确定观察位置和观察方向，弹出【日照仿真】的窗口。

将选项［平面阴影］去掉后，系统进入真实的全阴影模式，建筑物和地面全部有阴影投射。拉动时间轴，可以看到所选时刻建筑物日照窗的阴影情况(图 17-24)。

图 17-24　日照仿真效果图

附录一　BECS常见问题解答

1　建筑建模

1.1　墙体建模

墙体的建模方法视图纸的规范性和完整性而定，或自动识别，或采用描图的方式。描图时注意选择定位方式，推荐采用描边方式，即左边定位或右边定位，使墙体始终沿着墙边绘制。在墙体宽度变化的地方变换左宽和右宽，以保持墙基线在一条直线上，墙角处交于一点。

1.2　热桥建模

热桥的建模主要用来自动计算外墙的平均传热系数。柱子可以按实际的尺寸和位置插入或通过【柱子转换】命令快速识别；墙中的梁可以用“对象选择”中的【选择外墙】将所有外墙全部选中，然后在特性表中(通过 Ctrl +1 打开)批量设置梁高及梁构造。需要指出，只有设定梁柱的构造，其热桥影响才起作用。

1.3　门窗建模

如果图纸中的门窗是以天正3或理正建筑的图块形式存在，则采用【门窗转换】非常方便，只需要根据立面图或门窗表设置窗高与窗台高(门高与门槛高)，对于窗高与窗台高(门高与门槛高)一样的窗户(门)，还可以批量转换。如果图纸中的门窗已被炸开为线条，则可以通过【墙窗转换】命令进行识别，或者采用【两点门窗】的方式，在图中取窗宽，对话框中设定窗高和窗台高后定位到墙体上。

1.4　凸窗

凸窗通过手动建模创建，创建时可设置凸窗的左右侧是玻璃还是挡板，如果是挡板，则计入外墙面积，如果是玻璃，则计入外窗面积。

1.5　阳台门

在节能分析中，外门的透光部分需当作窗来计算。对于全部透光的玻璃门，可以在建模的时候直接作为窗创建，如果已经创建为门，通过【门转窗】命令整个转为窗即可。对于部分透光的门(如阳台门)，要把透光的部分当作窗，即门的上部分要转成窗，通过【门转窗】命令将门上部某高度范围转为窗即可。如果条件图中有Arch2006或天正5~6格式的门联窗，系统直接认知。

1.6 遮阳板

外窗的外遮阳通过【遮阳类型】设置并赋给外窗，修改可以在特性表中进行。侧墙、阳台和挑板构成的遮阳也应按遮阳考虑。

1.7 错层结构

即室内有不同的地面高度变化以及局部层高变化的情况。通过设置每层平面图中的墙高和墙底标高，以及房间对象的标高解决。如果设计楼层内高差变化不大，或者局部范围很小，如闭合阳台和居室内微小的高差，则不必考虑。另外如住宅各个单元大门入口内有地面高差的变化，由于影响不大，取室内地面即可。

1.8 地下室

地下室的楼层编号依次为-1，-2，-3，…，软件可以自动处理。如果是半地下室，可将整个地下室按地平面分为两层绘制，下半部为-1层，上半部为1层，并在房间对象的特性表中设置“有无地板”为“否”，不计算房间面积。

1.9 屋顶

平屋顶无需建模，软件自动处理，除非平屋顶采用了多个构造，这样的情况下，只需创建工程构造中第二个屋顶构造以后的平屋顶，系统默认的第一个屋顶无需建模。坡屋顶采用【人字坡顶】和【多坡屋顶】建模。复杂的非平屋顶可考虑用【线转屋顶】构建。此外，屋顶对象必须放置到该屋顶所覆盖的房间上层的楼层框内。

1.10 天窗

天窗的创建首先需要用封闭的多段线在建筑底图上将天窗描出来，然后通过“定义天窗”命令将多段线转换为天窗，天窗须在房间对象上创建，且不能跨越多个房间对象。天窗的构造在“工程构造”的窗类别中设定，通过特性表将天窗构造赋予天窗，天窗的外遮阳在节能标准中没有明确算法，可根据经验值直接将外遮阳系数与天窗自遮阳系数的乘积录入天窗遮阳系数中。

1.11 老虎窗

老虎窗必须依赖坡屋顶才能建立，通过【老虎窗】命令建模，其中的窗按照外窗进行计算，侧壁并入外墙面积，顶板并入屋顶面积。

1.12 挑空楼板

对于部分挑空的情况，系统会对比上下两层的建筑轮廓自动判断，对于全部挑空的情况，对于挑空楼层建立一个空的楼层框即可。如果每个标准层为单独的 DWG，使挑空层的内容为空即可。

1.13 房间分割

并不是所有的节能设计都需要严格的分割房间，按需分割将大大节省处理模型的时间。有下列几种情况：

(1) 进行规定性指标检查的夏热冬暖地区居住建筑，如计算耗电指数则无需分割房间；

(2) 采暖地区居住建筑的热工计算只需要外围护结构，以及于外墙相邻的不采暖房间与采暖房间的隔墙和隔墙上的门窗；

(3) 采用动态能耗分析建筑物，则需要进行房间分割。分隔房间时可将相同控温条件的相邻房间合并为一个房间，减少建模工作量。典型建筑物是公共建筑、夏热冬冷地区居住建筑等。

1.14 公共建筑与居住建筑混建

当一幢建筑物的上部与下部或者左右并列分别为公共建筑与居住建筑时，由于二者需遵守不同的节能标准，所以节能分析应分别进行。二者关系有下列几种情况：

(1) 上部与下部且二者平面形状范围完全一样，在【工程设置】中勾选［上下边界］的“上边界绝热”或“下边界绝热”。

(2) 上部小与下部大，给下部建筑物建模时，在被上部压住的屋顶部分建平屋顶，并在特性表中设置该屋顶为绝热。

(3) 左右并列关系，二者共用的墙体在特性表中设置为绝热。

2 节能计算

2.1 窗墙面积比计算

窗墙比的计算结果取决于建筑模型、建筑朝向、立面朝向定义三方面，建筑模型只要外墙、外窗建模正确即可，建筑朝向通过“工程设置”中的北向角度设置确定，立面朝向定义由系统根据各地的节能标准规定处理。

2.2 平均传热系数计算

屋顶、挑空楼板、户墙、楼板、地下室侧壁、地面的传热系数由构造的各层材料的厚度、导热系数计算得出，与建筑模型无直接关系，在“工程构造”中设置好组成构造的各层材料即可。户门、外窗的传热系数可根据厂商数据或经验值直接录入在构造中，无需设置材料。外墙的平均传热系数除了与主体墙构造的各层材料有关外，还与热桥构造及主体墙与热桥的面积比有关，在“工程构造”中设置好外墙及梁柱的构造后，通过【平均 K 值】命令，软件会自动根据各部分面积及传热系数加权平均，得到外墙的平均传热系数。计算方法分为简单热桥计算和详细热桥计算，其中详细热桥计算需要在模型中提取热桥数据。

2.3 平均遮阳系数计算

建模时设置好每个外窗的外遮阳参数后，软件会自动算出每个外窗的外遮阳系数，外窗的自遮阳系数在“工程构造”中设置，外遮阳系数 x 自遮阳系数 = 综合遮阳系数，运行【遮阳系数】命令，软件会根据每扇窗的面积及综合遮阳系数加权平均得到各个朝向的平均遮阳系数以及全部外窗的平均遮阳系数。

附录二 Sun 答疑

1 单位设置

Sun 默认以毫米为单位，也可通过【单位设置】在毫米制和米制间切换，如果忘记了当前的单位制，可以进入【选项】→【建筑设置】中查看[米制单位]是否勾选。当利用已有规划图直接作日照分析，请先搞清规划图是米制还是毫米制(米制规划图较多)。

需要特别指出，米制下建筑模型不能距离原点(0，0 点)太远，否则数据将溢出导致无法计算或计算结果错误，其实毫米下也有这个问题，但二者相差 1000 倍，所以毫米下这个问题不明显。具体距离多远不会数据溢出与模型的尺寸有关，您可以把光标大致置于模型中心，查看左下角的 x、y 坐标值，一般 3 位数以内问题不大。

2 计算精度

计算精度值越小结果越精准，对于建筑群数量超大的工程耗时更多，建议总平面分析时采用 2 分钟；单体分析时采用 1 分钟。执行地方标准时请注意，如果标准中提到“采样时间间隔”，在 Sun 中计算精度取其一半。

3 真太阳时和北京时间

严格讲，日照时间都应取真太阳时，这样才合情合理。因为规范中给定的起始时刻和结束时刻是按每个地方太阳正常照射给定的，如果按北京时间采用，对于边远地区起始或结束时刻可能太阳还没升起或已经落山。比如乌鲁木齐市，按规定有效日照时间是 8 ~ 16 点，如果按北京时间考虑，早晨 8 点钟太阳还没露脸哪。

真太阳时的确定：以太阳处于本地正南方的时刻为真太阳时 12 点，所以每个城市都有自己的真太阳时，真太阳时与北京时间存在时差。

7　建筑遮挡关系

使用【遮挡关系】之前，必须给参与计算的建筑物命名，否则，图中的建筑物无 ID，无法说清谁遮挡了谁。

8　建筑命名和编组的意义

命名的意义：给每个建筑一个 ID，以便确定【遮挡关系】。

编组的意义：建筑日照分析中所涉及的建筑物可能建设期不同，也可能业主不同，由此引起的遮挡需要分清责任，所以我们给建筑物编组。建筑编组后，窗照分析表格中会给出所分析的窗的建筑物名称，以及不同组的建筑群对日照窗的遮挡影响，建筑组的遮挡影响按表格中的顺序逐个叠加，比如有 A、B、C 三个组，遮挡影响依次为 A、A + B、A + B + C 三种情况。遮挡顺序可以用光标拖拽(图 3)。

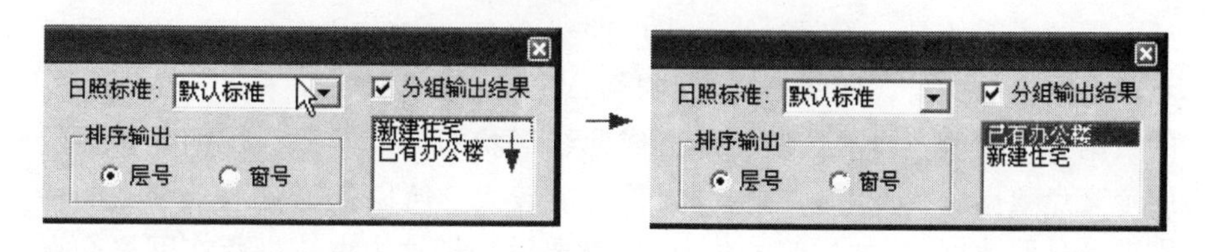

图 3　修改遮挡关系对话框

编组提示选择对象时，应包括建筑物所有部件，包括建筑轮廓、屋顶、日照窗、阳台等。

9　等照时线

图 4 中输入框中的数字(1，2，3...)分别表示输出 1 小时、2 小时、3 小时的等照线，值得注意的是，Sun 默认只给了 1 小时等照线，请正确输

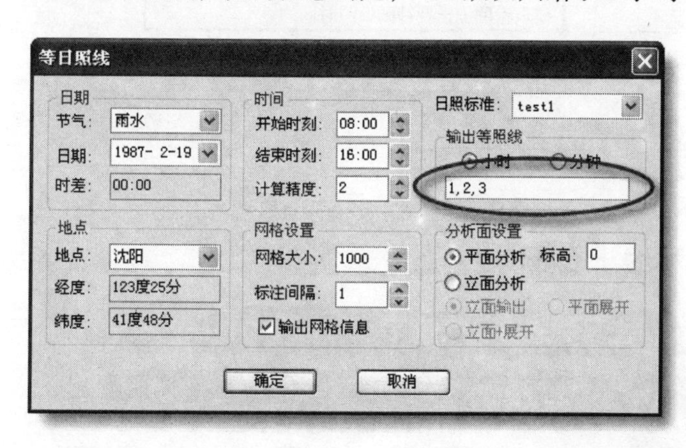

图 4　等日照线对话框

入想输出的等照线。最大的等照线不能超过计算时间段(图5中为16-8=8小时)。

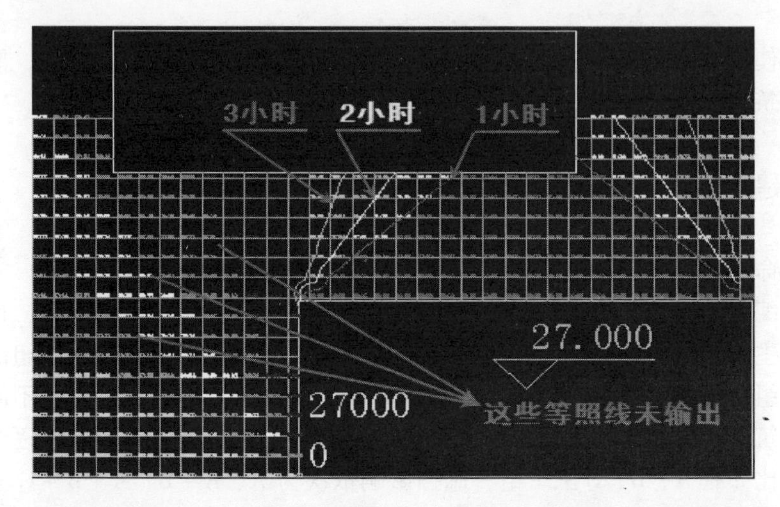

图5　等照时线输出图

需要说明的是，等照时线输出的曲线会有一定的误差，因为计算采样点取自网格的交点，而网格交点的起始点为窗口矩形的左下角，交点之外的数据是按插值获得。这就可能造成曲线形状的局部误差，特别是相邻的两个交点数据有突变时，插值的误差可能较大。所以为了获取某个点的特别准确日照数据(比如建筑的角点)，就要设法把这个点正好落在网格交点上，方法是事先设定窗口的左下角点距离使这个点的横向和纵向距离正好等于输出网格尺寸的整数倍(图6)。

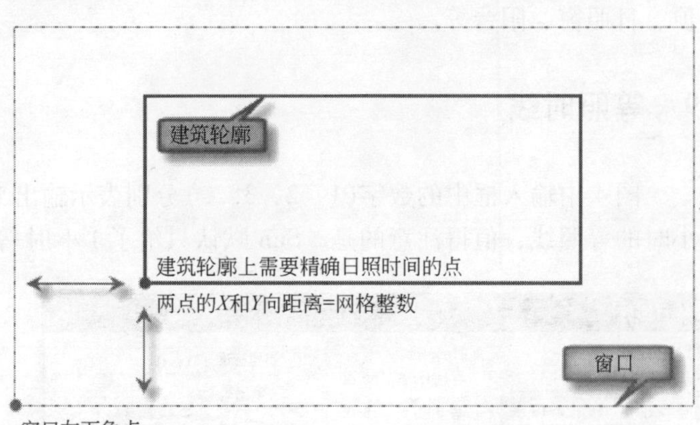

图6　窗口与网格尺寸示意图

10　日照窗分析和线上日照

如果是前期方案，可能还没确定窗的准确位置，这时可用【线上日照】的方法进行分析，后期布置窗户时，应避开不满足日照要求的位置。

11　每套住宅满足日照要求的窗数判定

《住宅设计规范》(GB 50096—1999—2003)5.1.1条款规定：每套住宅至少应有一个居住空间获得日照，当一套住宅中居住空间总数超过四个时，其中宜有两个获得日照。【窗分户号】可事先定义窗归属到某户，然后进行分析判定，但很明显这个问题可人工判定，因此【窗分户号】不是必须的。

12　如何查看日照模型和日照结果的详细数据?

执行【对象查询】后在这些数字和图形上移动光标，便可查到详细日照数据(图7)。

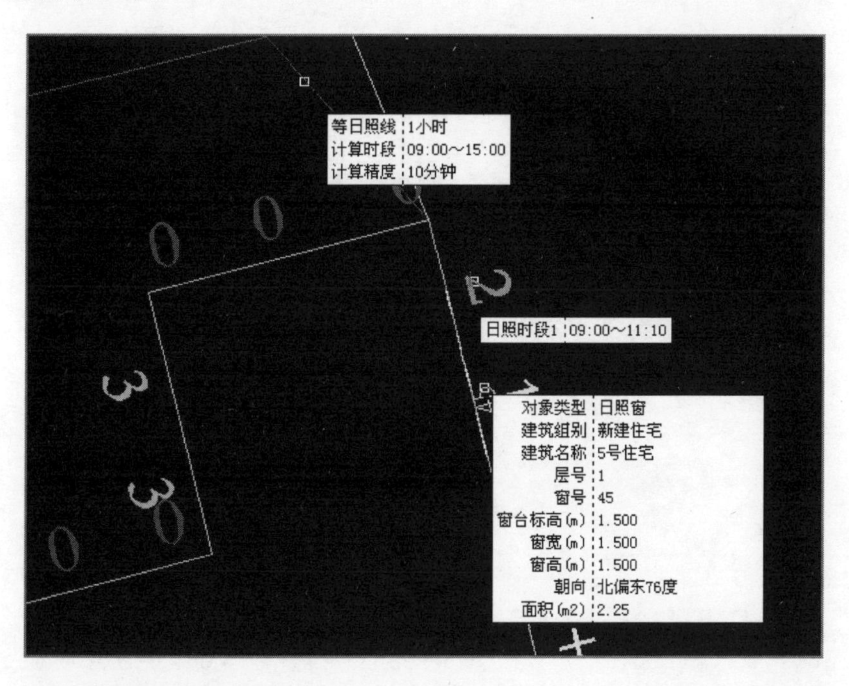

图7　查看日照模型和日照结果

13　如何查看Sun的确切版本号?

【帮助】→[版本信息]